Mechanism of Corrosion Scaling and Blockage
of Wellbore in Oil and Gas Production

油气开采井筒
腐蚀结垢与堵塞机理

万里平　文云飞　桑琴　著

化学工业出版社

·北京·

内容简介

本书在概述油气井开采过程中生产管柱的腐蚀特点、结垢机理、井筒堵塞及其影响因素的基础上，详细阐述了油气井 CO_2 腐蚀、H_2S+CO_2 共存环境的腐蚀、H_2S+CO_2 共存环境中基于遗传算法优化 BP 神经网络腐蚀速率预测、空气泡沫驱井筒腐蚀机理及控制措施、油井环空加注缓蚀剂参数优化室内台架实验及预膜效果数值模拟，论述了无机垢的形成机理及结垢影响因素、硫酸钡溶垢剂的研制及性能评价，并从油气井堵塞原因和机理出发，对油气井解堵剂的开发及其性能进行了研究。此外，还介绍了国内外各油田在生产过程中发生的油气井腐蚀结垢和井筒堵塞案例。

本书主要供从事钻完井、腐蚀与防护及油气田开发方面的工程技术人员参考，也可作为石油大专院校相关专业的本科生、研究生和教师的参考用书。

图书在版编目（CIP）数据

油气开采井筒腐蚀结垢与堵塞机理/万里平，文云飞，桑琴著. —北京：化学工业出版社，2023.6
ISBN 978-7-122-42981-0

Ⅰ. ①油⋯ Ⅱ. ①万⋯ ②文⋯ ③桑⋯ Ⅲ. ①油气井-井筒-结垢-腐蚀 Ⅳ. ①TE2

中国国家版本馆CIP数据核字（2023）第028478号

责任编辑：彭爱铭　　文字编辑：姚子丽　师明远
责任校对：李露洁　　装帧设计：关　飞

出版发行：化学工业出版社
　　　　　（北京市东城区青年湖南街13号　邮政编码100011）
印　　装：涿州市般润文化传播有限公司
787mm×1092mm　1/16　印张19　字数460千字
2023年6月北京第1版第1次印刷

购书咨询：010-64518888　　售后服务：010-64518899
网　　址：http://www.cip.com.cn

前　言 ●●●●

　　油气田自钻井完井至投入开发生产，其井筒腐蚀结垢与堵塞问题就一直存在，尤其是注水开发的油田，在后期的生产过程中常常出现井筒腐蚀结垢，影响生产，增加检修作业成本。为了解决这些生产难题，提高防腐除垢和解堵效果，国内外许多油田开展了一系列的油气井防腐除垢和解堵研究，对各油田的生产发展和技术进步起到了很大的促进作用。

　　本书是"中国石油天然气集团公司钻井工程重点实验室——欠平衡研究室"课题组近年来在油气井井筒腐蚀与防护及井筒解堵方面科研成果的提炼总结，并加入了笔者近几年的最新研究成果。内容涉及油气井 CO_2 腐蚀主要影响因素分析、H_2S 和 CO_2 共存环境中的腐蚀行为及腐蚀速率预测、空气泡沫驱井筒腐蚀控制、缓蚀剂加注实验及预膜效果仿真评价、井筒堵塞物成分确定与堵塞原因分析、溶垢剂和解堵剂研究及性能评价，以及国内外多个油田的防腐防垢技术与井筒解堵措施。不仅有实验研究和理论分析，而且有详细的实例介绍，既可作为学生教学用书，也可作为工程技术人员参考用书。

　　全书共分 11 章，第 1 章为绪论，第 2 章研究了油气井 CO_2 腐蚀影响因素，第 3 章阐述了 H_2S 和 CO_2 共存环境中的腐蚀行为，第 4 章为 H_2S 和 CO_2 共存环境下基于 BP 神经网络的腐蚀速率预测，第 5 章针对空气泡沫驱井筒腐蚀行为进行了分析并提出了控制方法，第 6 章介绍了加注缓蚀剂实验及预膜效果仿真评价，第 7 章以大港油田井筒结垢问题为例分析了油气井结垢影响因素，第 8 章对硫酸钡溶垢剂的研制及性能评价进行了介绍，第 9 章为油气井堵塞原因分析与具体的解堵措施，第 10 章对油气井解堵剂的合成及性能进行了评价，第 11 章介绍了各油田的腐蚀结垢与防护措施。

　　本书第 1 章和第 11 章主要由华北石油管理局文云飞和西南石油大学桑琴完成，其余内容由西南石油大学万里平撰写。在本书的编写过程中，西南石油大学的李皋、肖东、李洪建、刘宇程、林铁军和中石化西南油气分公司石油工程技术研究院的熊昕东等提出了许多改进意见，在此表示感谢！此外，课题组的王柏辉、谢萌、胡成等研究生也参与了本书的部分文字编写工作！

　　为照顾各章节的独立性和相互连贯性，不同章节有些个别概念和内容作了必要的重复。由于篇幅有限，有些内容涉及的技术细节可能不够全面，读者可参考所列的参考文献。由于水平有限，缺点和不足在所难免，望广大读者提出宝贵意见，便于日后改进。

著者

2022 年 9 月

目 录 ●●●●

第 7 章　油气井结垢影响因素分析 / 177

第 8 章　硫酸钡溶垢剂的研制及性能评价 / 187

第1章
绪 论

　　我国许多主力油田已经进入中、高含水期，随着综合含水量的不断上升，油气采输系统的腐蚀结垢日趋严重。由于原油和地层水中一般含有 CO_2、H_2S、Cl^-、少量溶解氧和细菌等腐蚀性物质，这些因素的交互作用，使得生产管柱（或称为油管和套管，简称为油套管，或称为油井管，但油井管除包括油管和套管外，一般还包括钻杆）腐蚀严重，油田安全生产受到严重威胁。

　　油气开发生产中根据堵塞位置的不同，可分为地层堵塞和井筒堵塞。油田作业的各个阶段如钻井、完井和酸化、压裂等增产处理后，入井流体中的高分子化合物和作业形成的泥饼会降低裂缝的导流能力，对地层渗透造成损害，甚至引起地层堵塞，导致油气井产量大幅下降。造成地层堵塞的主要原因包括：固相颗粒、不合理的采油工作制度及生产速度、结垢、外来流体与油气层岩石不配伍等。可通过化学法和物理法进行解堵作业。化学解堵技术在油田应用广泛、效果好，但是成本高，反应产物易对地层造成二次污染。而物理法解堵技术相对而言成本较低，对油层污染程度低，近年来，随着高压水射流处理技术和地层改造新技术不断发展，物理法解堵受到更多关注。引起井筒堵塞的原因较复杂，需综合考虑入井流体的种类、地质特征、地层流体类型。例如普光气田投产后，部分气井出现了不同程度的井筒堵塞，严重影响气井正常生产。为解决高含硫气井井筒堵塞问题，进行了井筒堵塞原因分析。认为井筒堵塞物可能来自以下几个方面：屏蔽暂堵剂、残酸残渣、硫沉积及水合物。通过连续油管解堵技术，并结合现场应用情况不断优化完善，最终形成了一套适合高含硫气井的井筒解堵技术，解决了普光气田气井井筒堵塞难题。

▎ 1.1　生产管柱腐蚀特点及影响因素

　　多数油气井在生产中不同程度地产地层水或是凝析水，因此井下生产管柱所处的环境十分复杂，腐蚀影响因素众多，生产管柱腐蚀问题非常复杂。由此导致油气井的油管和套管遭受不同程度的腐蚀减薄、穿孔，甚至断裂，严重影响正常生产。下面以井下油管的腐蚀特点及影响因素为例，论述生产管柱腐蚀特点及影响因素，至于套管和钻杆等油井管的腐蚀，由于其与油管的腐蚀有许多相同之处，在此没有一一赘述。

1.1.1 腐蚀特点

通过对井下油管开展腐蚀监测评价，并结合现场试修作业，发现井下油管腐蚀部位及腐蚀特点均存在一定差异性，也存在一定的共性，共同点主要表现为：

① 油管腐蚀以内壁腐蚀为主，多表现为点孔腐蚀、坑点腐蚀和溃疡状腐蚀，油管外壁腐蚀较轻，一般不会出现明显损伤，如图1.1和图1.2所示；

② 缓蚀剂加注及时且加注制度合理的油气井取出的油管腐蚀程度较轻；

③ 多数气井油管均发生内壁结垢现象，结垢区域多出现在管串中下部；

④ 腐蚀产物以 Fe_9S_8、FeS 为主，部分气田腐蚀产物还包括 $FeCO_3$ 和 Fe_3O_4 等。

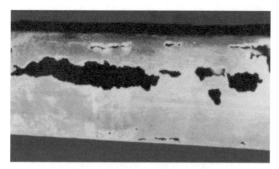

图1.1 塔里木X井油管腐蚀

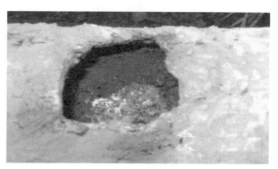

图1.2 川东Y井油管腐蚀

1.1.2 影响因素

井下油管发生的腐蚀多数属于电化学腐蚀，水是引发腐蚀的先决条件和基本条件，所有腐蚀性介质都是通过水来完成对钢材的腐蚀破坏。水中的 Cl^-、H_2S 浓度，pH 值等影响着腐蚀，同时，天然气的组成、流速、压力、温度等也影响着腐蚀的进行，但最主要的影响因素是温度，H_2S、CO_2 和 Cl^- 浓度等。表 1.1 为川东地区部分油管腐蚀情况统计。

表1.1 川东地区部分油管腐蚀情况

井号	H_2S/%	CO_2/%	Cl^-/（mg/L）	失效形式	腐蚀部位	腐蚀程度
天东67井	0.06	1.72	4～12386	电化学腐蚀	下部	轻微腐蚀
天东12井	0.06	2.18	50400	电化学腐蚀	中上部	轻微腐蚀
池12井	0	0.04	33100	电化学腐蚀	中下部	腐蚀严重
池28井	1.45	0.02	86400	电化学腐蚀	中下部	腐蚀严重

1.1.2.1 温度

一般而言，腐蚀速率随温度升高而上升，有资料显示，温度每升高10℃，腐蚀速率升高1～3倍。因为温度升高，扩散速度增大，同时电解液电阻下降，所以使腐蚀电池的反应加快。

但是也有例外的情况，因为影响腐蚀的因素很多，若升温可以降低其他因素的作用时，则腐蚀速率也可能随之降低。例如氧在水中是阴极去极化剂，是促进腐蚀反应的主要因素，升高温度后，氧在水中的溶解度减小，当温度达到 70 ～ 80℃时，腐蚀速率显著下降。

温度对腐蚀产物膜也有重要的影响，在一种温度下生成的腐蚀产物膜在另一种温度下可能溶解。例如锌在自来水中，50℃时产生的腐蚀产物膜是有保护性的，在 50 ～ 90℃时，腐蚀产物膜的保护性差、附着力低，90℃以上又形成致密的保护膜。

温度对腐蚀速率的影响较为复杂，对酸性气体而言，在一定的温度范围内，碳钢的腐蚀速率随着温度的升高而增大。但温度较高时，由于钢材表面生成了一层致密的腐蚀产物膜，碳钢的腐蚀速率反而会随着温度的升高而降低。在 CO_2 分压为 2.0MPa，Cl^- 质量浓度为 20044mg/L，流速为 0.5m/s 下，对 1Cr、3Cr 和 13Cr 钢开展的 40 ～ 150℃全井筒温度范围的模拟测试表明：1Cr 和 3Cr 钢的腐蚀速率随温度升高先增加后减小，二者的腐蚀速率均在 80℃达到最大值，分别为 7.915mm/a 和 4.339mm/a；13Cr 钢的腐蚀速率在温度低于 110℃时，随温度的升高缓慢增大，在温度高于 110℃时，腐蚀速率迅速增大（图 1.3）。

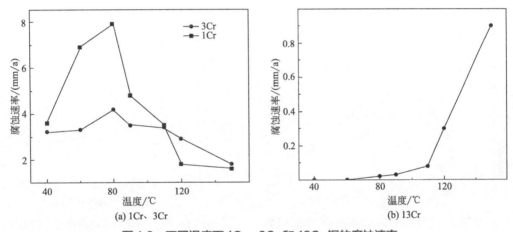

图 1.3   不同温度下 1Cr、3Cr 和 13Cr 钢的腐蚀速率

1.1.2.2 CO_2 和 H_2S 的含量及其分压比

发生 CO_2 腐蚀时，金属破坏的基本特征是局部腐蚀。其类型主要有台地状腐蚀、坑点腐蚀、癣状腐蚀和冲蚀，均和沉积在金属表面的 $FeCO_3$ 膜有关。CO_2 的腐蚀速率受 CO_2 分压、流速、H_2S 含量、温度、保护膜和溶液成分等诸多因素影响。CO_2 的腐蚀是随着分压的增加而增加。在较低温度阶段，腐蚀速率随温度升高而加大，在 100℃左右腐蚀速率达最大，超过 100℃腐蚀速率又下降。Ikeda 等人根据温度对腐蚀的影响将 Fe 的 CO_2 腐蚀分为三个区间：①温度低于 60℃时，腐蚀产物膜为 $FeCO_3$，软而无附着力，金属表面光滑，均匀腐蚀；② 100℃附近，为严重的局部腐蚀，腐蚀产物层为厚而疏松、结晶粗大的 $FeCO_3$；③ 150℃以上，是致密、附着力强的 $FeCO_3$ 和 Fe_3O_4，腐蚀速率降低。由此可见，温度是通过化学反应和腐蚀产物膜特性来影响钢的腐蚀速率。因此随着钢种和环境介质、状态参数的变化，钢材腐蚀速率随温度的变化规律有差异。图 1.4 为 CO_2 分压及温度对 N80 钢腐蚀速率的影响。

在油气田的勘探开发过程中,伴生气中的 H_2S 主要是地层中存在的 H_2S 或钻井过程中钻井液热分解形成 H_2S,以及油气井中存在的硫酸盐还原菌(SRB)不断释放出的 H_2S 气体。伴生气除了含 H_2S 外,通常还有水、CO_2、盐类、残酸以及开采过程进入的氧等腐蚀性杂质,所以它比单一的 H_2S 水溶液的腐蚀性要强得多。油气田生产管柱因 H_2S 引起的腐蚀破坏主要表现有如下类型:均匀腐蚀、硫化氢应力腐蚀开裂(SSCC)、氢致开裂(HIC)和应力导向氢致开裂(SOHIC)及氢鼓泡(HB)等。

H_2S 浓度对钢材腐蚀速率的影响如图 1.5 所示。软钢在含 H_2S 蒸馏水中,当 H_2S 含量为 200～400mg/L 时,腐蚀速率达到最大,而后又随着 H_2S 浓度增加而降低,到 1800mg/L 以后,H_2S 浓度对腐蚀速率几乎无影响。如果含 H_2S 介质中还含有其他腐蚀性组分,如 CO_2、Cl^-、残酸等时,将促使 H_2S 对钢材的腐蚀速率大幅度增高。

H_2S 浓度对 FeS 腐蚀产物膜也有影响。有研究资料表明,H_2S 为 2.0mg/L 的低浓度时,腐蚀产物为 FeS_2 和 FeS;H_2S 浓度为 2.0～20mg/L 时,腐蚀产物除 FeS_2 和 FeS 外,还有少量的 Fe_9S_8;H_2S 浓度为 20～600mg/L 时,腐蚀产物中 Fe_9S_8 的含量最高。

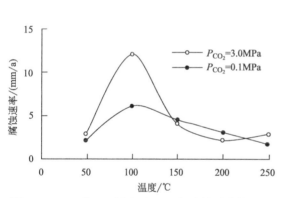

图 1.4　CO_2 分压及温度对 N80 钢腐蚀速率的影响

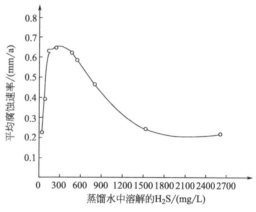

图 1.5　H_2S 浓度对钢材腐蚀速率的影响

当 H_2S 和 CO_2 以不同比例存在于环境中时,对腐蚀的影响程度不同。目前关于 CO_2/H_2S 共存环境中的腐蚀机理和规律这方面的研究比较多,虽然已经提出很多的腐蚀产物成膜机理和转换机制理论,但并没有形成较完整的理论体系,而且这些机理要么局限于特定的条件,要么并未得到广泛的认同,所以仍需更加深入的研究和探讨。

学者们一般认为在 CO_2/H_2S 共存环境中,当 H_2S 腐蚀为主时,CO_2 的存在能够促进 H_2S 的腐蚀,但随着 CO_2 相对含量的增加也可能转变腐蚀形态。最后以 CO_2 为主导因素,由于相同含量的 CO_2 腐蚀钢材的能力约为 H_2S 腐蚀钢材能力的 5 倍,因此在此情况下会出现腐蚀速率大幅度升高的现象。

1989 年,G.Fierro 等研究 CO_2/H_2S 共存环境中钢材的腐蚀行为后总结出 H_2S 的作用表现有以下三种形式:①当 H_2S 分压低于 7×10^{-5} MPa 时,腐蚀产物中仅有 $FeCO_3$,说明 H_2S 没有直接参与腐蚀,腐蚀速率主要取决于腐蚀产物中 $FeCO_3$ 膜的保护性能;②当 H_2S 分压降低至分压比 $P_{CO_2}/P_{H_2S} > 200$ 时,生成的腐蚀产物中 $FeCO_3$ 膜比较致密,腐蚀速率有所降低,并且还与温度和腐蚀介质 pH 值有关;③当 H_2S 分压增加至两者分压比 $P_{CO_2}/P_{H_2S} < 200$

时，腐蚀过程主要由 H_2S 控制，钢材表面生成一层致密性较好的 FeS 膜，阻碍了 $FeCO_3$ 膜进一步生成，从而降低了腐蚀速率。这种对于 CO_2 和 H_2S 共存环境中的腐蚀行为观点与后来 Sridhar 和李鹤林等人的研究结果基本一致。

2002 年，B. F. Pots 等根据 CO_2/H_2S 的分压比将腐蚀体系分为 3 个控制区：①当 $P_{CO_2}/P_{H_2S} < 20$ 时，腐蚀过程主要由 H_2S 控制，腐蚀产物主要为 FeS，此时腐蚀速率较低；②当 $20 \leqslant P_{CO_2}/P_{H_2S} \leqslant 500$ 时，CO_2 和 H_2S 两者呈现协同与竞争关系，腐蚀产物中既包括 FeS 也包括 $FeCO_3$，说明两者均参与腐蚀过程；③当 $P_{CO_2}/P_{H_2S} > 500$ 时，腐蚀产物中主要为 $FeCO_3$，而未见有任何 H_2S 的腐蚀产物，说明此时腐蚀过程主要由 CO_2 控制。

2003 年，Kvarekval 等研究 CO_2/H_2S 共存环境中在温度为 120℃ 的实验条件下的腐蚀行为，发现当两者分压比介于 $1.7 \sim 5$ 时，X65 钢表面的腐蚀产物中全是 H_2S 的腐蚀产物，说明此分压比条件下 CO_2 并未直接参与腐蚀。

2006 年，Sun 在研究 CO_2/H_2S 共存环境中的腐蚀产物时发现，腐蚀产物的形成机制与 Fe^{2+} 和 H_2S 的浓度密切相关，当 H_2S 浓度较低而 Fe^{2+} 的浓度高时，腐蚀产物中 FeS 和 $FeCO_3$ 共同存在，说明 CO_2 和 H_2S 共同控制整个腐蚀过程。当 H_2S 浓度高而 Fe^{2+} 的浓度低时，腐蚀产物中仅含有 FeS，并未见有 $FeCO_3$ 生成，说明 H_2S 控制整个腐蚀过程。

闫伟等认为随着体系中分压比 P_{CO_2}/P_{H_2S} 逐渐降低，腐蚀速率呈现先增大后降低的趋势，通过对比不同学者的研究成果确定腐蚀速率极大值对应的分压比介于 $10 \sim 100$ 之间。随着体系中分压比 P_{CO_2}/P_{H_2S} 逐渐升高，腐蚀速率会逐渐递增，不同的实验条件下，增幅有所不同，但并不影响对腐蚀规律变化的认识。

2014 年，钱进森等研究了微量 H_2S 对油管钢 CO_2 腐蚀行为的影响，当 CO_2 和 H_2S 分压比 P_{CO_2}/P_{H_2S} 为 800 时，腐蚀产物膜为 $FeCO_3$，钢材腐蚀受 CO_2 控制；当两者分压比 P_{CO_2}/P_{H_2S} 降低到 400 时，腐蚀产物膜转变成 $FeCO_3$ 和 FeS 的混合物；当分压比 P_{CO_2}/P_{H_2S} 降低到 $10 \sim 100$ 时，腐蚀产物全部为 FeS。

2015 年，王丹等综述了 CO_2 和 H_2S 单独存在以及 CO_2 和 H_2S 共存体系中油气管道的腐蚀行为，认为管道 CO_2/H_2S 腐蚀程度的大小主要是由两者的含量比值决定，即 CO_2 和 H_2S 的分压比或浓度不同，导致腐蚀现象亦不相同。

Zafar、Zhao、Poormohammadian 等学者们研究发现，在 CO_2/H_2S 共存体系中，CO_2 和 H_2S 腐蚀过程中存在明显的竞争协同效应。这是由于随着 CO_2 含量的增加，致使腐蚀形态明显出现倾向性，CO_2 在腐蚀过程中占主导地位，它的存在促进了金属腐蚀电极反应的进行。而 H_2S 的存在对腐蚀反应的影响具有两面性：一方面，酸性环境能够引起阴极析氢反应的加剧，从而导致金属腐蚀加快，即能通过阴极反应加速 CO_2 腐蚀；另一方面，反应后的腐蚀产物 FeS 沉淀吸附在电极表面，形成对金属电极起到保护作用的产物膜，从而减缓腐蚀过程。

Wang 等利用 SEM 与 EDS 来探究 X80 钢在 CO_2/H_2S 分压比 < 20 时的腐蚀产物，结果表明，Fe 和 S 元素占较大比例，腐蚀产物主要成分为黄铁矿，从而验证了 H_2S 在腐蚀过程中占主导地位，此结论与 B.F.Pots 对分压比的划分相吻合。

2016 年，孙爱平等通过研究 X65 管线钢材在 CO_2/H_2S 共存环境中的腐蚀产物后发现，在 P_{CO_2}/P_{H_2S} 为 $6.67 \sim 133$（< 200）时，以 H_2S 腐蚀为主，随 CO_2 分压的升高，X65 管线钢的腐蚀速率呈单调增加趋势。

2020 年，刘丽等采用室内实验的方法研究了 90℃时，P110SS 钢在 CO_2/H_2S 环境中腐蚀产物膜特征。结果表明在 CO_2/H_2S 分压比为 0∶1、3∶1 和 7∶1 的腐蚀环境中产生的是富 Fe 相的 FeS_{1-x} 腐蚀产物；在分压比为 1∶0 的环境中产生的是 $FeCO_3$ 腐蚀产物，CO_2/H_2S 分压比对腐蚀产物的影响明显。

2021 年，葛鹏莉分析了在 CO_2/H_2S 共存环境中施加应力与介质流动时，两种碳钢腐蚀后的表面微观形貌和腐蚀产物的组成，发现当 CO_2 和 H_2S 分压比（P_{CO_2}/P_{H_2S}）约为 120 时，H_2S 在腐蚀过程中起主导作用，即腐蚀产物应以 FeS 为主。

2022 年，张晓诚等研究了不同含铬材质在 CO_2 和微量 H_2S 共存环境中的腐蚀行为，认为随着 H_2S 含量增加，除 9Cr 外其余材料腐蚀速率均呈现降低的特征，FeS 优先成膜，而 $FeCO_3$ 成膜滞后，抑制腐蚀，导致腐蚀速率下降。

从前面文献调研来看，CO_2/H_2S 的分压比决定了由谁主导腐蚀过程，目前，国内外学者大多倾向于根据 CO_2/H_2S 的分压比来研究两者共存时的腐蚀行为。分压比的研究基本可以分为两类：①两者共存环境中的 CO_2 分压保持不变，逐渐改变 H_2S 的分压，然后研究钢材的腐蚀机理和规律随两者分压比变化的情况；②两者共存环境中的 H_2S 分压保持不变，逐渐改变 CO_2 的分压，再研究钢材的腐蚀机理和规律随两者分压比变化的情况。

1.1.2.3 pH 值

室内研究表明，pH=6 是个临界值，当 pH < 6 时，钢的腐蚀速率高。通常在低 pH 值的 H_2S 溶液中，生成的是含硫量不足的硫化铁，无保护性膜，腐蚀速率较高；随着 pH 值的增高，具有一定保护作用的 FeS 含量也随之增多，从而腐蚀速率较低。例如，川东气田单井腐蚀监测点水样多呈弱酸性，pH 值在 5.5～6.5 之间，且大多数水样 pH 值在 6 以下，井下油管腐蚀产物多为非保护性的硫化铁，腐蚀速率高。

1.1.2.4 Cl^-

Cl^- 在油管的腐蚀过程中起催化剂的作用，它主要来自地层水以及酸化作业中的残酸。带负电荷的 Cl^- 吸附在钢铁表面，阻碍在钢铁表面形成保护性硫化铁膜，并且能通过金属表面硫化铁保护膜的细孔或缺陷渗入膜内，使金属膜发生显微开裂，导致孔蚀。Cl^- 一旦与金属表面接触，会加速铁离子溶解，生成易水解的 $FeCl_3$，从而加速腐蚀。研究表明，Cl^- 的存在可使腐蚀加速 2～5 倍，特别是会促使金属的局部腐蚀（孔蚀、坑蚀）。

Cl^- 对金属腐蚀的影响表现在两个方面：一方面是降低材质表面钝化膜形成的可能或加速钝化膜的破坏，从而促进局部腐蚀；另一方面使得 H_2S、CO_2 在水溶液中的溶解度降低，从而缓解材质的腐蚀。

Cl^- 具有离子半径小，穿透能力强，并且能够被金属表面较强吸附的特点。Cl^- 浓度越高，水溶液的导电性就越强，Cl^- 就越容易到达金属表面，加快局部腐蚀的进程。酸性环境中 Cl^- 的存在会在金属表面形成氯化物盐层，并替代具有保护性能的 $FeCO_3$ 膜，从而导致高的点蚀率。腐蚀过程中，Cl^- 不仅在点蚀坑内富集，而且还会在未产生点蚀坑的区域处富集，这可能是点蚀坑形成的前期过程。它反映出基体铁与腐蚀产物膜界面处的双电层结构容易优先吸附 Cl^-，使得界面处 Cl^- 浓度升高。在部分区域，Cl^- 会积聚成核，导致该区域阳极溶解加速，这样金属基体会被向下深挖腐蚀，形成点蚀坑阳极金属的溶解，会加速 Cl^- 透过腐蚀产物膜扩散到点蚀坑内，使点蚀坑内的 Cl^- 浓度进一步增加，这一过程是属于 Cl^- 的催化机制。当 Cl^- 浓度超过一定的临界值之后，阳极金属将一直处在活化状态而不会钝化。因此，在 Cl^- 的催化作用下，点蚀坑会不断扩大、加深。尽管溶液中的 Na^+ 含量较高，但是对腐蚀产物膜能谱分析却未发现 Na 元素的存在，说明腐蚀产物膜对阳离子向金属方向的扩散具有一定的抑制作用，而阴离子则比较容易穿过腐蚀产物膜到达基体与膜的界面。这说明腐蚀产物膜具有离子选择性，导致界面处阴离子浓度升高。

1.1.2.5　流速、流型

当油管表面无腐蚀产物膜存在时，金属的腐蚀速率随流速的增大而增大；当腐蚀产物膜形成之后，腐蚀速率受流速的影响不大。如果流体流速较高或处于紊流状态时，由于油管表面上的硫化铁腐蚀产物膜受到流体的冲刷而被破坏或黏附不牢固，油管将一直保持初始的高速腐蚀状态，形成严重的局部破坏。

由于各种流型对材料表面的力学损伤作用不同，从而对腐蚀的促进作用不同。以水平流动为例，段塞流造成的腐蚀最为严重。当流动的方向改变时，如管道90°弯角处，其冲刷腐蚀非常严重（图1.6）。

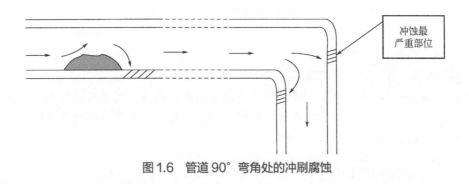

图1.6　管道90°弯角处的冲刷腐蚀

1.2　结垢机理及影响因素的研究现状

在油气田生产过程中会出现多种结垢的情况，结垢产物又分有机垢和无机垢，相较而言，无机垢的出现情况更为频繁，也更加难以处理。无机垢常见类型主要有碳酸盐垢和硫酸盐垢，主要包括 $CaCO_3$ 垢、$BaCO_3$ 垢、$BaSO_4$ 垢和 $SrSO_4$ 垢等，在实际生产过程中往往出现的是多种类型的结垢混合物，油田常见无机垢特点见表1.2。碳酸盐垢能缓慢地溶于酸，而硫酸盐垢几乎不溶于酸以至于难以有效地清除。结垢问题在开发早期就会有明显的特征，开发中后期由于地层能量的不足，需要注水来提高采收率，注水过程中会引入一些外来离子，这些外来离子存在与地层水不配伍的可能，会导致结垢更加严重。大量结垢带来的危害将会愈加严重，尤其是难以清除的硫酸盐垢。

表 1.2　油田常见无机垢特点

垢物		表观形状	溶解性
$SrSO_4$、$CaSO_4$、$BaSO_4$ 混合垢	无其他杂质	坚硬致密的白色或浅色细颗粒	不溶于盐酸，其中 $BaSO_4$ 最难溶，垢层坚硬不易清除
	混有腐蚀产物或氧化铁等	褐色致密物	常温下基本不溶于盐酸，加热后褐色物溶解使酸液变黄，剩下的白色物不溶解
$CaSO_4$	无杂质	致密的长针状结晶，浅色	粉末在酸中溶解慢，无气泡
	混有腐蚀产物或氧化物	致密褐色物	常温下基本不溶于盐酸，加热后褐色物溶解使酸液变黄，剩下的白色物不溶解
$CaCO_3$	无杂质	致密的白色细粉状	易溶于酸且产生气泡
	含有 $MgCO_3$	碎成菱形结晶	溶解慢
	混有氧化铁或硫化铁	致密的黑色或褐色物	易溶于 4%HCl 且产生气泡，剩余物为不溶性的褐色或黑色物质

　　国内外相关学者对于无机盐结垢的机理观点可分为两种：第一种观点认为两种或两种以上化学组分不同的水溶液相互混合后产生沉淀。无机垢形成的过程按照五阶段顺序进行，即水溶液→超过溶解度→达到过饱和度→晶体析出→结垢。第二种认为由于外界条件发生改变，使得溶液中的离子平衡发生相应变化，进一步导致结垢组分溶解度降低而析出结晶沉淀。垢形成过程是由多种因素变化导致的结果，其主要包括过饱和程度、结晶的形成与溶解以及接触时间等。其中最主要的原因是过饱和度。

　　迄今为止，关于油田开发生产中无机垢的结垢机理，国内外的学者研究较多，其主要的研究内容包括油田注入水的不配伍理论、由外界条件引起的热力学条件变化理论以及物体表面不同程度的吸附理论。

1.2.1　国外研究现状

　　国外对于无机垢结垢机理的研究始于 20 世纪 70 年代。2005 年，Lakatos 和 Lakatos-Szabó 等对不同氨基羧酸溶解硫酸盐垢的潜能进行了评估。从经济和技术方面，对 NTA（氨三乙酸）、EDTA（乙二胺四乙酸）、DCTA（环己二胺四乙酸）、DTPA（二乙基三胺五乙酸）、HEDTA（N- 羟乙基乙二胺三乙酸）、TTHA（三乙烯四胺六乙酸）等氨基羧酸同时使用和其中两种同时使用做了比较和评价。

　　2012 年，Jordan 等做了一系列实验，得到了在温度连续变化的情况下，硫酸盐溶解时，固体表面积 / 质量或者体积与流体体积比对硫酸盐溶解性能影响的新观点。

　　2018 年，Kalbani 通过油藏模拟技术研究了聚合物驱中矿化度变化对原油采收率和硫酸钡结垢的影响，结论认为聚合物的使用会影响硫酸钡在储层中沉淀，并确定了井筒内潜在结垢的时间和数量。

　　2019 年，Khaled 等经过一系列实验得出以碳酸钾为催化剂时，DTPA 在较高温度下具有较高的溶解硫酸钡垢能力，碳酸钙等其它结垢物的存在对硫酸钡的溶解度有很大影响。建议在使用 DTPA 有效溶解硫酸钡垢的现场处理中应考虑碳酸钙的影响。

　　2021 年，Fernando 等认为水的蒸发可以显著增加凝析气井无机物结垢，将水的蒸发对凝析气井无机物结垢的影响加入模型中，经过对耦合井筒模拟器（UTWELL）的多次改进，UTWELL 能够匹配商业多相流模拟器（OLGA）计算结果，使得预测精确。

1.2.2 国内研究现状

2013 年，石东坡等对胜利油田采出水进行了结垢实验研究，探究了结垢时间、搅拌速度、温度以及结垢离子浓度对碳酸盐垢和硫酸盐垢的影响。

2015 年，尚玉振等开展了硫酸锶垢除垢研究。以 EDTA 为主剂，聚丙烯酸钠为辅剂，考察溶垢剂浓度、压力、pH 值、温度等因素对溶垢效果的影响，研究认为聚丙烯酸钠提高了 EDTA 的除垢率。

2015 年，秦康等针对涠洲 12-1 油田富含硫酸根离子海水的注入水，研究了含钡、锶等离子地层水不配伍导致该油田生产系统结垢的原因。通过对 SF-21、SF-V4 和 WL-740 三种溶垢剂的筛选，优选了 WL-740 溶垢剂。确定 WL-740 溶垢剂的最佳浓度为 40%，溶垢时间为 10h，溶垢温度为 90℃，pH 值为 10。

2017 年，杨建华等对硫酸钙难溶问题进行实验研究，研制出由螯合剂、分散剂等组成的溶垢剂。利用螯合剂与垢样中的 Ca^{2+} 反应生成更加稳定的络合物，从而实现了把 Ca^{2+} 从硫酸钙中分离出来，实现对硫酸钙垢的溶解，同时加入的分散剂可以促使硫酸钙沉淀脱离并悬浮在水中，加快了硫酸钙的溶解。

2018 年，李明星等对长庆油田气井堵塞的情况进行了溶垢研究。分析认为垢样主要有 $CaCO_3$、$CaSO_4$、$BaSO_4$ 以及 $FeCO_3$、FeS 等腐蚀产物。研制了酸性解堵剂（10% 有机酸 YG-1+1% 炔醇类酸化用缓蚀剂 HJF-50A+0.5% 泡排剂 UT-11C）和碱性螯合剂（10% 氨基酸盐 YH-1+0.5% 十二烷基磺酸盐类泡排剂 YFP-2）。

2020 年陈鹏等以高效钡锶离子络合解堵剂为基础，进行不同种类的溶垢剂主剂与助剂的筛选复配，通过考察溶垢剂体系的缓蚀性能、稳铁性能、破乳性能、防膨性能和助排性能，获得了一种高效的硫酸钡溶垢剂体系。其配方为：20%WET-2+2.0% 助排剂 OB-1+1.0% 缓蚀剂 ABO-1+1.0% 破乳剂 PRJ-1+1.0% 铁稳剂 WD-1+1.0% 黏稳剂 NWJ-3。该溶垢剂的平均溶垢率达到 90%，模拟驱替岩心渗透率提高了 40% 以上。

2020 年，程耀丽通过静态法实验研究和现场应用试验，评估了海上油田注水系统的防垢剂性能，同时对防垢剂的使用浓度进行了优化。

2021 年，邹伟等针对姬塬油田站点和管线结垢严重问题，开展了结垢现状、垢质特征、结垢机理、成垢影响因素分析，同时结合系统结垢机理、结垢特征，按照"前端预防、过程控制、结垢治理"的思路，采用"前端脱水 + 分层集输 + 同层回注"工艺进行前端防垢，应用"物理 + 化学"技术进行过程控垢，采取"高压射流 + 数控脉冲 + 机械切削"技术进行管路和设备治垢，逐步形成了适用于姬塬油田地面系统清防垢的技术体系，使地面集输系统结垢得到有效控制，年节约维护费用 4000 万元。

2022 年，梁凤鸣等在分析研究区油田注水水源水质之后利用实验室的结垢预测软件对结垢趋势进行模拟，采用添加阻垢剂的方案以控制结垢问题，并通过实验优选出阻垢剂和药剂浓度。

1.3   井筒堵塞特点及研究现状

油气生产过程中引起井筒堵塞的原因复杂，影响因素众多。例如，近年来中国石油西南油气田分公司重庆气矿部分气井堵塞现象日益严重，尤其是生产中后期的气井。其井下管串普遍存在结垢现象，有的轻微，有的严重，给气井正常生产、修井作业带来了不同程度的影响。通过对堵塞物成分进行分析，并结合现场入井液的使用情况，认为引起气井堵塞的主要因素是开采过程中加注的入井液与地层砂、腐蚀产物胶结形成了混合垢物，黏附在井下筛管处和油管内壁，造成修井作业工具被卡，气井产量下降。提出应选择合适的时机，及早及时清除垢物，防止堵塞严重后实施解堵而可能产生的加剧堵塞或形成新的堵塞现象，同时，优选解堵剂和解堵工艺，实施有效的解堵作业，恢复气井正常生产。此外，在塔里木油田、新疆油田、长庆油田、中石化西南油气分公司、渤海油田等相继出现油井或气井的有机物与无机物复合堵塞。

1.3.1   有机垢堵塞的危害

有机垢堵塞发生的部位包括地层、井筒以及地面管输系统。有机垢堵塞地层的案例比较普遍，如发生有机垢堵塞的蒲城油田，该油田属于复杂性断块油气田，油层物性较差，油水环境复杂，随着长时间的开发，主力油层得到充分开发，一些储层物性较差的油层很难发挥作用。主要有两个原因：一是由于开采出来的油气黏度过大导致流动性较差；二是原油中的胶质沥青等重质组分沉积会污染近井地带的地层，造成近井地带孔道堵塞，储层渗透性下降，导致产能受到严重影响。因此，要保持油气田经济稳定生产，必须保护和恢复地层的渗透性。

油气生产过程中的众多环节都可能出现井筒堵塞的情况，生产过程中沥青质可能沉积位置见图1.7。如塔里木油田某井区在近些年生产过程中发现，井下堵塞物堵塞部分油井现象越来越普遍。与此同时研究人员对张家场、大池干等气田进行井下作业时，发现两个气田部分井均存在井下堵塞。对堵塞物进行进一步的室内分析发现，与常规井筒堵塞物不同的是，堵塞物中除了较为常规的如碳酸盐、硫酸盐腐蚀产物和地层砂等无机堵塞物外，还有一定量的胶质和沥青质等有机质。

石油中胶质和沥青质等重质组分在流动过程中的沉积会堵塞储层和集输管线，并损坏输油设备、损害储层。高黏原油是管输系统中发生堵塞的主要原因。高黏原油包括石蜡基原油和重质原油两种，石蜡基原油的特点是蜡含量较高；重质原油的特点是密度大，胶质和沥青质含量高，凝固点高和黏度大。原油中的胶质和沥青质等重质组分，其组成和结构复杂，是原油中极性最强、相对质量大的组成部分，胶质和沥青质含量较高时会导致原油黏度过高，流动性变差导致油气开采和集输难度变大。

1.3.2   国外研究现状

1.3.2.1   硫沉积

2012年Fadairo等研究了含硫气藏含硫饱和度与地层压降之间的关系，因硫沉积给地层

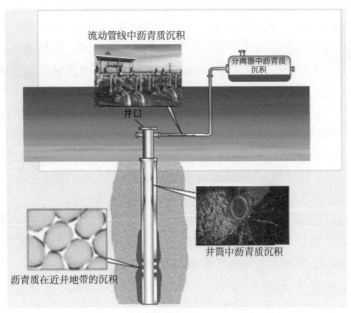

图1.7 生产过程中沥青质可能沉积位置

带来的损害，通过近井地层半径与饱和度建立模型，可获知不同井半径处硫沉积因素堵塞地层的最短时间。

2014 年 M. A. Mahmoud 通过引入吸附效应随地层压力的变化影响硫溶解度而建立模型，分析了相对渗透率曲线随储层中径向距离和硫沉积的变化而变化，硫沉积使地层岩石的气体润湿性发生变化，降低了气井产能。数值模拟的结果表明：稠油的模拟模型可以用于凝析油气藏，预测井筒较大径向距离硫沉积造成的损害，对于小的径向距离，应考虑实际硫的物理性质。

2017 年 Jaber Al-Jaberi 等通过对天然气高压物性相态分析，引入流体组成、组分含量、油藏压力和储层温度建立 GEM 模型，研究井筒内硫沉积和润湿性变化。随着中东地区含硫天然气气藏中储层压力和温度的降低，天然气中硫的溶解度也逐渐降低，使天然气中溶解的元素硫在气井井筒中沉积。

2018 年 O. J. Omoda 等基于郭肖建立的模型所得结果，与 Robert 和 Fadairo 的结果进行比较，认为在酸性气藏中随着时间的推移，硫沉积产生压实作用。因非达西渗流气藏硫沉积造成孔隙压实作用，加快了硫沉积速度，该模型引入了前面被低估的硫沉积速率。

2020 年 M.N.Amar 提出了基于两种人工神经网络（ANN）类型的严格范式，即多层感知器（MLP）和级联前向神经网络（CFNN），并通过列文伯格 - 马夸尔特（Levenberge Marquardt）算法进行优化，作为机器学习（ML）建模工具，预测硫在酸性气体混合物和纯 H_2S 中的溶解度。

2021 年 H.S.Chen 等进行了高压气固系统实验数据的评估，基于 Gibbs-Duhem 方程、P-R 状态方程对实验数据进行关联，采用四种智能算法获得 BP 神经网络的最优参数和支持向量回归，提出了一种基于混合智能算法计算硫溶解度的新方法。该新模型可以获得硫在酸性气体中溶解度的准确结果。

1.3.2.2 沥青质类堵塞

2014 年 Naveed Salan 等选取正庚烷作为沉淀剂进行不锈钢管中沥青质沉积的机理和动力学研究。通过不锈钢管柱模拟近井筒地区的沥青质沉积堵塞，使用紫外-可见分光光度计来准确测量管口、管尾处的沥青质浓度，测定结果表明：随着流量和温度的增加、沉淀剂稀释率的降低，沥青质沉积速率呈上升趋势。

2015 年 Paes 等通过选取六种颗粒沉积模型和四个实验数据进行验证，Beal 模型用于扩散和扩散冲击体系，最适合预测沥青质沉积模型。由于该模型以气体为介质验证，其不适用于液体介质，但当沥青质分子沉积满足条件（$1\times10^4 \leqslant N_{Re} \leqslant 6\times10^4$、$1.1\times10^5 \leqslant N_{Sc} \leqslant 1.4\times10^5$）时，该模型与液体介质验证相关。敏感性分析表明：沥青沉积速度与沥青粒径、流体黏度、井筒内径、油气密度和温度等相关。

2016 年 Seonung Choi 等提出添加少量氧化的沥青质使重质油中沥青质沉淀的方法。此工艺添加一半沥青质和四分之一的树脂，通过单循环离心分离，少量氧化沥青质可能选择性溶解于油相和水相之间，具有两性官能团的部分氧化沥青质被吸附在沥青质与水界面之间，促进界面之间沥青质聚集溶于油相，以亲水性芳香类表面活性剂实现沥青质的聚集与分离。

2017 年 Jonathan J. Flom 等采用动量和质量参数来描述沥青质在井筒内的沉积平衡方程式。研究结果表明：沉积速率与 SP（颗粒与井筒内壁之间的黏附力与颗粒之间的拖曳力之比）和 α（经验系数）相关；导致沥青质沉积的关键参数是雷诺数（Re）；流动速率的增加导致沥青质沉积量增加。

2018 年 H. Doryani 等研究了甲苯组成的合成油在不同类型的束缚水中沉积规律，此研究基于可视化水润湿微观装置得出结论，实验表明：由于圈闭相的存在，去离子水和盐溶液发生盐析效应，加剧了沥青质沉积过程，且二价阳离子对沥青质的沉积稳定性更具重要影响。含有甲苯的合成油中，加入正庚烷增加了沥青质的沉积稳定性。

2019 年 Chadimi 等通过数值模拟研究了生产参数对沥青质沉积的影响，认为在泡点压力附近沥青质胶体体系处于不稳定状态。如果储层压力高于泡点压力，早期的高产量生产可以使压力迅速远离泡点压力；如果储层压力低于泡点压力，则可以维持合理的低产量，使井筒压力远离泡点压力。沥青质沉积相包络线图是预测或诊断沥青质沉积的工具之一，油井生产应该尽量维持在沉积包络线之外的区域。

Chosh 等认为沥青质中的芳香环与离子液体阳离子之间发生酸碱作用，而且 Br^- 阴离子具有更高的空间位阻，可抑制沥青质聚集体的进一步聚并，具有明显的抑制效果。

1.3.2.3 水合物堵塞

2012 年 L.E. Zerpa 等通过水合物动态集聚现象、水合物的形成至堵塞过程，以及水合物膜的生长，提出新动态计算模块（DFC），DFC 模块在典型井/流线/立管高度的多相流模拟中，以下 5 个关键因素导致形成水合物堵塞物：①含水量；②接触时间；③水-油界面张力；④水合物表面润湿性；⑤水合物粒径。

2015 年 Young Hoon Sohn 等研究了水合物颗粒的聚集和沉积。在高压釜中发现：对于含水量约为 60% 时，系统观察到最高流阻发生在大部分游离水存在的水合物生长期间。通过在水相中添加 10%MEG 抑制剂，存在以下两种加量体系使管线发生完全堵塞：

① 10%MEG+0.5%PVCap；② 30%MEG。结果表明：抑制剂浓度低于 25% 时，可有效缓解水合物的堵塞风险。

2016 年 Masoumeh Akhfash 等以可视化高压釜装置（HPVA）评价水合物堵塞的风险。按不同恒定转速 300r/min、500r/min、900r/min 将 10% ～ 70% 的部分水分散到油相中，对该装置持续监测温度、压力，对水合物生长速率进行估计。研究表明：将水分散至油相中，油相中水合物（2% ～ 6%）破坏了油 - 水分层界面。待油 - 水分层破坏后，在 HPVA 系统中发现水合物颗粒形成移动床，充分分散于水和油中，其团聚在油相中的水合物颗粒生长速率加快，加速了水合物生长和沉积。

2017 年 Morteza Aminnaji 等提出目前预防井筒水合物形成的方法，主要涉及两方面，通过注入热力学抑制剂或加热预防水合物形成。实验装置是使用高压、垂直可视装置进行温度梯度控制。

2018 年 Mauricio Di Lorenzo 等提出在井筒管柱中水合物沉积和坍塌的模型，可快速估计常规情况下乙二醇沿水平管柱压力、温度分布的水合物形成区。之前的模型假设井筒管壁上生长的水合物是稳定的，导致过高预估整个过程的压降。该模型预测值在水合物测量值的 40% 以内和压降测量值的 50% 以内，在较高乙二醇浓度（0 ～ 30%）和中等气体流速下循环，气体速度下降，表明阻力逐渐增大，在较低流速下水合物分子生长、沉积参数的增加与乙二醇浓度同步，在粒子黏附 / 内聚机制基础上形成毛细管桥。

2020 年，Zhu 等将颗粒运移模块耦合到 Hydrate Biot 程序中以研究水合物开发过程中的出砂现象。模拟结果认为，颗粒脱落与运移主要发生在井筒附近地层。

1.3.2.4 解堵剂研究现状

2012 年 Jenkins 等研究出一种环保型阻垢 / 防腐组合抑制剂（SCI），应用于英国北海油田的海底管线，具有优异的氧化管柱壁面和缓蚀性能，易降解、抑制腐蚀、无毒和阻垢特征。通过研究表明：①浓度为 10mg/L 的 SCI 有效地减缓了腐蚀，其腐蚀速率小于 0.1mm/a；②动态环形装置测试证明，现有的阻垢剂（MIC）最低抑制浓度比 SCI 低，实验证明 60mg/L 的 SCI 比 15mg/L 的 MIC 防腐性能要优异，兼有阻垢 / 防腐的双重性。

2015 年 Alper Baba 等对土耳其西北部的比格半岛（TGF 地区）开发地热资源遭遇硅酸盐结垢问题进行了研究。结果表明，降低盐溶液的 pH 值是抑制动力学沉积的最佳方法，在酸性条件下可以有效延缓结垢和腐蚀。基于一系列的地热系统实验，将甲酸的浓度调整到 55mg/L 时，甲酸不会导致硅酸盐沉积物明显的形态变化，已溶解的甲酸可以防止二氧化硅胶体的形成，有效地解决硅酸盐结垢堵塞问题。

2016 年 Younes 等研制出一种含磷酸基团的新型聚合物。此聚合物对金属离子的吸附倾向于 Mg^{2+}、Ca^{2+}、Ba^{2+} 和 Sr^{2+} 等。优化吸附实验表明：所测试的金属离子最佳 pH 值为 7；接触时间为 150min；聚合物加量为 50mg。在最佳条件下，Mg^{2+}、Ca^{2+}、Ba^{2+} 和 Sr^{2+} 最大去除量依次为 667mg/g、794mg/g、769mg/g 和 709mg/g，可以有效地应用于阻垢剂研发。

2017 年 Abdelgawad 等首先提取改性 Gambier 添加剂，然后将 Gambier、苯甲酸、柠檬酸按照 2∶1∶2 比例配制成环保抑制剂。通过不同 $CaCl_2$ 和 Na_2CO_3 溶液制备 $CaCO_3$ 晶体，观察不同抑制剂浓度（0.1mol/L、0.3mol/L、0.6mol/L）的晶体生长。

2018 年 Elkholy 等采用 Monte Clo 模拟方法研究瓜尔胶和黄原胶在 $CaCO_3$ 和 $CaSO_4$ 晶

体上的阻垢效果。模拟结果表明：① $CaCO_3$ 和 $CaSO_4$ 吸附能量随着聚合度的增加而减小，因此，低聚合度下的阻垢剂效果更好；②在低聚合度下，在 $CaCO_3$ 晶体表面发现，黄原胶比瓜尔胶表现出更高的吸附能；③在高聚合度下，瓜尔胶比黄原胶在 $CaSO_4$ 表面有更高的吸附趋势。

1.3.3 国内研究现状

1.3.3.1 硫沉积

2012 年蔡晓文等模拟普光气田硫元素的沉积环境，研究了普光气田 P110 钢油管在不同温度与不同酸性条件下，由硫沉积因素造成油管腐蚀及其腐蚀失重的规律。

2013 年刘建仪等人对元坝地区长兴组高含硫气藏流体相态规律、酸性天然气中硫的溶解度、硫单体析出机理开展研究。井筒内硫沉积实验研究表明：固相硫单质会被气流携带出井筒，若硫单质是液态硫中析出，吸附在有晶核诱导的井筒管壁上，极难携带出井筒管柱，并且引发严重的硫腐蚀，造成井筒管柱腐蚀穿孔、设备失效和井筒堵塞。

2015 年李周、罗卫华等通过硫元素的吸附效应，建立了高含硫气藏投产过程中硫沉积的预测模型。在该模型的研究基础上，进行了硫单质的聚集实验及其孔道中的分布规律实验，硫单质形成是由纳米级硫晶体到硫单体聚集的过程，且硫沉积量随着孔隙的增大而增大。

2018 年李长俊等针对管柱内硫沉积问题，采用微观动力学模拟与宏观热力学参数统计分析方法相结合，研究硫分子的成核、生长与解离的动力学规律。以耦合作用将硫分子的生长、解离、运移、沉降规律与管内温度、压力、气体组分、气体流速等结合起来，建立了硫分子生长动力学模型与结晶动力学理论模型，为管柱内预防硫沉积提供了相关理论。

2020 年刘成川、王本成根据元坝气田超深、高含硫、高产气井传热与流动变化特征，建立了硫溶解度预测模型、井筒温度场和压力场数学模型、井筒硫沉积预测模型。通过实例计算，可为现场除硫提供指导，同时也为此类气井安全生产奠定了基础。

2022 年高子丘等针对某高含硫气田进行实例分析，建立了高含硫井筒温度、压力分布模型以及硫沉积预测模型。综合考虑了不同组分的硫溶解度模型，计算了初始硫析出（沉积）位置，准确预测了井筒中的硫沉积，有助于更好地管理具有潜在硫沉积问题的气井。

1.3.3.2 沥青质沉积

2014 年何汉平等对伊朗雅达油田生产井以热力学平衡原理和固体模型为研究导向，在油管温度、压力分布剖面内，雅达油田原油体系较不稳定，在 2900 ~ 3700m 深度无法规避沥青质析出。

2016 年阮哲通过对沥青质沉积机理研究进行综述，提出沥青质沉积机理分为两个阶段：①油 / 气体系平衡遭到破坏，形成沥青质固体颗粒；②沥青质分子发生聚集、接触、黏附及沉积。沥青质分子沉积受流体组分、流体温度、流体压力、流动速度及井筒管柱结构的影响，堆积在井筒内壁，造成井筒堵塞。

2017 年吴川等通过压差法研究投产中沥青质在井筒中的析出规律。结果表明：P_{red}（沥青质再溶解临界压力）与温度成正比，而 P_{onset}（沥青质析出压力）与温度成反比；当温度恒定时，沥青质中气体溶量大，使得沥青质沉积趋势增大。

2018 年李天太等通过模拟实际地层温度、压力，进行岩心驱替沥青质，研究致密砂岩油藏沥青质沉积量的影响机理。随着原油中的沥青质含量增大，驱替过程中沥青质沉积量也增加。CO_2 注入量的增加使得岩心中的沥青质含量增加。核磁共振技术研究表明，沥青质沉积会对较小孔喉产生一定堵塞。

2021 年，赵琳等针对西北某油田沥青质井筒沉积问题，选取四种黏度相差较大的原油，采用黏度法和微观形态观察研究原油中沥青质的析出过程。结果表明：不稳定系数、氢碳原子比、胶质 / 沥青质比值是影响沥青质沉积的主要内在因素。

2022 年，高晓东等为了预防和控制井筒沥青质沉积，利用 SRK Peneloux 方程预测沥青质沉淀趋势，以塔里木盆地某井为例分别计算了生产井的温度剖面、压力剖面以及沥青质沉积位置，并分析了油压、产油量、含水率以及井口温度对井筒沥青质沉积位置的影响，对预防井筒沥青质沉积具有指导意义。

1.3.3.3 水合物堵塞

2014 年宋中华等对塔里木油田高压气井开采中的水合物堵塞问题进行研究。依据气井 LN422 井筒内温度压力场及水合物相态曲线，在 500m 以内的浅井段易形成水合物，采用井下节流技术降低井筒压力及地面管线压力，可以规避水合物形成。

2015 年廖碧朝等针对高含 H_2S 气井在开采初期、中后期发生井筒堵塞机理展开研究。堵塞机理分为硫沉积堵塞、水合物堵塞、固相物与缓蚀剂造成的复合堵塞。

2016 年宫敬、丁麟等研究水合物在井筒内壁上的生长、沉积及堵塞机理。井筒内壁气体体系中水合物生长和沉积有 4 个阶段：①在过冷井筒内壁饱和水析出，形成水膜；②井筒壁面形成水合物层；③水合物层在井筒内壁上生长、增厚；④达到一定厚度后，水合物层发生老化。

2017 年李玉星、宋光春等通过高压环道装置以柴油 + 水 + 天然气为实验介质，以 1600 ~ 2400kg/h 为初始流量，30% ~ 100% 的含水率，模拟井筒管柱中的水合物堵塞实验。结果表明：第一类堵塞实验沉积层为絮状水合物，呈细泥沙状；第二类堵塞实验无明显水合物沉积。

2018 年王志远等通过多相流、水合物生成动力学、水合物颗粒沉积动力学展开研究，基于 Turner 等建立的水合物生成速率模型，引入传质传热强度系数，建立水合物沉积堵塞模型。井筒管柱内水合物的堵塞状况可由此模型判别，可确定 HBFW（安全作业窗口），为注入水合物抑制剂提供必要依据。

2019 年张剑波等研究了深水气井测试管柱中的水合物沉积堵塞特征，建立了水合物沉积堵塞风险预测方法，模拟分析了深水气井测试管柱中的水合物沉积堵塞规律。此外，探讨了通过合理改变不同测试产量的测试顺序来预防深水气井测试过程中的水合物堵塞，可为现场水合物堵塞高效防治提供有价值的参考。

2020 年，李文庆等为了探究含有水合物颗粒流体的堵管现象以及颗粒随连续相运动的规律，采用 CFD-DEM（计算流体力学 - 离散单元法）耦合的数值模拟方法，结合商业软件 Fluent 和 EDEM，考虑水合物颗粒间聚并、颗粒与管壁之间的黏附作用，建立三维含水合物的固液管道模型。界定了水合物颗粒节流管路的堵塞标准，得到不同流速下保证管路流动性的最小孔径比，为水合物堵管风险研究提供了参考。

1.3.3.4 解堵剂国内研究现状

2016 年赵立强等研究钻井液中加重剂（BaSO₄）漏失造成堵塞油气渗流通道，油气井产量遭受影响。针对钡、锶垢以 DTPA 为主剂和低分子量聚丙烯酸钠（PAAS）为辅剂，研制出抗温能力达到 150 ～ 170℃的解堵剂 SA-20。

2020 年杨健等利用自主研发的自生热解堵剂在四川盆地超高压含硫气井的解堵作业中进行了应用并成功解堵。

2021 年王团以子北采油厂采油层作为分析案例，在缓速酸的基础上尝试添加起泡剂形成酸液泡沫分散体系，运用泡沫的化学特性降低酸液强度，并在一定程度上能够保留酸液的特征，减缓对油层的伤害，在较低破碎率的情况下溶蚀效果较好。

第2章

油气井 CO₂ 腐蚀

在自然界，丰富的天然 CO_2 气体与原油或天然气一同蕴藏在地层深部。我国在油气勘探开发过程中，已在众多油田发现了天然 CO_2 资源，如河北任丘油田、天津大港油田、胜利滨南油田、东海油田、南海油田、中原油田、新疆塔里木油田、四川气田等。当石油、天然气被开采时，CO_2 会作为伴生气同时产出。

CO_2 与原油混溶，可以使原油发生溶胀，显著降低原油的黏度并增强原油的流动性。因此，将 CO_2 加压注入产油量明显下降的、采油时间长的油井，可以明显提高原油采收率，增加原油产量，这是早期的 CO_2 非混相驱油原理。在高压下，CO_2 不仅溶入原油中，而且也有烃类分子进入气相。CO_2、原油体系的这一物理性质，是现在普遍采用的 CO_2 混相驱油的基础，其最终采收率要比注入淡水高 15%～20%。当然在混相驱油过程中，同样存在原油黏度降低和原油膨胀的驱油原理。CO_2 溶于水形成碳酸以后对钢铁材料有极强的腐蚀性，比同 pH 值下盐酸对钢铁的腐蚀还要严重。因此，在油气工业中，CO_2 已经对油套管钢以及输送管线钢造成严重的腐蚀，使材料的使用寿命大大低于设计寿命，造成巨大的经济损失。

"CO_2 腐蚀"也叫"甜腐蚀"（Sweet Corrosion），这一术语 1925 年第一次由 API（美国石油学会）采用。1943 年在美国德克萨斯州油田气井以及 1945 年路易斯安那州油井首次出现了 CO_2 腐蚀问题。苏联油田设备的 CO_2 腐蚀是在 1961～1962 年开发克拉斯诺尔边疆区油气田时首次发现，设备表面的腐蚀速率达到 5～8mm/a。国内的 CO_2 腐蚀破坏在 20 世纪 80 年代中期凸现出来，如华北油田馏 58 井，最初日产原油 400t，天然气 $1.0 \times 10^5 m^3$，油中含水 3.1%，天然气中 CO_2 含量为 42%，仅使用 18 个月，N80 油管就被腐蚀得千疮百孔，不得不报废，并造成井喷，被迫停产。此外，四川油田、长庆油田、塔里木油田、吉林油田以及南海涠 103 油田也都因严重的 CO_2 腐蚀而造成巨大的经济损失。

2.1 CO₂ 腐蚀机理

CO_2 常以伴生气的形式存在于油气中，其腐蚀类型主要包括局部腐蚀和均匀腐蚀。局部腐蚀包括点蚀、台面状腐蚀和流动诱使局部腐蚀等，这类腐蚀很容易导致油套管刺穿，也是目前油套管主要的破坏和失效形式。局部腐蚀的产生主要与 CO_2 腐蚀环境中油套管表面生成的腐蚀产物膜紧密联系，腐蚀介质流速和油套管材质成分也会影响局部腐蚀的发生。油套

管的 CO_2 局部腐蚀一直是腐蚀领域中重点攻关对象，但是目前对局部腐蚀的研究仍然还不够，并不能对局部腐蚀速率作出准确的判断和预测。当 CO_2 以均匀腐蚀形式存在时，油套管裸露部分的全部或大部分面积均匀地受到腐蚀破坏，从而导致管材强度和管壁厚度降低，容易发生掉井事故。均匀腐蚀主要受油套管表面形成的腐蚀产物膜控制，同时也受腐蚀环境中 CO_2 分压、温度、腐蚀介质流速、腐蚀介质 pH 值以及管材中合金元素含量等影响。

CO_2 腐蚀作用主要是通过 CO_2 溶于水溶液后形成碳酸而引起电化学腐蚀所致。当钢材表面遇到含 CO_2 水溶液时，很容易生成腐蚀产物膜或沉积一层垢，当这层膜或垢较为致密时，就像一层物理屏障抑制钢材的持续腐蚀行为；然而当这层膜或垢为不致密的结构时，这层垢下的金属便会形成一个缺氧区，很容易与周围的富氧区形成一个氧浓差电极，缺氧区内钢材因缺氧电位较负而发生阳极铁溶解，形成一个小阳极，最后与垢外大面积阴极区形成了小阳极大阴极的腐蚀电池，促进了腐蚀产物膜或垢下钢材的腐蚀作用。

有关 CO_2 腐蚀机理和规律的研究逐渐趋于成熟，一般认为其腐蚀过程的反应如下：

首先，CO_2 溶解于水溶液后形成碳酸：

$$CO_2 + H_2O \longrightarrow H_2CO_3 \tag{2.1}$$

水溶液中的 H_2CO_3 进行两步电离：

$$H_2CO_3 \longrightarrow H^+ + HCO_3^- \tag{2.2}$$

$$HCO_3^- \longrightarrow H^+ + CO_3^{2-} \tag{2.3}$$

钢材在 H_2CO_3 溶液中发生电化学腐蚀：

$$2H^+ + Fe \longrightarrow Fe^{2+} + H_2 \tag{2.4}$$

$$Fe^{2+} + CO_3^{2-} \longrightarrow FeCO_3 \tag{2.5}$$

其总腐蚀反应为：

$$CO_2 + H_2O + Fe \longrightarrow FeCO_3 + H_2 \tag{2.6}$$

Davies 和 Linter 认为腐蚀过程中会有中间产物 $Fe(OH)_2$ 存在，然后才生成腐蚀产物 $FeCO_3$，钢材在碳酸氢盐介质溶液中的化学反应按下列步骤进行：

$$Fe + 2H_2O \longrightarrow Fe(OH)_2 + 2H^+ + 2e^- \tag{2.7}$$

$$Fe + HCO_3^- \longrightarrow FeCO_3 + H^+ + 2e^- \tag{2.8}$$

$$Fe(OH)_2 + HCO_3^- \longrightarrow FeCO_3 + H_2O + OH^- \tag{2.9}$$

$$FeCO_3 + HCO_3^- \longrightarrow Fe(CO_3)_2^{2-} + H^+ \tag{2.10}$$

腐蚀环境的差异和材质成分不同，加之缺乏有关 CO_2 腐蚀中间产物的实验验证，这些原因导致对 CO_2 腐蚀机理和规律的认识存在异议，使得 CO_2 环境中的钢材腐蚀机理变化多样。

2.2　S135 钢在含 CO_2 聚合物钻井液中腐蚀行为

钻杆是石油钻井的重要工具，是石油钻柱的重要组成部分。钻杆柱上部是方钻杆，下部是钻铤，它们之间用转换接头连接。其服役条件比较恶劣，长期以来各油气田不断发生钻杆刺穿、断裂等失效事故，由此带来的经济损失达几千万元。所以提高钻杆寿命，预防钻杆早期失效已成为一个亟待解决的问题。钻杆在服役过程中受力情况比较复杂，除承受静载荷（上部受拉，下部受压）以外，还承受复杂的弯曲、扭转交变载荷。同时，还遭受钻井液的腐蚀，尤其是当钻井液中含有其它腐蚀介质如氧气、二氧化碳、硫化氢、溶解盐及各种酸类物质时，对钻杆腐蚀作用更为严重。因此，钻杆承受着应力与腐蚀的双重作用。

近几十年来，中国石油集团石油管工程技术研究院进行了大量的钻具失效分析。研究发现，钻杆的断裂或刺穿过程中，首先是在其内壁产生腐蚀坑，在蚀坑处产生应力腐蚀或腐蚀疲劳裂纹，当裂纹长大到一定尺寸时，即发生局部刺穿导致断裂。据统计，钻杆的失效有70%是腐蚀疲劳断裂，因此有必要对钻杆腐蚀影响因素作出具体分析。

聚合物钻井液具有携砂能力强、流变性好及抗可溶性盐的特点，能满足安全、快速钻进的需要而得到广泛应用。关于聚合物钻井液对钻杆腐蚀性研究较多集中于研究其在盐水环境中的腐蚀和腐蚀疲劳行为，而对于聚合物钻井液在钻遇高含 CO_2 气层时的腐蚀问题却未见报道，而这一问题在国内部分油田已存在。利用高温高压反应釜研究油田常用的四种 S135 钢在模拟高含 CO_2 聚合物钻井液中腐蚀行为，通过室内实验找出最易发生腐蚀的温度和 CO_2 分压等条件，挑选出耐蚀性能较好的材料，目的在于为油田选材和确定腐蚀严重区段提供参考。同时，对上述实验中平均腐蚀速率最大的情况进行腐蚀产物形貌观察和成分分析。

2.2.1　主要实验设备

美国 Cortest 公司生产的 34MPa 高温高压反应釜（图 2.1）；FR-300MKII 型电子天平；日本理学 D/MAX-2400 型 X 射线衍射仪；JSM-5800 型扫描电镜；OXFORD ISIS 能谱仪；美国 PE 公司的 PHI-5400 型 X 射线光电子能谱仪。

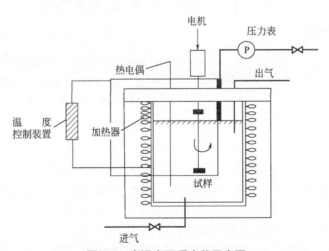

图 2.1　高温高压反应釜示意图

2.2.2　实验用管材及腐蚀介质

试样材质：采用油田常用的四种 S135 钻杆钢，分别来自上海宝钢、日本 NKK、美国的 Grant T. F. W 和德国 Mannesmann，从管体材料上取样，用直读光谱仪和红外碳硫分析仪分别进行化学成分分析，结果见表 2.1 所示。试样加工成外径 $\phi72mm$ 的 1/6 圆弧片，试样加工尺寸见图 2.2 所示。

力学性能分析：从钻杆管体上取标距为 50mm，标距内宽为 25.4mm 的全壁厚板状拉伸试样，取 7.5mm×10mm×55mm 的纵向夏比 V 型缺口冲击试样做力学性能实验。结果表明，该钻杆力学性能符合 API SPEC 5D 要求。

表 2.1 S135 钻杆钢化学成分分析（质量分数）　　　　　　　　　　　　单位：%

材质	C	Si	Mn	P	S	Cr	Mo	Ni	V	Ti
S135（A）	0.37	0.25	0.65	0.012	0.007	0.25	0.22	0.017	0.013	0.040
S135（B）	0.26	0.21	1.44	0.010	0.003	0.25	0.24	0.028	0.017	0.011
S135（C）	0.27	0.19	1.45	0.008	0.004	0.74	0.43	0.029	0.050	0.009
S135（D）	0.30	0.34	1.22	0.009	0.005	1.17	0.27	0.080	0.006	0.009

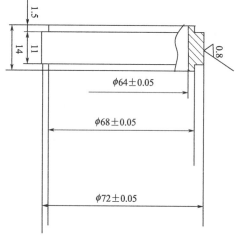

图 2.2 外径 ϕ72mm 的 1/6 圆弧片试样加工尺寸图

腐蚀介质：采用罗家寨现场钻井用的聚合物低固相钻井液，其组成为：淡水 +4.0% 膨润土 +0.1%KPAM（聚丙烯酸钾）+0.1%FA367（两性离子包被剂）+0.8%CPF（聚合物降滤失剂）+0.3%Na_2CO_3+1.5%FK-10（防卡润滑剂）+0.1%XY-27（两性离子降黏剂）+0.2% ～ 0.3%NaOH（调节钻井液 pH 值为 9 ～ 10）。

2.2.3　实验步骤

① 首先将试片依次用 180#、320#、600#、1000# 金相砂纸逐级打磨至镜面，用游标卡尺测量试片的尺寸，并按顺序进行数据记录。

② 用无水乙醇擦洗钢片，并用吹风机吹干，将试片放入干燥器中干燥，用万分之一的电子天平称量至恒重，并记下数据。

③ 在要求的试验条件下，将试片悬挂在腐蚀介质中，腐蚀反应一定时间。

④ 取出试片先用自来水冲洗，再将其放入除锈剂（除锈剂配方：10g 六亚甲基四胺 +100mL 盐酸 + 加去离子水至 1L）中浸泡 3 ～ 5min，然后用钢丝刷沾少许去污粉洗至试片表面光洁如初为止。

⑤ 用布擦干试片，再用含无水乙醇的棉球擦拭，吹干试片，放入干燥器中至恒重，并记下数据。

⑥ 根据试片腐蚀前后质量差计算出年腐蚀速率，计算公式如下：

$$V_a = C \times \frac{W_0 - W}{\rho A t} \tag{2.11}$$

式中　V_a——年腐蚀速率，mm/a；

　　　C——按一年 365 天计算的换算因子，其值为 $8.76×10^3$；

　　　W_0——金属试片腐蚀前质量，g；

W ——金属试片腐蚀后质量，g；

ρ ——金属材料的密度，g/cm³，此处取值为 7.85；

A ——金属钢片的表面积，cm²；

t ——腐蚀时间，h。

2.2.4 实验结果

2.2.4.1 温度对腐蚀速率的影响

转速为 512r/min（此时动态流速为 2m/s），CO_2 分压选取 2MPa，温度分别为 60℃、80℃、100℃、120℃和 140℃时，反应时间为 96h，S135 钢液相平均腐蚀速率结果见图 2.3 所示。

从图 2.3 可知，该实验条件下，随温度升高，平均腐蚀速率先增大然后降低，平均腐蚀速率在 100℃左右有一转折点。关于温度对 CO_2 腐蚀速率的影响，一般认为在 60℃左右，材料表面形成少量松软且不致密的 $FeCO_3$ 膜，这种膜很容易生成也很容易脱落，因此附着力很差，基本不具有保护性。在 100℃左右，材料表面的膜最厚，但是由于此时温度仍然较低，所以生成的膜还不很致密，在有 $FeCO_3$ 膜形成的地方材料被保护，而没有

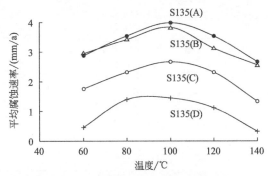

图 2.3 温度对平均腐蚀速率的影响

$FeCO_3$ 膜生成或 $FeCO_3$ 膜已经脱落的地方形成一个局部腐蚀区域，在这个区域发展下去便是沟槽状腐蚀形态或点蚀坑。在 150℃左右，材料表面生成薄而致密的 $FeCO_3$ 膜，材料被膜保护。S135 钢在含 CO_2 的聚合物钻井液中腐蚀结果基本符合上述规律。同时发现，相同条件下 S135（D）耐蚀性最好，而 S135（A）和 S135（B）耐蚀性差，其主要原因在于 S135（D）中含有较多 Cr、Mo、Ni 等耐蚀合金元素，而 S135（A）和 S135（B）中含有的耐蚀合金元素相对较少。

2.2.4.2 CO_2 分压对腐蚀速率的影响

根据国际上广泛采用的以最恶劣情况下的腐蚀速率作为管材寿命预测的理论，故在讨论 CO_2 分压对平均腐蚀速率的影响时，温度选取腐蚀最严重时温度即 100℃。在流速为 2m/s，CO_2 分压分别为 0、1MPa、2MPa、3MPa、4MPa 和 5MPa 时，测得 S135 钢的液相平均腐蚀速率结果见图 2.4 所示。

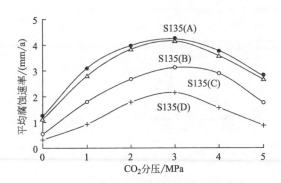

图 2.4 CO_2 分压对平均腐蚀速率的影响

从图 2.4 可知，该实验条件下，随 CO_2 分压增大，平均腐蚀速率先增大然后降低，平均腐蚀速率在 CO_2 分压为 3MPa 附近有一转折点。计算 CO_2 腐蚀速率常用 De Waard 公式（$\lg V_{corr} = 5.8 - 1710/T + 0.67\lg P_{CO_2}$）。该公式清

楚地表明,随 CO_2 分压的增大,腐蚀速率升高,但实验结果和上式并不完全一致。关键在于推导 De Waard 公式时, CO_2 分压最大仅为 10bar(1bar=10^5Pa),此实验中 CO_2 分压已达 5MPa,相当于 50bar 左右。所以可以认为,在 CO_2 分压较高时,De Waard 公式具有一定的局限性。这是因为 CO_2 分压增大可能导致 $FeCO_3$ 的溶解度降低而使金属表面的 $FeCO_3$ 膜增多,其保护作用掩盖了 CO_2 分压的影响。

2.2.4.3 流速对腐蚀速率的影响

温度为 100℃, CO_2 分压为 3MPa,流速分别为 0.5m/s、1m/s、1.5m/s、2m/s 和 2.5m/s 时,考察 S135 钢的液相平均腐蚀速率,实验结果见图 2.5 所示。

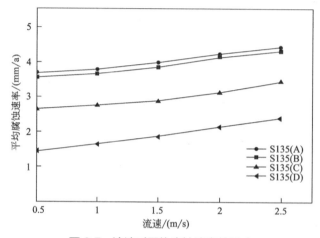

图 2.5 流速对平均腐蚀速率的影响

由图 2.5 可知,随流速增大,其冲蚀作用增强,平均腐蚀速率增大。

2.2.4.4 液相/气相平均腐蚀速率对比

温度为 100℃, CO_2 分压为 3MPa,流速为 2m/s,对比 S135 钢的液相/气相平均腐蚀速率,结果见图 2.6 所示。

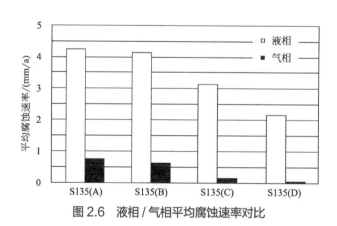

图 2.6 液相/气相平均腐蚀速率对比

由图 2.6 可知,相同条件下,同种材质动态液相中的平均腐蚀速率远大于动态气相中的平均腐蚀速率，主要是由于液相中腐蚀介质和钢材表面接触充分，酸性环境中溶液对碳钢腐蚀大的缘故，实验结束后测得溶液 pH 值为 5.6。

2.2.4.5 液相 / 气相局部腐蚀速率对比

在整个实验中，S135 钢气相局部腐蚀一直比较轻微，而 S135 液相局部腐蚀却很严重，在试样表面发现有严重的局部腐蚀痕迹。无论气相还是液相腐蚀严重情况依次为：S135（A）＞ S135（B）＞ S135（C）＞ S135（D）。例如，温度为 100℃，CO_2 分压为 3MPa，流速为 2m/s，腐蚀时间为 96h 时，对 S135 钢液相 / 气相腐蚀试样的局部腐蚀深度进行测量，并计算点蚀系数，结果见表 2.2。

表 2.2　点蚀深度与点蚀系数的测试结果

材质	相态	平均腐蚀速率 /（mm/a）	最大点蚀速率 /（mm/a）	点蚀系数
S135（A）	气相	0.754	1.124	1.49
S135（B）		0.645	0.785	1.22
S135（C）		0.123	0.146	1.19
S135（D）		0.045	0.051	1.12
S135（A）	液相	4.230	21.451	5.07
S135（B）		4.152	21.675	5.22
S135（C）		3.127	12.340	3.95
S135（D）		2.158	3.022	1.40

由表 2.2 可知，S135 钢气相局部腐蚀比较轻微，其点蚀系数介于 1.12 ～ 1.49 之间，点蚀系数大小比较依次为：S135（A）＞ S135（B）＞ S135（C）＞ S135（D），与平均腐蚀速率变化一致。S135 钢液相局部腐蚀比较严重，其点蚀系数介于 1.40 ～ 5.22 之间，点蚀系数大小比较依次为：S135（B）＞ S135（A）＞ S135（C）＞ S135（D），与平均腐蚀速率严重程度的比较略有差异，即 S135（A）的平均腐蚀速率大于 S135（B），而 S135（B）的局部腐蚀速率却大于 S135（A），平均腐蚀速率和局部腐蚀速率间并不是一一对应的关系。

2.2.4.6 腐蚀产物膜扫描电子显微镜（SEM）形貌观察

对上述实验中平均腐蚀速率最大的情况进行腐蚀产物形貌观察和成分分析，腐蚀条件是温度为 100℃，CO_2 分压为 3MPa，流速为 2m/s，腐蚀时间为 96h。图 2.7 为 S135 钢在高压釜内腐蚀形貌，发现腐蚀严重情况依次为：S135（A）＞ S135（B）＞ S135（C）＞ S135（D），这也与实验中所测得的腐蚀速率相一致。

图 2.8 为四种钢材的腐蚀产物膜 SEM 形貌，观察发现在 S135（A）和 S135（B）试样表面有大量腐蚀坑存在，腐蚀严重，而在 S135（C）和 S135（D）试样表面生成的腐蚀产物均匀、致密，相对而言腐蚀轻微。

以腐蚀较为严重的 S135（A）钢材为例，研究纵向截面的腐蚀产物膜形貌。图 2.9 为温度为 100℃，CO_2 分压为 3MPa，流速为 2m/s，腐蚀时间为 96h 时，S135（A）腐蚀产物膜纵向形貌。其中图 2.9（a）为粗砂打磨状态下的截面形貌，图 2.9（b）为细砂打磨后截面形

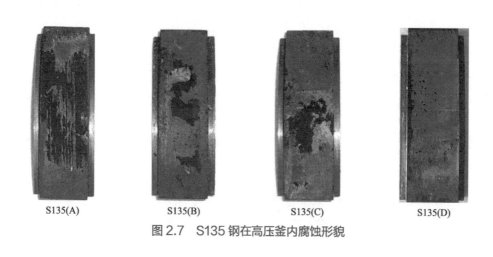

S135(A)　　　　S135(B)　　　　S135(C)　　　　S135(D)

图2.7　S135钢在高压釜内腐蚀形貌

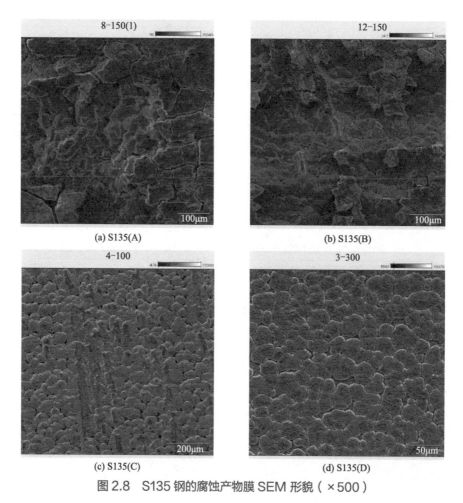

(a) S135(A)　　　　　　　　　　(b) S135(B)

(c) S135(C)　　　　　　　　　　(d) S135(D)

图2.8　S135钢的腐蚀产物膜SEM形貌（×500）

貌，主要是便于观察截面的分层现象。从图2.9（b）可以清楚地看到，金属表面生成的腐蚀产物膜呈现非常明显的双层结构，其内外层的分界线清晰可辨。膜表层是由较为粗大的晶粒构成，堆积紧密但晶粒间有空隙存在，而内层是由较小晶粒构成，堆积致密且空隙很少，并优先形成，因此内层膜对 CO_2 腐蚀介质的穿透产生了很强的阻隔效应，是表层膜无法比拟的。在图 2.9（b）中还可以看到在试片表面有许多大小不一的蚀坑，随着时间的推移，蚀坑会不断长大，加深，从而导致管材腐蚀穿孔直至管体报废。

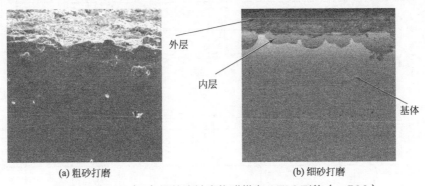

(a) 粗砂打磨   (b) 细砂打磨

图 2.9　S135（A）钢的腐蚀产物膜纵向 SEM 形貌（×500）

2.2.4.7　腐蚀产物膜能谱分析（EDS）和 X 射线衍射分析（XRD）分析

图 2.10 和表 2.3 为 S135 钢腐蚀产物能谱分析结果。比较腐蚀前后产物元素含量可知，腐蚀产物中新增加的成分有 O、Ca、Mg 等元素，其中 O 元素为 CO_2 和 O_2 腐蚀产物，Ca 和 Mg 元素为聚合物钻井液组分。

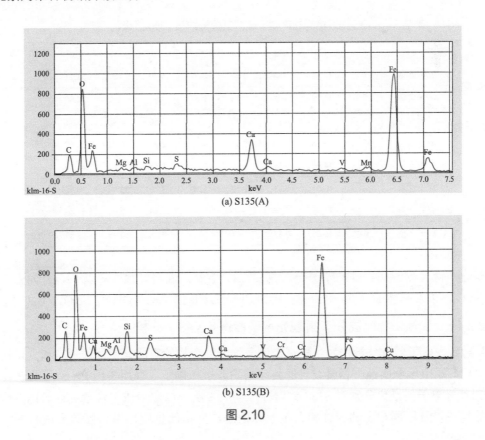

(a) S135(A)

(b) S135(B)

图 2.10

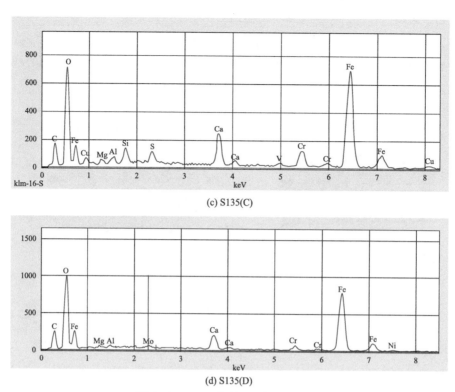

(c) S135(C)

(d) S135(D)

图 2.10　S135 钢的 EDS 分析图谱

表 2.3　S135 钢液相腐蚀产物表面能谱分析结果（质量分数）　单位：%

元素		C	O	Mg	Si	S	Ca	Cr	Fe	Ni	Mo
S135（A）	元素含量	11.46	26.84	0.54	0.34	0.77	5.70	—	51.11	—	—
	原子含量	25.02	43.99	0.58	0.32	0.63	3.37	—	24.00	—	—
S135（B）	元素含量	16.67	21.48	0.91	2.80	1.83	3.56	1.90	45.91	—	—
	原子含量	34.92	33.78	0.94	2.51	1.43	2.23	0.92	20.68	—	—
S135（C）	元素含量	13.28	24.94	0.67	1.88	1.38	5.45	4.84	44.10	—	—
	原子含量	28.37	40.01	0.71	1.72	1.10	3.49	2.39	20.26	—	—
S135（D）	元素含量	15.22	31.08	0.58	—	—	4.34	2.09	44.45	0.72	1.11
	原子含量	30.05	46.06	0.57	—	—	2.56	0.95	18.87	0.29	0.27

　　腐蚀产物 X 射线衍射（XRD）分析见图 2.11 所示，表明腐蚀产物以 $FeCO_3$ 为主，此外还有 Fe_3O_4，以及基体成分 Fe 和 Fe_3C，有时还含有少量的 FeO（OH）、Fe_2O_3、$CaCO_3$ 等。

2.2.4.8　腐蚀产物膜成分 X 射线光电子能谱（XPS）分析

　　X 射线光电子能谱分析作为一种测定化合物或混合物的组成元素及其价态和含量的有效方法，已广泛应用到腐蚀产物膜或表面处理层的分析和确定。采用美国 PE 公司的 PHI-5400 型 X 射线光电子能谱仪分别对 S135 钢腐蚀产物膜表层和内层组成和含量进行对比分析，得到膜的组成以及不同相态的成分和含量差异信息，并由此推测出腐蚀膜的形成机制，这对揭示二氧化碳酸性环境中钻杆腐蚀机理，研究腐蚀性能和预防腐蚀具有重要意义。

（1）腐蚀产物膜的全元素 XPS 分析 腐蚀产物膜的全扫描可得到各元素不同亚层电子的结合能谱，对其分析可得到膜的元素组成信息。图 2.12 和图 2.13 分别是 S135 钢在温度为 100℃，CO_2 分压为 3MPa，流速为 2m/s，腐蚀时间为 96h 时得到的腐蚀产物膜表层和内层全元素 XPS 图。从图中可看出，腐蚀产物膜中只含有 Fe、C、O、Ca 四

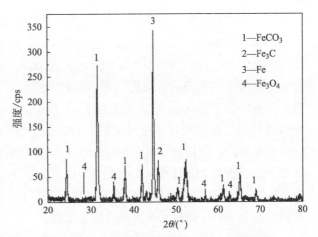

图 2.11 S135 钢腐蚀产物 XRD 分析图谱

种元素，其中 Fe 元素来自 S135 钢，C 和 O 元素主要来自 CO_2 腐蚀介质，Ca 元素来自钻井液中添加的膨润土。

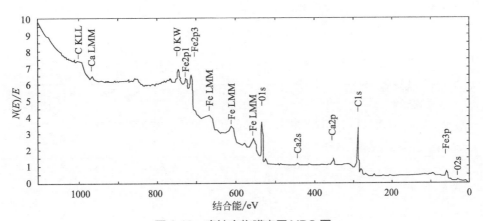

图 2.12 腐蚀产物膜表层 XPS 图

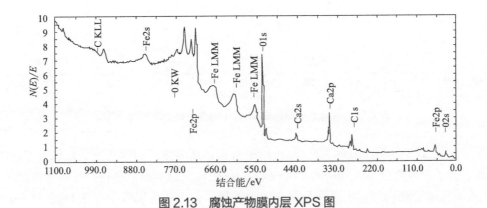

图 2.13 腐蚀产物膜内层 XPS 图

（2）腐蚀产物膜的各元素 XPS 分析 膜层的 XPS 窄缝能谱可反映出各元素不同化合价态和同种价态原子的不同结合环境的差异，从中可得到膜层有关化学组成的信息。

对腐蚀产物膜作 XPS 分析，对比研究了外层与内层膜的 XPS 图谱，见图 2.14 和图 2.15 所示，重点研究 C_{1s}、O_{1s} 和 Fe_{2p}。对于表层膜，O_{1s} 峰结合能为 530.20eV，其伴峰电子结合能为 531.52eV，$Fe_{2p3/2}$ 峰电子结合能为 710.20eV，其伴峰电子结合能为 719.21eV，$Fe_{2p1/2}$ 峰电子结合能为 724.73eV，根据文献，这是 Fe_2O_3 中 Fe_{2p} 和 O_{1s} 的结合能范围，因此进一步推断表层膜中含有 Fe_2O_3；较之表层膜，内层膜中 Fe_{2p}、O_{1s} 峰的强度大大降低，而 C_{1s} 峰的强度急剧升高，这说明置于空气中的 $FeCO_3$ 发生了分解氧化生成了 Fe_2O_3，导致表层膜中 C_{1s} 的峰强度下降。内层膜中 C_{1s} 峰的结合能为 285.20eV，O_{1s} 峰电子结合能为 530.20eV，$Fe_{2p3/2}$ 峰电子结合能为 710.11eV，其伴峰为 714.52eV，$Fe_{2p1/2}$ 峰电子结合能为 723.73eV，较标准纯 $FeCO_3$ 的 XPS 图谱，均有微量偏移，这也说明内层膜中腐蚀产物 $FeCO_3$ 不纯，发生了少量分解或部分发生了类质同相置换生成了复盐。

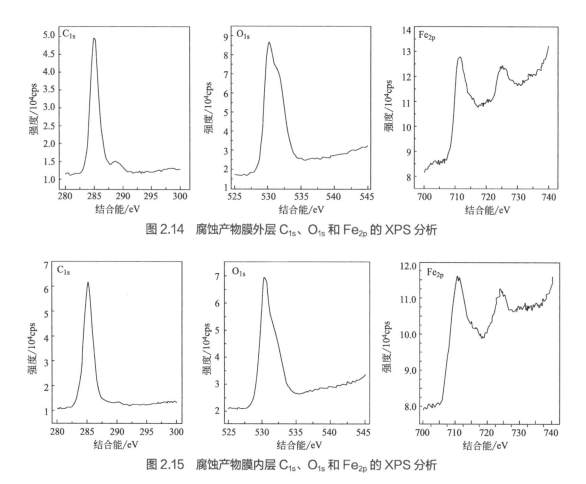

图 2.14　腐蚀产物膜外层 C_{1s}、O_{1s} 和 Fe_{2p} 的 XPS 分析

图 2.15　腐蚀产物膜内层 C_{1s}、O_{1s} 和 Fe_{2p} 的 XPS 分析

通过以上 XPS 分析，结合 XRD 分析结果可知，在腐蚀产物膜的两层结构中 C、O、Fe 三元素的离子主要结合形式分别为 CO_3^{2-} 和 Fe^{2+}，因此综合考虑，在内外层膜中主要成分为 $FeCO_3$，其它成分在内外层中很少且存在较大差异。其中在内层膜中存在 Fe_3C 和 Fe，外层中含有 Fe_2O_3。这种腐蚀产物膜内外层的化学组成上的差异，及其物理性能（如晶粒大小、孔隙率）的不同，导致内外层对腐蚀介质传递过程的影响不同和不同腐蚀膜覆盖状态下基体腐蚀速率的不同。

2.3 G105 钻杆和 P110 油管在含 CO_2 地层水中腐蚀行为

川西须家河组气藏地层压力高达 70～80MPa，地层温度 120℃左右，各气井流体中不含 H_2S，均含 CO_2（CO_2 平均含量 1.3%），气井生产管柱极易发生 CO_2 腐蚀。下一步拟采用钻杆完井，以期获得高产，因此有必要开展对 G105 钻杆材质和 P110 油管材质在井下高温高压环境中的腐蚀行为及添加缓蚀剂后的材质抗腐蚀能力评价，为川西须家河组气藏的高效开发提供技术支撑。本节通过室内高温高压失重腐蚀实验，并结合 SEM 和 EDS 等表面分析技术，分别测试了 P110 油管材质和 G105 钻杆材质在模拟井下高温高压腐蚀环境中的腐蚀行为。

2.3.1 主要实验设备

高温高压反应釜 [最大工作压力 70MPa，最高工作温度 200℃，见图 2.16（a）]；FR-300MKII 型电子天平；日本理学 D/MAX-2400 型 X 射线衍射仪；JSM-5800 型扫描电镜 [见图 2.16（b）]；OXFORD ISIS 能谱仪。

(a) 高温高压反应釜   (b) 扫描电镜

图 2.16 主要实验设备

2.3.2 实验用管材及腐蚀介质

实验材质：实验所用试样取自 P110 油管钢和 G105 钻杆钢，从管体材料上取样，用直读光谱仪和红外碳硫分析仪分别进行化学成分分析，结果见表 2.4。

表 2.4 P110 油管和 G105 钻杆化学成分分析结果（质量分数 /%）

材质	C	Si	Mn	P	S	Cr	Mo	Ni	V	Ti	Cu
P110 钢	0.25	0.19	1.44	0.010	0.004	0.16	0.013	0.028	0.017	0.011	0.010
G105 钢	0.28	0.24	1.22	0.018	0.005	0.75	0.27	0.022	0.008	0.009	0.004

挂片的加工及安装：将金属挂片加工成 40mm×10mm×3mm 的长方体，在试片上方钻

一个直径为 3mm 的小圆孔，用于试片的安装，试片的安装采用尼龙绳连接，固定于釜体旋转杆上部和下部。腐蚀挂片加工示意图见图 2.17 所示。

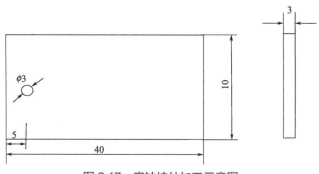

图 2.17　腐蚀挂片加工示意图

清洗液配方：腐蚀后的挂片从反应釜中取出时，由于表面腐蚀严重，必须经过除锈处理后，再清洗，干至恒重称量。实验中所用清洗液配方同前。

腐蚀介质：空白实验时配制氯离子浓度为 80000mg/L 的模拟地层水。缓蚀剂性能评价实验是在上述模拟地层水基础上，添加体积比分别为 1∶4、1∶6 和 1∶8 的缓蚀剂。

2.3.3　实验结果

2.3.3.1　温度为 90℃时空白实验

温度 90℃、CO_2 分压 1.4MPa、实验总压 50MPa、氯离子含量 80000mg/L、流速 3m/s、腐蚀时间 168h，测试 P110 和 G105 材质的液相 / 气相腐蚀速率，结果见表 2.5 所示。

表 2.5　P110 油管与 G105 钻杆试片腐蚀实验数据（90℃）

材质	相态	编号	试片尺寸 /mm			失重 /g	腐蚀速率 /（mm/a）	平均腐蚀速率 /（mm/a）
			长度	宽度	厚度			
P110 油管	气相	306	39.88	9.82	2.62	0.0032	0.0204	0.0189
		326	39.90	9.82	2.74	0.0030	0.0188	
		332	39.92	9.68	2.68	0.0027	0.0172	
	液相	341	39.81	9.68	2.74	0.1497	0.9543	0.9753
		356	39.74	9.82	2.62	0.1538	0.9821	
		369	39.84	9.76	2.76	0.1566	0.9893	
G105 钻杆	气相	220	39.82	9.74	2.72	0.0021	0.0133	0.0147
		225	39.92	9.82	2.62	0.0026	0.0165	
		227	39.70	9.72	2.76	0.0022	0.0139	
	液相	238	39.86	9.78	2.62	0.0904	0.5775	0.5813
		247	39.74	9.78	2.70	0.0946	0.6015	
		260	39.86	9.76	2.88	0.0905	0.5650	

由表 2.5 可知，此测试条件下，无论是 P110 油管材质还是 G105 钻杆材质，其气相腐蚀速率远低于液相腐蚀速率；相同条件下，P110 油管材质的液相腐蚀速率高于 G105 钻杆材质的液相腐蚀速率。

2.3.3.2 温度为 90℃时 P110 油管腐蚀

（1）P110 油管材质气相腐蚀 P110 油管材质在反应釜上部气相中腐蚀后形貌见图 2.18。发现气相腐蚀后试片表面大部分仍较光亮，部分区域有黑色斑点，试片腐蚀轻微。

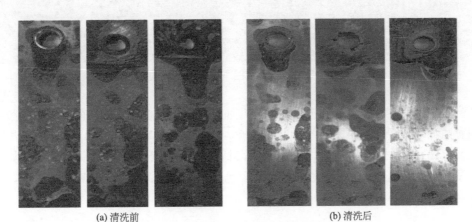

(a) 清洗前　　　　　　　　　　　　　　(b) 清洗后

图 2.18　P110 油管试片气相腐蚀后宏观形貌（90℃）

P110 油管材质在气相中腐蚀后 SEM 形貌和 EDS 分析图谱分别见图 2.19 和图 2.20，其腐蚀产物元素分析见表 2.6。

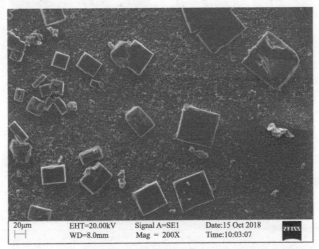

图 2.19　P110 油管试片气相腐蚀产物 SEM 形貌（90℃）

表 2.6　P110 油管试片气相腐蚀产物元素分析（90℃）

元素	C	O	Na	P	S	Cl	Cr	Mn	Fe	Cu	Au
质量分数 /%	10.00	12.57	9.37	0.21	0.22	14.05	0.28	0.53	47.09	0.10	5.58
原子分数 /%	25.04	23.65	12.26	0.20	0.21	11.93	0.16	0.29	25.36	0.05	0.85

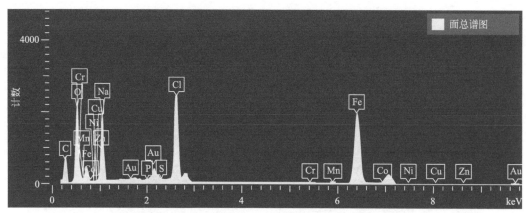

图 2.20　P110 油管试片气相腐蚀产物 EDS 图谱（90℃）

观察图 2.19 并结合表 2.6 分析认为：P110 油管材质在气相中腐蚀轻微，大部分区域未见明显的腐蚀坑，其腐蚀表面覆盖一层 NaCl 晶粒，并夹杂有少量的 $FeCO_3$ 腐蚀产物。

（2）P110 油管材质液相腐蚀　P110 油管材质在反应釜下部液相中腐蚀后形貌如图 2.21 所示。发现液相腐蚀后试片表面整体被一层黑色腐蚀产物膜覆盖，试片腐蚀很严重，试片棱角处有薄片状产物膜，极易脱落。

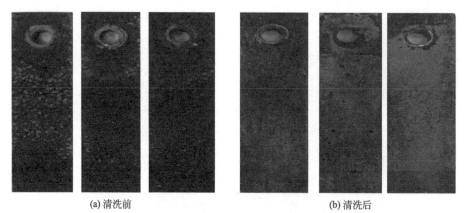

(a) 清洗前　　　　　　　　　　　(b) 清洗后

图 2.21　P110 油管试片液相腐蚀后宏观形貌（90℃）

P110 油管材质在液相中腐蚀后 SEM 形貌和 EDS 分析图谱分别见图 2.22 和图 2.23，其腐蚀产物元素分析见表 2.7。

表 2.7　P110 油管试片液相腐蚀产物元素分析（90℃）

元素	C	O	Na	P	Cl	Cr	Mn	Fe	Au
质量分数 /%	5.70	17.66	7.71	0.05	10.25	0.04	0.51	54.81	3.27
原子分数 /%	14.75	34.34	10.43	0.05	8.99	0.03	0.29	30.60	0.52

观察图 2.22 并结合表 2.7 分析认为：P110 油管材质在液相中腐蚀后，试片表面主要元素为 Fe、O、Cl、Na 和 C。P110 油管材质在液相中腐蚀严重，试片表面被一层疏松的 $FeCO_3$ 腐蚀产物覆盖，并夹杂有少量的 NaCl 晶粒。

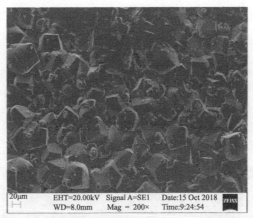

图 2.22　P110 油管试片液相腐蚀产物 SEM 形貌（90℃）

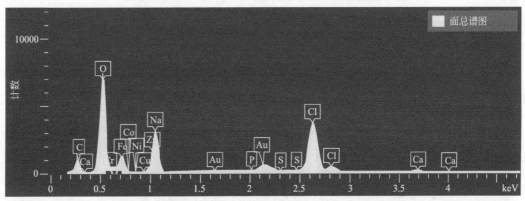

图 2.23　P110 油管试片液相腐蚀产物 EDS 图谱（90℃）

2.3.3.3　温度为 90℃时 G105 钻杆腐蚀

（1）G105 钻杆材质气相腐蚀　G105 钻杆材质在气相中腐蚀后形貌见图 2.24 所示。发现气相腐蚀后试片表面大部分仍较光亮，部分区域有黑色斑点，试片腐蚀轻微。总体而言，G105 钻杆材质与 P110 油管材质在模拟地层水的腐蚀环境中，其气相腐蚀宏观形貌基本相同。

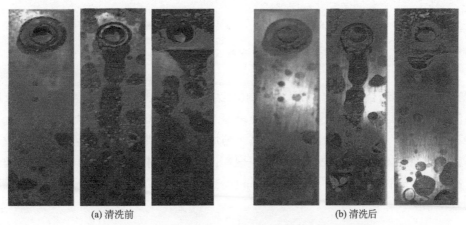

(a) 清洗前　　　　　　　　　　　(b) 清洗后

图 2.24　G105 钻杆试片气相腐蚀后宏观形貌（90℃）

G105 钻杆材质在气相中腐蚀后 SEM 形貌和 EDS 分析图谱分别见图 2.25 和图 2.26，其腐蚀产物元素分析见表 2.8。

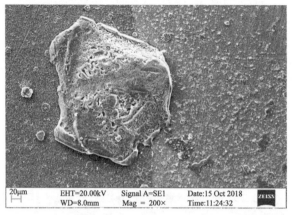

图 2.25　G105 钻杆试片气相腐蚀产物 SEM 形貌（90℃）

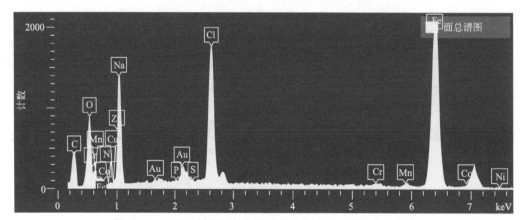

图 2.26　G105 钻杆试片气相腐蚀产物 EDS 图谱（90℃）

表 2.8　G105 钻杆试片气相腐蚀产物元素分析（90℃）

元素	C	O	Na	P	Cl	Cr	Mn	Fe	Ni	Cu	Au
质量分数 /%	7.56	5.90	8.80	0.04	12.55	0.54	0.91	59.80	0.22	0.06	3.54
原子分数 /%	22.03	12.91	13.40	0.05	12.39	0.36	0.58	37.45	0.13	0.04	0.63

观察图 2.25 并结合表 2.8 分析认为：G105 钻杆材质在气相中腐蚀轻微，大部分区域未见明显的腐蚀，只是在其表面少部分区域覆盖有 NaCl 晶粒和 $FeCO_3$ 腐蚀产物。

（2）G105 钻杆材质液相腐蚀　G105 钻杆材质在液相中腐蚀后形貌见图 2.27。发现液相腐蚀后试片表面整体被一层黑色腐蚀产物膜覆盖，试片腐蚀很严重，尤其是试片棱角处有薄片状产物膜，极易脱落。总体而言，G105 钻杆材质与 P110 油管材质在液相环境中的腐蚀宏观形貌基本相同。

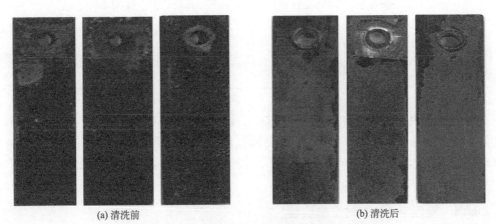

(a) 清洗前 (b) 清洗后

图 2.27 G105 钻杆试片液相腐蚀后宏观形貌（90℃）

G105 钻杆材质在液相中腐蚀后 SEM 形貌和 EDS 分析图谱分别见图 2.28 和图 2.29，其腐蚀产物元素分析见表 2.9。

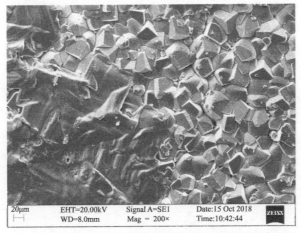

图 2.28 G105 钻杆试片液相腐蚀产物 SEM 形貌（90℃）

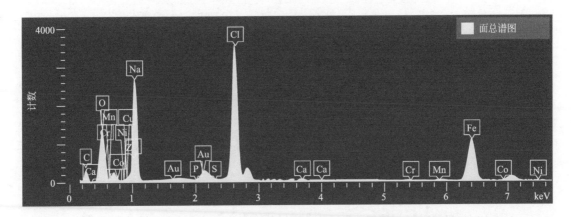

图 2.29 G105 钻杆试片液相腐蚀产物 EDS 图谱（90℃）

表 2.9　G105 钻杆试片液相腐蚀产物元素分析（90℃）

元素	C	O	Na	P	S	Cl	Cr	Mn	Fe	Au
质量分数 /%	5.57	11.44	15.88	0.03	0.05	27.04	0.23	0.46	34.71	4.59
原子分数 /%	14.07	21.70	20.97	0.03	0.04	23.15	0.14	0.25	18.94	0.71

观察图 2.28 并结合表 2.9 分析认为：G105 钻杆材质在液相中腐蚀后，试片表面主要元素为 Fe、Cl、Na、O 和 C。G105 钻杆材质在液相中腐蚀严重，试片表面被一层疏松的 $FeCO_3$ 腐蚀产物覆盖，并夹杂有 NaCl 晶粒。与相同条件下的 P110 油管相比，其腐蚀产物中 NaCl 含量更高。

2.3.3.4　温度为 120℃时空白实验

温度 120℃、CO_2 分压 1.4MPa、实验总压 60MPa、氯离子含量 80000mg/L、流速 3m/s、腐蚀时间 168h，测试 P110 油管和 G105 钻杆材质的液相/气相腐蚀速率，结果见表 2.10 所示。

表 2.10　P110 油管与 G105 钻杆试片腐蚀实验数据（120℃）

材质	相态	编号	试片尺寸 /mm			失重 /g	腐蚀速率 /（mm/a）	平均腐蚀速率 /（mm/a）
			长度	宽度	厚度			
P110 油管	气相	302	39.92	9.70	2.68	0.0084	0.0537	0.0559
		309	39.80	9.70	2.66	0.0098	0.0629	
		310	39.82	9.80	2.76	0.0081	0.0511	
	液相	329	39.90	9.70	2.66	0.2291	1.4659	1.4725
		344	39.88	9.72	2.68	0.2192	1.3987	
		350	39.82	9.76	2.72	0.2448	1.5529	
G105 钻杆	气相	206	39.80	9.68	2.68	0.0057	0.0364	0.0327
		210	39.76	9.68	2.68	0.0043	0.0279	
		235	39.90	9.72	2.70	0.0053	0.0338	
	液相	241	39.78	9.80	2.76	0.1499	0.9451	0.9126
		251	39.92	9.70	2.70	0.1393	0.8874	
		258	39.78	9.74	2.66	0.1415	0.9053	

由表 2.10 可知，此测试条件下，无论是 P110 油管材质还是 G105 钻杆材质，气相腐蚀速率远低于液相腐蚀速率；相同条件下，P110 油管材质的液相腐蚀速率高于 G105 钻杆材质的液相腐蚀速率。对比温度分别为 90℃和 120℃条件下，P110 油管材质和 G105 钻杆材质试片的腐蚀速率，与 90℃相比，无论是 P110 油管材质还是 G105 钻杆材质，温度越高腐蚀速率越大。

2.3.3.5　温度为 120℃时 P110 油管腐蚀

（1）P110 油管材质气相腐蚀　P110 油管材质在气相介质中腐蚀后形貌见图 2.30 所示。发现气相腐蚀后试片表面部分区域较光亮，部分区域有黑色斑点，试片腐蚀轻微。

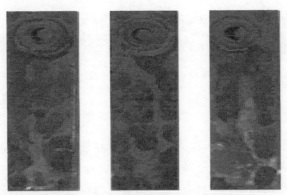

图 2.30　P110 油管试片气相腐蚀后宏观形貌（120℃）

P110 油管材质在气相中腐蚀后 SEM 形貌和 EDS 图谱分别见图 2.31 和图 2.32 所示，其腐蚀产物元素分析见表 2.11 所示。

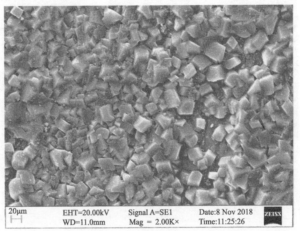

图 2.31　P110 油管试片气相腐蚀产物 SEM 形貌（120℃）

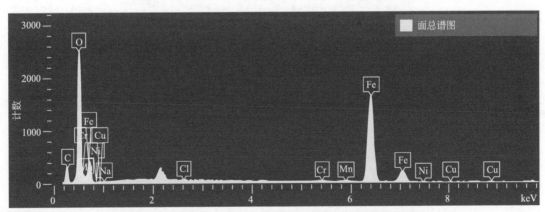

图 2.32　P110 油管试片气相腐蚀产物 EDS 图谱（120℃）

表 2.11 P110 油管试片气相腐蚀产物元素分析（120℃）

元素	C	O	Na	Cl	Cr	Mn	Fe	Ni	Cu
质量分数 /%	6.18	21.05	0.12	0.18	0.42	0.63	71.02	0.14	0.27
原子分数 /%	16.39	41.93	0.16	0.16	0.26	0.36	40.52	0.07	0.14

观察图 2.31 并结合表 2.11 分析认为：P110 油管材质在气相中腐蚀轻微，大部分区域未见明显的腐蚀坑，其腐蚀产物主要为 $FeCO_3$。

（2）P110 油管材质液相腐蚀　P110 油管材质液相腐蚀形貌见图 2.33 所示。发现液相腐蚀后试片表面有许多微小的鼓泡，试片腐蚀很严重。

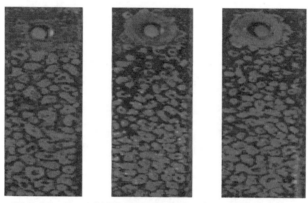

图 2.33　P110 油管试片液相腐蚀后宏观形貌（120℃）

P110 油管材质在液相中腐蚀后 SEM 形貌和 EDS 分析图谱分别见图 2.34 和图 2.35 所示，其腐蚀产物元素分析见表 2.12 所示。

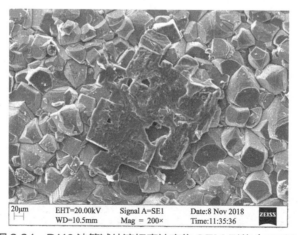

图 2.34　P110 油管试片液相腐蚀产物 SEM 形貌（120℃）

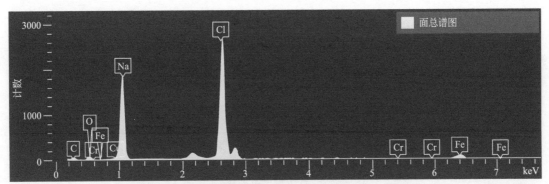

图 2.35　P110 油管试片液相腐蚀产物 EDS 图谱（120℃）

表 2.12　P110 油管试片液相腐蚀产物元素分析（120℃）

元素	C	O	Na	Cl	Cr	Fe	Cu
质量分数 /%	7.26	2.26	26.31	47.21	0.11	16.67	0.08
原子分数 /%	16.67	3.89	31.54	34.47	0.06	13.34	0.04

观察图 2.34 并结合表 2.12 分析认为：P110 油管材质在液相中腐蚀严重，试片表面被一层疏松的 $FeCO_3$ 腐蚀产物覆盖，并夹杂有少量的 NaCl 晶粒。

2.3.3.6　温度为 120℃时 G105 钻杆腐蚀

（1）G105 钻杆材质气相腐蚀　G105 钻杆材质在气相介质中腐蚀后形貌见图 2.36 所示。发现气相腐蚀后试片表面部分区域仍较光亮，部分区域有黑色斑点，试片腐蚀轻微。

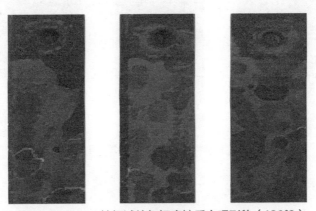

图 2.36　G105 钻杆试片气相腐蚀后宏观形貌（120℃）

G105 钻杆材质在气相中腐蚀后 SEM 形貌见图 2.37，元素 EDS 分析结果见表 2.13 所示。

表 2.13　G105 钻杆试片气相腐蚀产物元素分析（120℃）

元素	C	O	Na	Cl	Cr	Mn	Fe	Ni	Cu
质量分数 /%	6.18	21.05	0.12	0.18	0.42	0.63	71.02	0.14	0.27
原子分数 /%	16.39	41.93	0.16	0.16	0.26	0.36	40.52	0.07	0.14

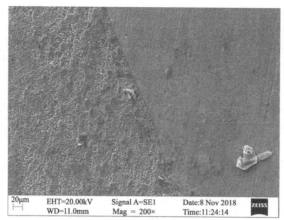

图 2.37　G105 钻杆试片气相腐蚀产物 SEM 形貌（120℃）

　　观察图 2.36 并结合表 2.13 分析认为：G105 钻杆材质在气相中腐蚀轻微，大部分区域未见明显的腐蚀坑，其腐蚀产物主要为 $FeCO_3$。

　　（2）G105 钻杆材质液相腐蚀　G105 钻杆材质液相腐蚀后宏观形貌见图 2.38 所示。发现液相腐蚀后，有的试片表面有鼓泡，有的试片表面整体被一层黑色腐蚀产物膜覆盖，试片腐蚀很严重，有薄片状产物膜脱落。

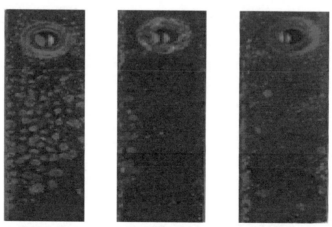

图 2.38　G105 钻杆试片液相腐蚀后宏观形貌（120℃）

第3章

油气井 H₂S+CO₂ 共存环境腐蚀

国外高含硫气田开发技术已比较成熟，自 2010 年以来国内也有一些与酸气开发设计相关的文章和专著问世，对高含硫气田钻井中钻具如何选材、如何控制腐蚀基本上等同采用国外标准。现场钻井过程中经常出现钻具在含硫钻井液中的应力腐蚀开裂或腐蚀疲劳失效，因此高酸性安全钻井中钻具的选材显得尤为重要。以油田常用的 S135 和 G105 高强度钻杆钢为研究对象，通过室内高温高压腐蚀实验考察温度、流速、pH 值、P_{CO_2}/P_{H_2S} 分压比对钢材的腐蚀影响，结合腐蚀产物膜的现代表面分析如扫描电镜（SEM）、能谱分析（EDS）、X 射线衍射分析（XRD）和 X 射线光电子能谱（XPS），揭示钻杆腐蚀机理，并用三点弯曲试验研究其临界应力，筛选出抗硫性能较好的材料。

3.1 实验方法

试样材质采用油田常用的 G105 和 S135 高强度钻杆钢，分别来自上海宝钢、日本 NKK、美国的 Grant T. F. W 和德国 Mannesmann，从管体材料上取样，用直读光谱仪和红外碳硫分析仪分别进行化学成分分析，结果见表 3.1。试样加工成外径 $\phi72mm$ 的 1/6 圆弧片。实验前将试样表面分别用 200#、400#、600#、800# 砂纸逐级打磨，用无水乙醇清洗除油，清水冲洗后用丙酮擦洗干净，干燥后用 FR-300MKII 型电子天平称重。腐蚀介质采用四川罗家寨气田现场钻井用的聚合物低固相钻井液。

表 3.1　S135 和 G105 钻杆化学成分分析（质量分数 /%）

材质	C	Si	Mn	P	S	Cr	Mo	Ni	V	Ti
S135（A）	0.37	0.25	0.65	0.012	0.007	0.28	0.29	0.017	0.013	0.040
S135（B）	0.26	0.21	1.44	0.010	0.003	0.25	0.24	0.028	0.017	0.011
G105（C）	0.26	0.13	1.49	0.013	0.012	0.33	0.30	0.029	0.005	0.010
G105（D）	0.28	0.24	1.22	0.018	0.005	0.24	0.27	0.022	0.008	0.009

腐蚀实验设备为美国 Cortest 公司生产的 34MPa 高温高压釜，装置示意图见图 2.1 所示。带有试样旋转装置，上部做气相腐蚀实验，下部做液相腐蚀实验。实验时先在釜中加入配制

好的聚合物钻井液至反应釜体积的 75%，装好试样，然后通入高纯 H_2S 气体，最后通入 CO_2 升温升压并运转。测得不同条件下钻杆试样液相／气相平均腐蚀速率，腐蚀时间是 120h。实验结束后取出试样，用清水冲洗除盐，无水乙醇脱水干燥备用。用失重法计算试片平均腐蚀速率，用 JSM-5800 型扫描电镜观测腐蚀层形貌并作能谱分析，用日本理学 D/MAX-2400 型 X 射线衍射仪分析试样表面腐蚀产物膜物质结构，用美国 PE 公司的 PHI-5400 型 X 射线光电子能谱仪对腐蚀产物膜组成和含量进行分析。

3.2 高温高压腐蚀实验

3.2.1 温度对平均腐蚀速率的影响

转速为 512r/min（此时动态流速为 2m/s），总压为 10MPa，H_2S 分压为 2.0MPa，温度分别为 40℃、60℃、80℃、100℃、120℃和 140℃时，S135 和 G105 钢的液相平均腐蚀速率结果见图 3.1 所示。

从图 3.1 可知，温度对含 H_2S 的聚合物钻井液腐蚀影响比较复杂。研究表明，温度对腐蚀产生的作用主要体现在以下三个方面：①温度升高，腐蚀反应进行的速度加快，促进腐蚀的进行；②温度升高，腐蚀性气体（如 H_2S）

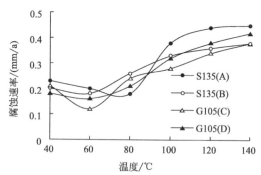

图 3.1 温度对平均腐蚀速率的影响

在介质中溶解度降低，抑制腐蚀；③温度升高，腐蚀产物的成膜机制以及腐蚀产物在介质中的溶解度发生变化，可能促进腐蚀也可能抑制腐蚀。温度在这三个方面所起的综合作用，使得无论是 S135 钢还是 G105 钢，从总体上而言其腐蚀速率都随温度的升高而增大，只是在 40～60℃区间，腐蚀速率略有下降，当温度超过 120℃以后，腐蚀速率变化已不是很明显。

3.2.2 流速对平均腐蚀速率的影响

总压为 10MPa，H_2S 分压为 2.0MPa，温度为 100℃，不同流速时，S135 和 G105 钢的液相平均腐蚀速率结果见表 3.2 所示。

表 3.2 流速对平均腐蚀速率的影响

材质	不同流速下的平均腐蚀速率 /（mm/a）				
	0.5m/s	1m/s	1.5m/s	2m/s	2.5m/s
S135（A）	0.351	0.352	0.363	0.382	0.390
S135（B）	0.304	0.312	0.318	0.331	0.361
G105（C）	0.271	0.273	0.269	0.279	0.301
G105（D）	0.282	0.284	0.301	0.318	0.338

与通常观察到的腐蚀速率随流速的增大而升高的结论略有不同，在本实验范围内的高含硫环境中，流速对腐蚀速率影响不大。这主要是因为在此环境中产生的腐蚀产物以 FeS 和 $Fe_{1-x}S$ 为主，其致密性较强，较低流速不足以将其冲刷带走，阻止了腐蚀的进一步发生。另外，与其它酸性钻井液的腐蚀性相比，此条件下的腐蚀速率偏低，缩小了流速对腐蚀速率的影响，因而出现流速对腐蚀速率影响较小的情况。

3.2.3　pH 值对平均腐蚀速率的影响

流速为 2m/s，总压为 10MPa，H_2S 分压为 2.0MPa，温度为 100℃，不同 pH 值条件下，S135 和 G105 钢的液相平均腐蚀速率结果见图 3.2 所示。

与其它酸性气体的腐蚀类似，pH 值越低，腐蚀越明显，因此通过控制钻井液 pH 值至合适范围，可以降低高含硫环境下钻具的腐蚀速率。

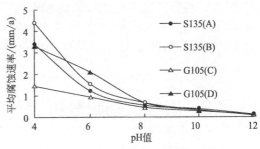

图 3.2　pH 值对平均腐蚀速率的影响

3.2.4　P_{CO_2}/P_{H_2S} 分压比对平均腐蚀速率的影响

流速为 2m/s，总压为 10MPa，H_2S 分压为 2.0MPa，温度为 100℃，CO_2 分压分别为 0.1MPa、0.5MPa、1.0MPa、2.0MPa、3.0MPa、5.0MPa，考察 P_{CO_2}/P_{H_2S} 分压比对 S135 和 G105 钢的液相平均腐蚀速率影响，结果见表 3.3 所示。

表 3.3　P_{CO_2}/P_{H_2S} 分压比对平均腐蚀速率的影响　　　　　　　　单位：mm/a

材质	不同分压比下的平均腐蚀速率				
	0.05	0.25	0.5	1.0	2.5
S135（A）	0.381	0.392	0.410	0.413	0.453
S135（B）	0.329	0.331	0.356	0.331	0.392
G105（C）	0.281	0.283	0.280	0.315	0.334
G105（D）	0.301	0.319	0.317	0.325	0.326

由表 3.3 可知，在本实验范围内随 P_{CO_2}/P_{H_2S} 分压比逐渐升高，S135 和 G105 钢的液相平均腐蚀速率略有增加，但总体影响不大。用 P_{CO_2}/P_{H_2S} 分压比可以判定腐蚀是因 H_2S 造成的酸气腐蚀还是 CO_2 造成的甜腐蚀。当 $P_{CO_2}/P_{H_2S} > 500$ 时，主要为 CO_2 腐蚀；当 $P_{CO_2}/P_{H_2S} < 500$ 时，主要为 H_2S 腐蚀。此实验范围内 $P_{CO_2}/P_{H_2S} < 500$，属于酸气腐蚀范围，系统中以 H_2S 腐蚀为主，使材料表面优先生成一层 FeS 膜，此膜的形成会阻碍具有良好保护性的 $FeCO_3$ 的生成。

3.2.5　液相/气相腐蚀速率对比

流速为 2m/s，总压为 10MPa，H_2S 分压为 2.0MPa，温度为 100℃，CO_2 分压为 1.0MPa，

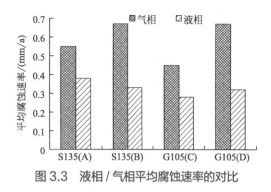

图 3.3　液相 / 气相平均腐蚀速率的对比

考查相同实验条件下 S135 和 G105 钢的液相 / 气相平均腐蚀速率，结果见图 3.3 所示。

从图 3.3 可知，含硫钻井液中气相腐蚀速率比液相腐蚀速率高，这与前面研究的含 CO_2 钻井液中腐蚀情况不同，后者是液相腐蚀速率高于气相腐蚀速率。此时腐蚀速率大小比较为：S135（B）＞ G105（D）＞ S135（A）＞ G105（C）。从表 3.1 钻杆化学成分分析可知，主要是因为 S135（A）和 G105（C）中抗腐蚀合金元素 Cr、Mo 含量较 S135（B）和 G105（D）中的高。

3.3　腐蚀产物膜分析

3.3.1　腐蚀产物膜 SEM 形貌观察

选取上述实验中平均腐蚀速率最大的情况进行腐蚀产物形貌观察和成分分析，则应选取 S135（B）和 G105（D）两种材质，实验条件为：流速为 2m/s，总压为 10MPa，H_2S 分压为 2.0MPa，温度为 100℃，CO_2 分压为 1.0MPa，腐蚀时间为 120h。两种材质的液相 / 气相腐蚀产物形貌如图 3.4 所示。从图中可以看出无论是 S135 还是 G105 钢，其气相非均匀腐蚀比液相更严重，气相腐蚀产物表面腐蚀麻点较多。

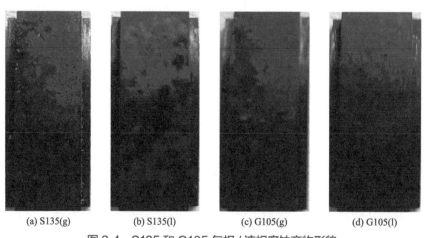

(a) S135(g)　　　(b) S135(l)　　　(c) G105(g)　　　(d) G105(l)

图 3.4　S135 和 G105 气相 / 液相腐蚀产物形貌

两种材质的气相 / 液相腐蚀产物膜扫描电镜（SEM）形貌如图 3.5 所示。

从图中可以看出无论是 S135 还是 G105 钢，其气相腐蚀产物表面凹坑较大，中间填充有许多晶粒，能谱分析结果显示该晶粒为单质 S；而液相腐蚀产物较为均匀，致密性较强，因而腐蚀较气相轻微。

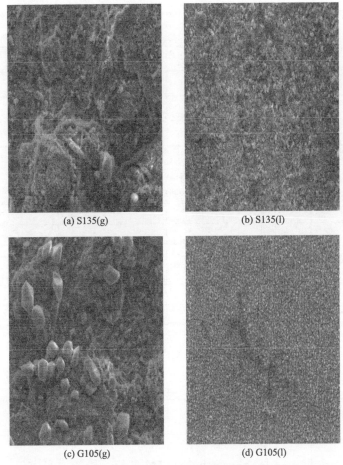

(a) S135(g)   (b) S135(l)

(c) G105(g)   (d) G105(l)

图 3.5　S135 和 G105 气相／液相腐蚀产物膜 SEM 形貌对比

3.3.2　腐蚀产物膜 EDS 和 XRD 分析

上述腐蚀产物膜的 EDS 图谱及分析结果见图 3.6 和表 3.4 所示。结果显示气相和液相腐蚀产物膜主要元素是 Fe、S、C 以及少量的 Si，此外，Cr 元素应该是从基体中引入的，在 G105（D）的液相腐蚀产物膜中还发现有少量的 O 元素，应该是 CO_2 的腐蚀产物。

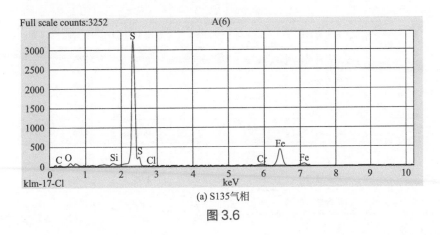

(a) S135气相

图 3.6

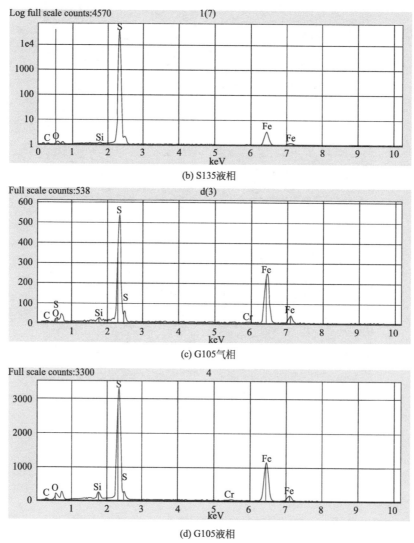

图 3.6　S135 和 G105 气相 / 液相腐蚀产物膜 EDS 图谱

表 3.4　气相 / 液相腐蚀产物膜 EDS 分析结果

元素种类			C	O	Si	S	Cr	Fe
S135（B）	气相	元素含量 /%	5.19	—	0.57	58.67	0.17	35.40
		原子含量 /%	14.79	—	0.70	62.62	0.11	21.79
	液相	元素含量 /%	—	—	0.28	66.34	—	33.38
		原子含量 /%	—	—	0.37	77.29	—	22.33
G105（D）	气相	元素含量 /%	4.20	—	0.77	34.86	0.15	60.02
		原子含量 /%	13.75	—	1.08	42.77	0.11	42.28
	液相	元素含量 /%	6.83	2.31	1.95	36.99	0.41	51.51
		原子含量 /%	19.85	5.03	2.42	40.25	0.27	32.18

上述腐蚀产物膜的 X 射线衍射（XRD）图谱及分析结果见图 3.7 和表 3.5 所示。结果显示无论是 S135（B）还是 G105（D），其气相腐蚀产物都较液相腐蚀产物复杂，且气相腐蚀产物中都有单质 S 出现，由此可知导致气相腐蚀速率高于液相腐蚀速率的原因可能在于气相 H_2S 分压太高，在高温高压下部分 H_2S 氧化成单质 S，有关文献表明，单质 S 的存在会加速 H_2S 腐蚀，因而出现气相腐蚀速率高于液相腐蚀速率。尽管腐蚀介质中含有 CO_2，但腐蚀产物中并未出现 CO_2 的腐蚀产物，这说明此条件下在钢铁表面出现 H_2S 和 CO_2 竞争吸附的局面，结果以 H_2S 吸附为主，掩盖了 CO_2 腐蚀，关于这个观点还有待进一步的研究。

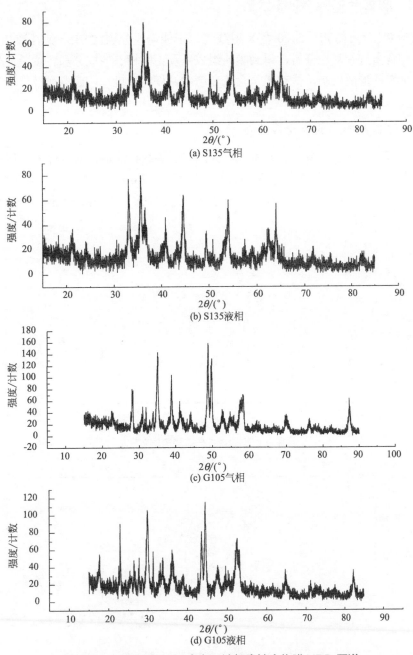

图 3.7　S135 和 G105 气相 / 液相腐蚀产物膜 XRD 图谱

表 3.5　S135（B）和 G105（D）气相 / 液相腐蚀产物膜 XRD 分析结果

成分		Fe	FeS	Fe₇S₈	Fe₃S₄	FeS₂	FeO(OH)	S
S135（B）	气相含量 /%	30.670	13.38	18.40	19.01	—	—	18.55
	液相含量 /%	83.50	7.81	—		8.70		—
G105（D）	气相含量 /%	27.02	8.18	19.85	18.29	7.25	—	18.93
	液相含量 /%	61.06	—	27.73	—	8.61	2.50	—

3.3.3　腐蚀产物膜 XPS 分析

采用美国 PE 公司的 PHI-5400 型 X 射线光电子能谱仪分别对 S135 钻杆液相 / 气相腐蚀产物膜组成和含量进行对比分析，得到膜的组成以及不同相态的成分和含量差异信息，并由此推测出腐蚀膜的形成机制，这对揭示含硫环境中钻杆腐蚀机理、研究腐蚀性能和预防腐蚀具有重要意义。

3.3.3.1　腐蚀产物膜的全元素 XPS 分析

腐蚀产物膜的全扫描可得到各元素不同亚层电子的结合能谱，对其分析可得到膜的元素组成信息。图 3.8 和图 3.9 分别是 S135 钢在 H_2S 分压为 2.0MPa，CO_2 分压为 1.0MPa，总压为 10MPa，流速为 2m/s，温度为 100℃，腐蚀时间为 120h 下得到的气相、液相腐蚀产物膜的表层全元素 XPS 图。

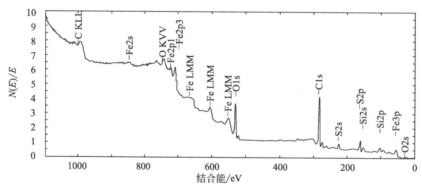

图 3.8　气相腐蚀产物膜表层 XPS

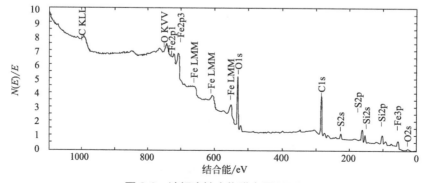

图 3.9　液相腐蚀产物膜表层 XPS

从图 3.8 和图 3.9 中可以看出气相和液相腐蚀产物膜中都只含有 C、O、S、Fe、Si 五种元素，其中 C、O 元素一方面来自 CO_2 腐蚀介质，另一方面可能来自钻井液中的有机添加剂，S 元素来自 H_2S 腐蚀介质，Fe 元素来自钢材基体，Si 元素来自钻井液中添加的膨润土。液相/气相腐蚀产物膜中 5 种元素原子含量列于表 3.6。据此可以初步判断腐蚀产物应为 Fe 的硫化物和氧化物，以及少量硅酸盐。

表 3.6　气相/液相腐蚀产物膜元素含量对比分析

项目	C	O	S	Fe	Si
气相含量 /%	70.45	15.36	6.18	2.46	5.54
液相含量 /%	58.67	21.49	7.49	2.29	10.05

从图 3.8 和图 3.9 以及表 3.6 可以看出，C 元素在气相腐蚀产物中含量较液相高，说明在此条件下 CO_2 在液相的溶解有限，且液相中的有机添加剂易挥发，而 O、Si 元素在液相中含量高于气相，主要是由于钻井液中添加的膨润土为有机硅酸盐系列，不易挥发，容易沉积附着在腐蚀介质孔隙中，从而增加腐蚀产物膜中 O 和 Si 的含量，至于 S、Fe 两种元素，它们在气相和液相产物膜中的差别基本可忽略。

3.3.3.2　腐蚀产物膜的各元素 XPS 分析

图 3.10 和图 3.11 分别为气相、液相腐蚀产物膜元素 Fe_{2p} 的 XPS 能谱和拆分的 Fe 元素不同结合形态标准峰及其拟合曲线。表 3.7 是 Fe 元素的结合能实验结果与标准值的对比。

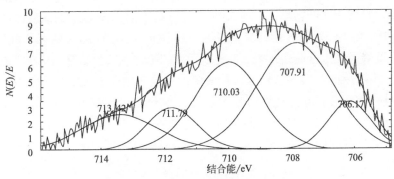

图 3.10　气相腐蚀产物膜 Fe_{2p} 的 XPS

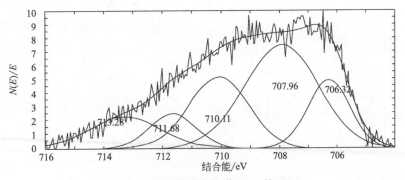

图 3.11　液相腐蚀产物膜 Fe_{2p} 的 XPS

表 3.7　Fe 元素的结合能实验结果与标准值的对比

膜的化学组成	标准值 /eV	气相实验值 /eV	气相含量 /%	液相实验值 /eV	液相含量 /%
Fe	706.74	706.17	9.95	706.32	15.86
FeS_2	706.70				
Fe_3O_4	708.20	707.91	39.56	707.96	41.66
FeS	710.30	710.03	27.85	710.11	22.67
α-FeOOH	711.80	711.79	9.79	711.68	8.15
其它含铁物质	—	713.42	12.85	713.28	11.65

从图 3.10 和图 3.11 以及表 3.7 可以看出两图中共出现了 Fe 元素五种不同结合形态的标准 XPS 峰，且气相和液相腐蚀产物膜 Fe 元素的 XPS 结合能值基本无差别，说明其腐蚀产物成分差别也应该不大。其中在 706.30eV 左右可能是 Fe^0 或 FeS_2 中的任一种或二者的混合物，因为 Fe^0 和 FeS_2 的 XPS 结合能较接近，分别为 706.74eV 和 706.70eV，结合 XRD 分析可知，气相和液相腐蚀产物中都含有 FeS_2，因此可以确定 FeS_2 的存在，同时由于在切割试样时会将基体小颗粒留在腐蚀膜表面，因此图谱中会含有少量的 Fe 单质成分。在 708.00eV 左右是 Fe_3O_4 中的 Fe 元素，在 710.10eV 左右是 FeS 中的 Fe 元素，在 711.80eV 左右是 α-FeOOH 中的 Fe 元素，在 713.40eV 左右是 Fe 元素的伴峰。

液相 / 气相腐蚀产物膜元素 Fe_{2p} 的 XPS 分析结果显示气相和液相腐蚀产物大致相同，主要为 Fe_3O_4、FeS、α-FeOOH、FeS_2，与 XRD 分析进行比较，认为还应有少量的介于 FeS 和 FeS_2 之间的铁的硫化物存在，如 Fe_7S_8、Fe_3S_4，但 XPS 分析中并未检测到，可能在于这些物质的量少，且沉积在产物膜下，而 XPS 仅能分析表面 6nm 以上的深度。

图 3.12 和图 3.13 分别为气相、液相腐蚀产物膜元素 S_{2p} 的 XPS 能谱和拆分的 S 元素不同结合形态标准峰及其拟合曲线。表 3.8 是 S 元素的结合能实验结果与标准值的对比。

从图 3.12 和图 3.13 以及表 3.8 可以看出两图中共出现了 S 元素四种不同结合形态的标准 XPS 峰，且气相和液相腐蚀产物膜 S 元素的 XPS 结合能值基本无差别，说明其腐蚀产物成分差别也应该不大。其中在 164.10eV 左右是单质 S，在 163.00eV 附近是 FeS_2 中的 S 元素，在 161.60eV 左右是 FeS 中的 S 元素，此外在 160.80eV 左右可能是 Fe 与 S 的其它化合物，形式如 $Fe_{1-x}S$。

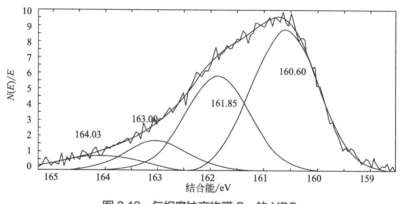

图 3.12　气相腐蚀产物膜 S_{2p} 的 XPS

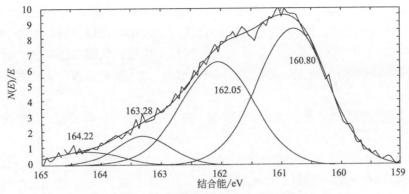

图 3.13 液相腐蚀产物膜 S_{2p} 的 XPS

表 3.8 S元素的结合能实验结果与标准值的对比

膜的化学组成	标准值 /eV	气相实验值 /eV	气相含量 /%	液相实验值 /eV	液相含量 /%
其它含铁物质	—	160.60	52.03	160.80	50.51
FeS	161.60	161.85	33.44	162.05	38.09
FeS_2	162.90	163.00	9.24	163.28	7.42
S	164.10	164.03	5.29	164.22	3.98

图 3.14 和图 3.15 分别为液相腐蚀产物膜元素 C_{1s} 和 Si_{2p} 的 XPS 能谱。

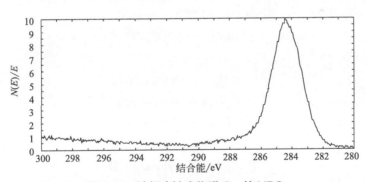

图 3.14 液相腐蚀产物膜 C_{1S} 的 XPS

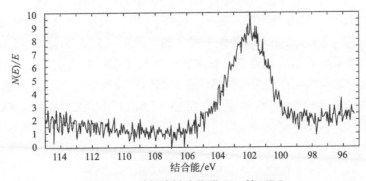

图 3.15 液相腐蚀产物膜 Si_{2p} 的 XPS

从图 3.14 可知，元素 C_{1s} 的结合能主要集中于 284.50eV 附近，既不可能为基体 Fe_3C 成分，也不可能为 $FeCO_3$ 成分，因为前者的结合能为 283.90eV，后者结合能为 289.40eV，这可能是聚合物钻井液中添加的有机杂质附着在试片上所致。从图 3.15 可知，元素 Si_{2p} 的结合能主要集中于 102.00eV 附近，是硅酸盐系列物质，这主要是来源于聚合物钻井液中添加的有机膨润土。

同理，由于气相腐蚀产物膜元素 C_{1s} 和 Si_{2p} 的 XPS 能谱与液相类似，故没有详细列出分析结果。

通过以上 XPS 分析，结合 XRD 分析结果可知，在气相和液相腐蚀产物膜中都含有 C、O、S、Fe、Si 五种元素，且腐蚀产物成分差别不大，主要成分为 Fe 的硫化物和氧化物，包括 Fe_3O_4、FeS、α-FeOOH、FeS_2，以及少量的介于 FeS 和 FeS_2 之间的铁的硫化物如 Fe_7S_8、Fe_3S_4，此外在腐蚀产物膜表面还可能夹杂有硅酸盐物质，这主要是来源于聚合物钻井液中添加的有机膨润土。气相和液相腐蚀产物膜成分的主要差异在于液相腐蚀产物膜中无单质 S 出现，而在气相腐蚀产物膜中检测出单质 S，从而加速了钢材的气相腐蚀性。

3.4 腐蚀机理

3.4.1 二氧化碳腐蚀

$$二氧化碳溶于水中：CO_2+H_2O \longrightarrow H_2CO_3 \tag{3.1}$$

$$碳酸电离：H_2CO_3 \longrightarrow HCO_3^- + H^+ \tag{3.2}$$

$$HCO_3^- \longrightarrow CO_3^{2-} + H^+ \tag{3.3}$$

腐蚀产物生成：

$$Fe + HCO_3^- \longrightarrow FeCO_3 + H^+ + 2e^- \tag{3.4}$$

$$Fe + CO_3^{2-} \longrightarrow FeCO_3 + 2e^- \tag{3.5}$$

$$FeCO_3 \longrightarrow FeO + CO_2 \tag{3.6}$$

$$4FeO + O_2 \longrightarrow 2Fe_2O_3 \tag{3.7}$$

$$3FeO + CO_2 \longrightarrow Fe_3O_4 + CO \tag{3.8}$$

$$3FeO + H_2O \longrightarrow Fe_3O_4 + H_2 \tag{3.9}$$

$$4Fe_3O_4 + O_2 \longrightarrow 6Fe_2O_3 \tag{3.10}$$

其中反应（3.6）可在低于 100℃下发生，反应（3.7）～反应（3.10）是反应（3.6）的后续，反应（3.8）和反应（3.9）是在无氧条件下发生的，反应（3.7）和反应（3.10）是在有氧和空气中发生的。因此无论有无氧存在，在腐蚀产物膜中都应有铁的氧化物存在。就 CO_2 反应机理而言，无论是气相还是液相腐蚀都应在其腐蚀产物膜中存在 CO_2 的腐蚀产物 $FeCO_3$，而腐蚀产物膜的 XRD 和 XPS 分析都证实在腐蚀产物中并不存在 $FeCO_3$，其原因一方面在于反应（3.6）的发生，使得 $FeCO_3$ 分解，另一方面在于生成的 $FeCO_3$ 在此酸性条件下部分溶解，其反应式如下：

$$FeCO_{3(s)} + HCO_3^- \rightleftharpoons Fe(CO_3)_2^{2-} + H^+ \tag{3.11}$$

$$FeCO_{3(s)} + H_2CO_3 \rightleftharpoons Fe(HCO_3)_2 \tag{3.12}$$

使得在腐蚀产物膜中的 $FeCO_3$ 量很少，因此出现腐蚀产物膜的 XRD 和 XPS 分析都未检测出 $FeCO_3$ 的现象。

3.4.2 氧腐蚀

在高压釜内以及试片取出后与空气的接触过程中，都会出现氧腐蚀。

$$Fe \longrightarrow Fe^{2+}+2e^- \tag{3.13}$$

$$O_2+2H_2O+4e^- \longrightarrow 4OH^- \tag{3.14}$$

$$Fe^{2+}+2OH^- \longrightarrow Fe(OH)_2 \tag{3.15}$$

$Fe(OH)_2$ 进一步氧化：$4Fe(OH)_2+O_2+2H_2O \longrightarrow 4Fe(OH)_3 \tag{3.16}$

$Fe(OH)_3$ 水解：

$$2Fe(OH)_3 \longrightarrow Fe_2O_3+3H_2O \tag{3.17}$$

$$Fe(OH)_3 \longrightarrow FeOOH+H_2O \tag{3.18}$$

在腐蚀产物内部 FeOOH 与 Fe^{2+} 结合形成磁铁矿（Fe_3O_4）：

$$8FeOOH+Fe^{2+}+2e^- \longrightarrow 3Fe_3O_4+4H_2O \tag{3.19}$$

因此，在气相和液相腐蚀产物膜的 XRD 和 XPS 分析中检测出 Fe_3O_4 和 FeOOH，它们应该是氧腐蚀的产物。

3.4.3 硫化氢腐蚀

根据前面的腐蚀产物膜成分分析可知，本实验条件下腐蚀产物膜的主要成分为硫化氢腐蚀产物，包括 FeS、FeS_2，以及介于二者之间的形式如 $Fe_{1-x}S$ 的铁的化合物（Fe_3S_4、Fe_7S_8），此外在气相腐蚀介质中还有单质 S 的生成。

H_2S 为弱酸，在水中离解反应如下：

$$H_2S \Longrightarrow HS^-+H^+ \Longrightarrow S^{2-}+2H^+ \tag{3.20}$$

硫化氢引起的铁原子电离的阳极反应如下：

$$Fe+H_2S+H_2O \longrightarrow Fe(HS^-)_{ads}+H_3O^+ \tag{3.21}$$

$$Fe(HS^-)_{ads} \longrightarrow Fe(HS^-)^++2e^- \tag{3.22}$$

$$Fe(HS^-)^++H_3O^+ \longrightarrow Fe^{2+}+H_2S+H_2O \tag{3.23}$$

在金属表面生成化学吸附催化剂 $Fe(HS^-)_{ads}$ 的过程中，铁原子和硫化物间强烈的结合导致金属原子间结合下降，有助于金属原子的电离。由于 Fe^{2+} 与硫化物间的反应而导致电极附近 Fe^{2+} 的浓度下降，也有助于这种作用，其反应式如下：

$$Fe^{2+}+HS^- \longrightarrow FeS+H^+ \tag{3.24}$$

由此，出现铁的电极电位负移，引起阳极反应速率提高。

硫化氢对阴极过程的影响机理如下：

$$Fe+HS^- \Longrightarrow Fe(HS^-)_{ads} \tag{3.25}$$

$$Fe(HS^-)_{ads}+H_3O^+ \Longrightarrow Fe(H-S-H)_{ads}+H_2O \tag{3.26}$$

$$Fe(H-S-H)_{ads}+e^- \longrightarrow Fe(HS^-)_{ads}+H_{ads} \tag{3.27}$$

最后一步的反应速率最慢，控制阴极过程的总体速率。硫化氢并非直接参与阴极反应，而是作为一种激化氢离子放电的催化剂来发挥作用。恢复的氢原子部分再结合，部分扩散到金属中。

在通常的腐蚀介质中，由于在钢材表面形成了不溶解的腐蚀产物，在金属和腐蚀环境之间形成了一道屏障，从而降低金属的腐蚀速率。而在硫化氢环境中，情况与此相反，腐蚀产物提高碳钢和不锈钢的腐蚀速率。可将腐蚀速率随时间的变化划分为三个阶段：①腐蚀速率随时间增加而下降阶段；②腐蚀速率随时间增加而升高阶段；③腐蚀速率随时间增加而维持稳定或缓慢升高阶段。在第一阶段由于具有保护性的腐蚀产物膜开始形成［包括 FeS 和 FeO(OH)］，其中形成的 FeS 为具有缺陷的晶体结构，因此腐蚀速率逐步下降。在第二阶段，随着时间的推移，表面腐蚀产物膜中硫含量逐步提高，伴随着 FeS_2 的形成和 FeS 的开裂，腐蚀速率逐步提高。在第三阶段，由于生成了低保护能力的 Fe_9S_8，腐蚀速率仍逐步提高，与第二阶段相比，腐蚀速率上升幅度大大减小。

3.4.4　单质硫腐蚀

当溶液中混有少量的氧时，硫化氢和氧发生如下反应：

$$2H_2S+O_2\longrightarrow 2S+2H_2O \tag{3.28}$$

若 H_2S 量充足或分压较高，生成的单质 S 可进一步反应生成可溶性 H_2S_2（或是 H_2S_x，最典型的 x 值为 4 或 5）。

$$S+H_2S\longrightarrow H_2S_2 \tag{3.29}$$

同时，单质 S 同金属表面直接接触可引起缝隙腐蚀，并通过反应（3.30），导致缝隙处酸度增加。

$$4S+4H_2O\longrightarrow 3H_2S+H^++HSO_4^- \tag{3.30}$$

有关研究表明单质 S 对碳钢的腐蚀性遵循以下规律：

无单质 S ＜ H_2S_2 ＜ H_2S_2 + 液相单质 S。在含硫环境中，单质 S 可引起的反应如图 3.16 所示。

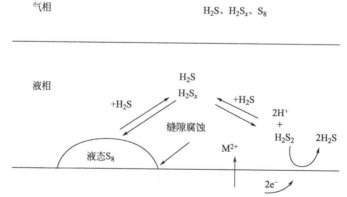

图 3.16　在 H_2S 环境中单质 S 引起的反应

3.4.5　电偶腐蚀

由于覆盖硫化物的钢材电极电位与被氧化的钢材电极电位差值可达 $0.1 \sim 0.4V$，因此相对于钢材而言，铁的硫化物为阴极。这样，在硫化氢腐蚀产物膜中就包含有许多"硫化物 - 氧化物"电偶，它们有助于钢铁的阳极溶解和钢材对氢的吸附。

3.5　三点弯曲试验

石油钻杆在井下除受含硫钻井液腐蚀以外，还受拉、压、弯等应力作用，在高压泥浆作用下往往出现刺漏，然后发生断裂失效，因而必须考查其硫化物应力腐蚀开裂（SCC）行为才具有实际意义。以 NACE TM0177—2016 溶液 A 为介质，采用标准方法，考查四种材质的 SCC 行为。常用的 SCC 实验根据不同加载方式可分为：恒形变、恒载荷和慢应变速率加载。常用的恒形变方法主要有：C 型环法，弯曲梁法（如三点弯曲、四点弯曲）和双悬臂梁法。本试验采用三点弯曲法。

3.5.1　试验材料及方法

3.5.1.1　试验材料

试验材料为本章前述腐蚀试验部分用的 S135 和 G105 高强度钻杆钢，试样示意图和规格参数分别见图 3.17 和表 3.9。

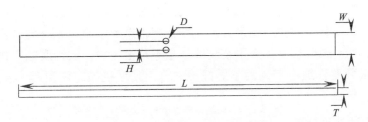

图 3.17　三点弯曲试验试样示意图

表 3.9　试样规格参数

参数	尺寸 /mm	参数	尺寸 /mm
L	80	H	1.4
T	1.5	D	0.70
W	4.6		

3.5.1.2　试验方案

试验溶液，参考 NACE（TM0177—2016）标准，除氧蒸馏水 +5.0%NaCl+0.5%CH_3COOH+饱和硫化氢，pH 值为 2.7。

此法是将受一定应力而弯曲的梁式试件浸泡在试验溶液中，于常温（20℃ ±5℃）常压下试验，每昼夜通一次 1h 的 H_2S 气体，放置 720h，观察试件是否开裂，求出该种材料抗硫化物应力腐蚀开裂的临界应力，即 SC 值。此应力值只是名义应力，并非材料的许用应力，仅作材料评选的依据。

加载的方式，用绝缘材料与试样接触，避免电化学腐蚀。具体如下：支撑的两端采用玻璃圆套，套在紧固的螺丝钉上。加载点用刚玉（含 SiO_2）小球（直径 5～6mm）隔离加载螺帽。在三点弯曲试验中，用估计的名义应力来描述弯曲梁变形的计算值。对如何选择 SC 发生弯曲变形时的合适的名义应力值范围是很重要的。根据三点弯曲试验标准，用以下公式计算名义应力。

$$D = \frac{SL^2}{6Et} \tag{3.31}$$

式中　D——变形量，m；

　　　S——名义应力，MPa；

　　　L——梁的跨距，m；

　　　E——弹性模量，钢为 210GPa；

　　　t——梁的厚度，m。

目前国外规定 SC $> 1.0 \times 10^5$ psi（1psi=6894.76Pa），即 689.5MPa 为抗硫材料的判断依据。

3.5.2　裂纹观察及数据处理

3.5.2.1　裂纹观察

用低倍双筒望远镜观测裂纹，如果试验试样表面只有少数几条裂纹，说明试样发生了很明显的变形，主要是弯曲作用的效果，这种特征也有利于来鉴别开裂试样。然而，如果有很多裂纹，则说明因形状变化产生裂纹的效果不是很明显。因为腐蚀产物可以使裂纹变得模糊，所以必须要仔细检查。为了更好地观测，采用机械方法清理和金相观测是很必要的。

3.5.2.2　测试结果处理

根据试验结果，提出材料失效或没有失效的名义应力值（SC）。

临界应力（SC）由以下方程得来：

$$SC(psi) = \frac{\frac{\sum S(psi)}{10^4} + 2\sum T}{n} \tag{3.32}$$

式中　S——名义应力，用来计算梁的变形；

　　　T——测试结果（例如：+1 表示试验通过，–1 表示未通过）；

　　　n——测试中有效试样数。

备注：如果 SC 需要用米制，最先得到的是 psi 制单位，然后需要转化为米制。当使用这种方法计算时，所有的单个名义应力值（S_i）与平均应力值 S 差的绝对值如果大于 210MPa（3.0×10^4 psi），那么这个 S_i 值应该删除。同时应该说明材料的化学组成、热处理状态、机械特性以及其它一些数据。

3.5.3　试验结果与讨论

以 NACE TM0177-2016 溶液 A，考查 G105 和 S135 四种钢材的 SCC 行为，结果见表 3.10～表 3.13 所示（表中黑斜体为计算有效数据）。

表 3.10　S135（A）钻杆 SCC 试验结果

试验编号	宽（W）/mm	厚（t）/mm	跨距（L）/mm	名义应力（S）		加载量/ ×10^{-1}in	试验时间 /h	试样是 / 否（T/F）通过
				×10^4psi	MPa			
1	4.58	1.48	78.0	*6.77*	467	0.60	720	T
2	4.60	1.48	78.0	*7.34*	506	0.65	720	T
3	4.62	1.50	78.0	*8.57*	592	0.75	720	F
4	4.58	1.48	78.0	*9.62*	662	0.85	720	F
5	4.62	1.46	78.0	*10.02*	691	0.90	720	F
6	4.60	1.44	78.0	12.08	833	1.10	720	F
7	4.58	1.48	78.0	13.56	935	1.20	720	F
8	4.60	1.48	78.0	15.24	1051	1.35	720	F
9	4.56	1.52	78.0	16.81	1159	1.45	720	F
10	4.60	1.50	78.0	17.73	1223	1.55	720	F

S135（A）在 720h 三点弯曲试验以后，其临界应力值：

$$SC = \frac{6.77 + 7.34 + 8.57 + 9.62 + 10.02 + 2 \times (-1 - 1 - 1 + 1 + 1)}{5} \times 10^4 = 8.06 \times 10^4 \, (\text{psi})$$

表 3.11　S135（B）钻杆 SCC 试验结果

试验编号	宽（W）/mm	厚（t）/mm	跨距（L）/mm	名义应力（S）		加载量/ ×10^{-1}in	试验时间 /h	试样是 / 否（T/F）通过
				×10^4psi	MPa			
1	4.56	1.48	78.0	*6.21*	428	0.55	720	T
2	4.62	1.44	78.0	*7.14*	492	0.65	720	T
3	4.62	1.50	78.0	*7.70*	531	0.70	720	T
4	4.60	1.46	78.0	*9.47*	653	0.85	720	F
5	4.52	1.44	78.0	*10.44*	720	0.95	720	F
6	4.62	1.44	78.0	*11.00*	759	1.00	720	F
7	4.58	1.48	78.0	13.55	935	1.20	720	F
8	4.64	1.52	78.0	15.66	1080	1.35	720	F
9	4.58	1.50	78.0	17.17	1184	1.50	720	F
10	4.62	1.46	78.0	18.38	1268	1.65	720	F

S135（B）在 720h 三点弯曲试验以后，其临界应力值：

$$SC = \frac{6.21 + 7.14 + 7.70 + 9.47 + 10.44 + 11.00 + 2 \times (-1 - 1 - 1 + 1 + 1 + 1)}{6} \times 10^4 = 8.66 \times 10^4 \, (\text{psi})$$

表 3.12　G105（C）钻杆 SCC 试验结果

试验编号	宽（W）/mm	厚（t）/mm	跨距（L）/mm	名义应力（S）		加载量 /×10⁻¹in	试验时间 /h	试样是 / 否（T/F）通过
				×10⁴psi	MPa			
1	4.56	1.48	78.0	*5.64*	389	0.50	720	T
2	4.58	1.48	78.0	*6.77*	467	0.60	720	T
3	4.60	1.52	78.0	*8.12*	560	0.70	720	T
4	4.60	1.48	78.0	*9.40*	648	0.80	720	F
5	4.56	1.46	78.0	*10.02*	691	0.90	720	F
6	4.58	1.52	78.0	*11.01*	759	0.95	720	F
7	4.60	1.48	78.0	12.98	895	1.15	720	F
8	4.54	1.48	78.0	14.11	973	1.25	720	F
9	4.62	1.50	78.0	15.44	1065	1.35	720	F
10	4.58	1.52	78.0	16.23	1119	1.40	720	F

G105（C）在 720h 三点弯曲试验以后，其临界应力值：

$$SC = \frac{5.64 + 6.77 + 8.12 + 9.40 + 10.02 + 11.01 + 2 \times (-1 - 1 - 1 - 1 + 1 + 1)}{6} \times 10^4 = 8.49 \times 10^4 (psi)$$

表 3.13　G105（D）钻杆 SCC 试验结果

试验编号	宽（W）/mm	厚（t）/mm	跨距（L）/mm	名义应力（S）		加载量 ×10⁻¹in	试验时间 /h	试样是 / 否（T/F）通过
				×10⁴psi	MPa			
1	4.64	1.52	78.0	*5.80*	400	0.50	720	T
2	4.56	1.48	78.0	*6.21*	428	0.55	720	T
3	4.56	1.46	78.0	*6.69*	461	0.60	720	T
4	4.58	1.50	78.0	*7.44*	513	0.65	720	T
5	4.62	1.50	78.0	*8.01*	553	0.70	720	F
6	4.62	1.44	78.0	*8.79*	606	0.80	720	F
7	4.56	1.48	78.0	*9.60*	662	0.85	720	F
8	4.58	1.48	78.0	*10.17*	701	0.90	720	F
9	4.60	1.52	78.0	13.34	920	1.15	720	F
10	4.64	1.48	78.0	15.24	1052	1.35	720	F

G105（D）在 720h 三点弯曲试验以后，其临界应力值：

$$SC = \frac{5.80 + 6.21 + 6.69 + 7.44 + 8.01 + 8.79 + 9.60 + 10.17 + 2 \times (-1 - 1 - 1 - 1 + 1 + 1 + 1 + 1)}{8} \times 10^4$$

$$= 7.84 \times 10^4 (psi)$$

根据试验结果计算得出的四种管材临界名义应力值见表 3.14 所示。在含硫环境中钻杆强度越高，其发生断裂的临界应力与屈服强度的比值越低，试验所得临界应力 / 屈服强度比值大小比较依次为：G105（C）> G105（D）> S135（B）> S135（A）。

表 3.14　四种钻杆的三点弯曲试验结果

项目	S135（A）	S135（B）	G105（C）	G105（D）
实测临界应力值 /MPa	555.7	597.1	585.4	540.6
临界应力 / 屈服强度比值 /%	59.7	64.1	80.8	74.7

注：S135 钻杆的屈服强度为 931MPa，G105 钻杆的屈服强度为 724MPa。

　　图 3.18 为施加应力为 60% σ_s（钢材最小屈服强度）时，四种钻杆的应力集中点形貌图。发现 S135 钻杆在小孔处已经裂开，而 G105 基本完好。

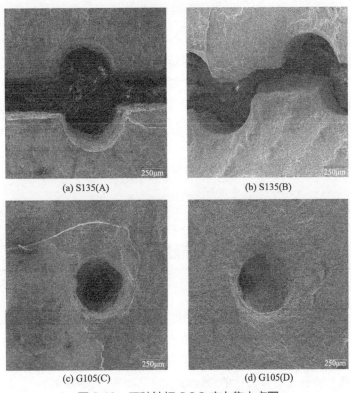

(a) S135(A)　　　　　　　　(b) S135(B)

(c) G105(C)　　　　　　　　(d) G105(D)

图 3.18　四种钻杆 SCC 应力集中点图

第4章

油气井 H_2S+CO_2 共存环境腐蚀速率预测

随着我国高酸性油气田的不断开发，目前关于油套管钢在 H_2S/CO_2 环境中的腐蚀研究已经成为了腐蚀领域中的热点课题之一。但是基于 H_2S/CO_2 共存腐蚀环境的复杂性，以及两者协同与竞争效应的不确定等原因，对油套管钢在 H_2S/CO_2 共存腐蚀环境中的腐蚀机理和规律并未形成共识；现有的单一腐蚀速率预测模型或方法完全不能满足这方面的研究；现有的腐蚀防护研究大多是针对特定油气田腐蚀环境进行的室内实验或现场材质优选，缺乏通用性，远不能满足酸性油气田的发展需要。因此有必要进行油套管钢在 H_2S/CO_2 环境中的腐蚀速率预测研究，为指导油气田进行套管选材设计和选择腐蚀预防措施提供理论支撑。

4.1 H_2S+CO_2 腐蚀速率预测研究现状

目前，对于 CO_2 腐蚀的预测研究较多并提出了一些腐蚀数学模型，但是在实际研究和应用过程中发现不同的预测模型建立的基础存在差异，考虑的腐蚀影响因素及其相应的侧重点也有所不同，导致建立的预测模型通用性较差，因此有必要针对具体环境建立具体的预测模型，或者针对前人的研究结合自己的特定环境建立相应的预测模型。

1975 年，De Waard 和 Millams 综合考虑了 CO_2 分压和温度对腐蚀速率的影响，首次提出了 CO_2 腐蚀预测模型。此后，腐蚀领域内涌现出了大量的腐蚀预测模型，这些模型考虑的因素也越来越多，包括介质流速、介质溶液 pH 值、有无结垢以及是否具有保护性腐蚀产物膜等影响因素，随着这些预测模型不断的发展和改进，添加新的计算因素，大大提高了预测的准确性和应用的普适性。

经过多年的 CO_2 腐蚀预测模型筛选，应用最为普遍 CO_2 腐蚀的半经验预测模型是 Shell 公司的 De Waard 95 模型，该预测模型能够比较精准地预测现场测试的腐蚀速率数据，目前世界上很多大型石油企业广为接受此预测模型。

4.1.1 De Waard 预测模型

$$\frac{1}{V_{Corr}} = \frac{1}{V_r} + \frac{1}{V_m} \qquad (4.1)$$

$$\lg(V_r) = 5.07 - \frac{1119}{T} + 0.58 \lg P_{CO_2} - 0.34(\mathrm{pH}_{actual} - \mathrm{pH}_{CO_2}) \qquad (4.2)$$

$$V_m = 2.45 \frac{U^{0.8}}{d^{0.2}} P_{CO_2} \qquad (4.3)$$

式中 V_{Corr}——腐蚀速率，mm/a；

V_r——受反应活化控制的腐蚀速率，mm/a；

V_m——受物质传递控制的腐蚀速率，mm/a；

T——温度，K；

P_{CO_2}——CO_2 分压，1×10^{-3}MPa；

pH_{CO_2}——在相同 CO_2 分压下纯水的 pH 值；

pH_{actual}——实际溶液的 pH 值；

U——介质流速，m/s；

d——管径，m。

该模型将腐蚀环境温度、介质流速、pH 值以及腐蚀反应动力学过程等影响因素融入模型之中，当腐蚀环境中温度低于 85℃时，该模型预测数据与实验数据的误差很小，但在高温和高 pH 值条件下预测的腐蚀速率比实测值偏大。

4.1.2 Norsok M506 预测模型

Norsok M506 预测模型是根据高温现场 CO_2 腐蚀数据和低温实验 CO_2 腐蚀数据而建立的经验模型。该模型将腐蚀产物膜对基体的保护作用考虑入内，并包括 pH 值和管壁剪切力计算模块等因素，根据室内腐蚀模拟实验数据进行回归分析得到的模型表达式如下。

$$V_{Corr} = K_t f_{CO_2}^{0.62} \left(\frac{S}{19}\right)^{0.146 + 0.0324 \lg\left(f_{CO_2}\right)} f\left(\mathrm{pH}\right)_t \qquad (4.4)$$

式中 K_t——与温度和腐蚀产物膜相关的常数；

S——管壁切应力，1×10^{-6}MPa；

f_{CO_2}——CO_2 的逸度，1×10^{-6}MPa；

$f(\mathrm{pH})_t$——溶液 pH 值对腐蚀速率的影响因子。

与 De Waard 95 预测模型预测结果相反，Norsok M506 预测模型在高温和高 pH 值下预测结果比实测值偏小。另外，由于该模型基于的是钢材在介质溶液中含 CO_2 的均匀腐蚀，当钢材表面发生局部腐蚀时，该模型仍然按均匀腐蚀来预测，其预测结果通常比实际腐蚀程度低。

De Waard 预测模型和 Norsok M506 预测模型均是揭示 CO_2 腐蚀过程中众多影响因素综合作用的结果。De Waard 模型比较注重经验，使用了校正因子，实际应用中可以通过调整校正因子进行特定环境中的腐蚀速率预测；Norsok M506 模型比较注重理论，实际应用中可以进行现场校正。这两种模型在一定范围内具有实用性，但并不具有通用性，可根据具体情况灵活应用。

对于 H_2S 腐蚀的预测模型这方面的国内外研究比较少，更多关注的是 H_2S 环境开裂方面的研究。随着 CO_2 和 H_2S 共存环境中的腐蚀机理和规律的认识逐渐趋于成熟，一致认同 H_2S 的存在对 CO_2 腐蚀的影响很大，随着酸性油气田发展过程中科学合理的腐蚀防护的迫切需要，CO_2 和 H_2S 共存环境中的腐蚀速率预测也开始成为研究热点。

利用 H_2S/CO_2 腐蚀机理和规律研究经验型腐蚀速率预测模型的同时，随着数学算法的不断发展和应用，学者们逐渐开始尝试将数学算法与腐蚀速率预测结合起来，例如利用 BP 神经网络、支持向量机和回归分析等统计方法来预测 H_2S/CO_2 腐蚀速率。

2001 年，Srdjan Nesic 等结合人工神经网络算法成功编制了一套软件，主要考虑 CO_2 分压、温度、离子浓度及介质溶液 pH 值等影响参数，输入各变量之后能够得出腐蚀规律发展及腐蚀形貌方面的描述，并能够起到预测腐蚀速率的作用，但由于输入的各变量针对的是均匀腐蚀的实验参数，使其对局部腐蚀的预测存在较大误差。这种尝试为后来的人们利用计算机算法进行腐蚀速率预测奠定了基础。

2003 年，周计明等利用 Matlab 软件中的神经网络工具箱建立了预测油套管腐蚀速率的神经网络模型，分别以温度、CO_2 分压、H_2S 分压和离子浓度为输入变量，以腐蚀速率为输出变量，通过此模型找出了油套管腐蚀的主要影响因素与腐蚀速率之间的复杂关系，结果证明此模型具有一定可靠性。

2006 年，张清等研究了关于 H_2S/CO_2 共存环境中的油套管腐蚀速率预测模型，他们认为其腐蚀速率与 CO_2 和 H_2S 各自的压力及其比例有关，利用两者分压比划分腐蚀控制区的想法引入油套管腐蚀预测模型之中，并分别建立了以 CO_2 腐蚀为主、以 H_2S 腐蚀为主和两者共同控制腐蚀的数学模型。

2011 年，J. D. Garber 等开发了一个比较全面的模型，主要预测含有 CO_2、H_2S 和细菌的油管点蚀速率。该模型考虑了点蚀坑中的 22 种离子的扩散系数，这些离子扩散系数的值很大程度上影响了腐蚀速率，该模型还预测了是否会发生点蚀及腐蚀保护膜形成这段时间内的最大腐蚀速率。

2011 年，付荣利等根据某油田已有的腐蚀基础数据使用支持向量机方法最后建立了预测某油田气井管柱腐蚀速率的模型，结果表明，无论是对于由 H_2S 腐蚀的气井管柱还是含有少量 H_2S 和 CO_2 的气井管柱的预测误差都比较小，证明了该模型的可靠性。

2013 年，M.Hairil 收集整理了一个根据近海油套管每年点蚀深度而得出的腐蚀损伤直接测量数据库的资料，然后对腐蚀数据进行统计分析从而确定随着时间变化的腐蚀损伤概率密度分布，最终提出了一个基于统计分析结果的经验公式，它可以用来预测近海油井管线随着时间变化的腐蚀损伤情况。这种观念完全可以尝试用于 H_2S/CO_2 共存环境中的腐蚀预测。

2013 年，中海油研究总院和北京科技大学联合对 H_2S/CO_2 共存环境中的内腐蚀进行了实验研究，建立了溶解 CO_2 和 H_2S 气体后模拟地层水中的 H^+ 的浓度计算公式，并通过自行编制的软件计算含 H_2S/CO_2 条件下的 pH 值。结合腐蚀机理和规律分析，最终建立了由腐蚀产物膜影响因子、H_2S 影响因子、CO_2 分压以及 H_2S 分压组成的腐蚀速率预测模型及软件。

2014 年，钱进森等研究了微量 H_2S 对油管钢 CO_2 腐蚀行为的影响，研究表明在有少量 H_2S 存在的环境中，CO_2 对油管钢的腐蚀速率最高可以达到 2.4mm/a。当 H_2S 与 CO_2 的分压比为 1/400 时，也就是 H_2S 含量远远小于 CO_2 含量的情况下，油管钢的腐蚀速率明显减小。当两者比值不断提高的时候，该油管钢的腐蚀速率呈现出先增大后减小的趋势，在超过腐蚀临界点后腐蚀主要转变为 H_2S 控制。

2015 年，Rida 等通过线性极化电阻及腐蚀失重法对 AISI C1045 碳钢在含饱和 CO_2 和 N_2 混合气体的盐水（2%NaCl 溶液）中的腐蚀进行了试验和理论研究，并使用一种改进的溶解度模型预测溶解的 CO_2 和其他物质的浓度。

2016 年曾德智等模拟了温度对 T95 油管在 H_2S/CO_2 环境中腐蚀速率的影响。结果表明：在温度为 30 ~ 120℃时，腐蚀速率先升高后降低；在温度 90℃时，腐蚀速率最大。该研究为不同温度下 H_2S/CO_2 共存环境中腐蚀速率预测提供了可靠依据。

腐蚀速率的预测模型主要分为 3 类：经验 / 半经验模型；简易机理模型；综合机理模型。Kahyarian 等对比了几类 CO_2 腐蚀预测模型并指出：与经验 / 半经验模型相比，机理模型能涵盖更复杂的条件，能提供较高的透明度、灵活性和外推能力。

2021 年，陈昊等对含 H_2S/CO_2 井筒中油套管采取失重法研究不同腐蚀时间下油套管的腐蚀速率，并对实验结果进行拟合，借助 Table Curve 3D 软件进行多元回归，确定了腐蚀速率预测模型。多元回归所建立模型误差在 5% 以内，满足精度要求，能够准确预测腐蚀速率。

2022 年，刘奇林等根据某口超深高压含硫气井的生产工况，利用 Fluent 软件开展了数值仿真，该模型分别建立了温度和流速对油管腐蚀速率的影响，最终对全井筒的腐蚀速率进行了预测，以仿真结果为依据，设计并开展了室内实验，有效评价了在高温、高压及 H_2S/CO_2 并存的环境下该井的油管腐蚀情况。

4.2 腐蚀数学模型的建立

腐蚀机理和规律的研究为控制腐蚀提供了强有力的科学支撑，目前并不是所有腐蚀都可以被完全控制或消除，因此通过腐蚀速率预测技术尽可能降低腐蚀带来的危害就显得格外重要。想要完整地了解和掌握腐蚀机理和规律就需要有大量的实验数据和实验现象，由于进行此类腐蚀模拟实验的条件要求比较苛刻，现场实际腐蚀数据搜集困难等缘故，很难得到完整而科学的腐蚀机理和规律结论。基于对油套管钢在 H_2S/CO_2 环境中的腐蚀失重实验大致可以看出其腐蚀的基本规律，并积累一些腐蚀基础数据。为了能够更好地体现和理解这种腐蚀变化规律，以短期 H_2S/CO_2 腐蚀数据推测其长期腐蚀行为，以小样本 H_2S/CO_2 腐蚀数据推测其大样本腐蚀规律，因此就有必要建立 H_2S/CO_2 腐蚀数学模型。

经过学者们多年的努力研究，在腐蚀领域内已经出现了不少有关套管钢腐蚀速率的半经验形式的预测模型，但是从国内外调研可以知道关于 H_2S/CO_2 环境中的腐蚀速率预测模型还很少，而且缺乏经典的预测模型，远不能满足实际工程需要。另外，一些已经被应用的油套管钢腐蚀速率预测模型仍然存在诸多不足之处，其主要原因是实际应用中腐蚀条件千变万化，已有数学模型具有一定局限性，因此针对特定的腐蚀条件，建立 H_2S/CO_2 环境中的腐蚀速率预测模型很有必要。

油套管钢在 H_2S/CO_2 环境中的腐蚀机理和规律随着不同 H_2S 和 CO_2 分压发生变化，其主要原因是不同的分压比决定了谁才是真正的腐蚀主导者，腐蚀产物也相应地以碳酸盐或硫化物为主要成分。关于如何判定和划分 H_2S 和 CO_2 的分压比对腐蚀作用的影响的现有研究成果还未达成共识，目前比较具有代表性的是 B .F. Pots 等人提出的对 H_2S 和 CO_2 的分压比划分观点。

本文中由于实验设定条件的限制，未能确定出分压比界限的划分值，但是比较倾向于 B. F. Pots 等人划分的分压比界限，因此，建立套管钢在 H_2S/CO_2 环境中的腐蚀数学模型时也将借鉴 B .F. Pots 等人这一分压比划分观点。另外，由于实验的离散性很强，且腐蚀影响因素众多，腐蚀数学模型建立时并不能将所有的影响因素纳入其中，而 H_2S 和 CO_2 的分压变化是影响腐蚀机理最关键的因素，因此，本文中将通过建立 H_2S 分压、CO_2 分压和腐蚀速率三者关系的数学模型，以便进一步探讨其腐蚀规律。

4.2.1 腐蚀体系中以 CO_2 为主导时的模型

当腐蚀体系中单独存在 CO_2 腐蚀时，De Waard 模型和 B.Mishra 模型中均认为钢材的腐蚀速率随 CO_2 分压的增大成幂函数关系增大，因此单独 CO_2 腐蚀数学模型可以表示如下：

$$\ln(V_{\text{Corr}}) = C_1 + C_2 \ln(P_{CO_2}) \tag{4.5}$$

式中　C_1、C_2——待定的常数。

根据众多学者针对 CO_2 腐蚀的研究成果，单独存在 CO_2 腐蚀时，式（4.5）中的待定常数 C_2 的值为 0.67，因此可以将式（4.5）表达如下：

$$\ln(V_{\text{Corr}}) = C_1 + 0.67 \ln(P_{CO_2}) \tag{4.6}$$

依据 Pots 提出的分压比划分界限，在 H_2S/CO_2 共存环境中，当体系中 $P_{CO_2}/P_{H_2S} > 500$ 时，腐蚀体系以 CO_2 为主导，体系中随着 H_2S 分压的升高（此时仍然保持 $P_{CO_2}/P_{H_2S} > 500$），套管钢的腐蚀速率较单纯的 CO_2 腐蚀速率将发生明显下降。钱进森通过微量 H_2S 对套管钢 CO_2 腐蚀的研究发现，微量 H_2S 加入后油管钢的腐蚀速率虽然降低，但是腐蚀产物中并未发现 H_2S 的腐蚀产物，而是腐蚀产物膜变为更细的晶体颗粒，表明腐蚀产物膜相对致密度更高，在一定程度上阻碍了腐蚀介质和基体之间的离子传输，从而降低了腐蚀速率。另外，当 H_2S 含量一定时，随着 CO_2 分压的增加，套管钢的 H_2S/CO_2 腐蚀速率表现出增加的变化规律。因此，在式（4.6）中，由于 H_2S 的抑制腐蚀作用，待定常数 C_2 的值应该小于 0.67，意味着这个表达式中应该存在一个系数可以调整。由于 H_2S 存在而引起腐蚀速率的变化，另外，随着 H_2S 的变化，CO_2 腐蚀并非呈现单调变化。综合考虑各类因素，建立腐蚀体系中 CO_2 为主导时的腐蚀数学模型如下：

$$\ln(V_{\text{Corr}}) = C_1 + 0.67\left[1 - (C_2 P_{H_2S}^2 + C_3 P_{H_2S} + C_4)\frac{P_{CO_2}}{500 P_{H_2S}}\right]\ln(P_{CO_2}) \tag{4.7}$$

式中　C_1、C_2、C_3 和 C_4——待定的常数。

由于 CO_2 为腐蚀主导时，分压比 P_{CO_2}/P_{H_2S} 过大，在本次实验中相关的基础数据比较少，未能进行多元拟合求出其中的系数。但是，此类腐蚀数学模型的理念来自实际腐蚀情况和相关腐蚀规律，具有一定的科学性。

4.2.2　腐蚀体系中以 H_2S 为主导时的模型

关于 H_2S 腐蚀预测数学模型一直以来研究得不多，学者们通过实验研究认为单独存在 H_2S 腐蚀时，套管钢的腐蚀速率随着 H_2S 分压的增加而增加，其增加形式与 CO_2 腐蚀速率增加形式相似，呈幂函数的形式改变，因此单独 H_2S 腐蚀时数学模型可以表示如下：

$$\ln(V_{\text{Corr}}) = C_1 + C_2 \ln(P_{H_2S}) \tag{4.8}$$

在 H_2S 和 CO_2 共存环境中，当体系中 $P_{CO_2}/P_{H_2S} < 20$ 时，H_2S 控制腐蚀过程，随着 H_2S 分压的升高，分压比 P_{CO_2}/P_{H_2S} 降低，套管钢的腐蚀速率也变大。另外，在这个分压比范围内腐蚀体系中随着 CO_2 分压的升高，套管钢的腐蚀速率也出现增大现象，此时虽然 CO_2 与 H_2S 在腐蚀竞争中失利而未能直接参与腐蚀，但是 CO_2 的加入降低了腐蚀介质的 pH 值，促进了 H_2S 的腐蚀，这一观点在前文的实验结果中也得到了验证。然而，当 H_2S 分压逐渐增大时，形成的 FeS 腐蚀产物膜增多，又抑制了腐蚀的持续进行，综合这些因素最终导致了腐蚀速率呈现抛物线型变化。

综上所述，建立腐蚀体系中 H_2S 为主导时的腐蚀数学模型如下：

$$\ln(V_{\text{Corr}}) = C_1 + C_2 \left[1 + (C_3 P_{CO_2}{}^2 + C_4 P_{CO_2} + C_5) \frac{P_{CO_2}}{20 P_{H_2S}} \right] \ln(P_{H_2S}) \tag{4.9}$$

式中　C_1、C_2、C_3、C_4 和 C_5——待定的常数。

中国石油集团石油管工程技术研究院和河南科技大学关于套管钢在 H_2S/CO_2 环境中腐蚀研究这方面做了不少尝试，通过实验研究了 N80 钢在 CO_2 和微量 H_2S 环境中腐蚀速率随着条件改变的变化规律，并取得了一定成果，本文的研究也借鉴了他们的研究成果。在他们的实验研究中，除了 CO_2 和 H_2S 分压分别设定的范围不一样，其它实验设定的条件与本文中的实验设定条件一致，包括试样材质、实验装置、腐蚀介质流速、实验步骤和腐蚀介质中 Cl^- 含量等。由于本文中模拟 H_2S/CO_2 环境中腐蚀实验数据量有限，在前人的实验设定的条件与本文中的实验设定条件一致的基础上，本文将结合应用他们的实验数据，最后利用 Matlab 软件对式（4.9）中的相关系数进行多元拟合处理，得到的数学模型如下：

$$\ln(V_{\text{Corr}}) = -0.169 + 0.893 \left[1 + (-0.543 P_{CO_2}^2 + 1.473 P_{CO_2} - 3.013) \frac{P_{CO_2}}{20 P_{H_2S}} \right] \ln(P_{H_2S}) \tag{4.10}$$

根据建立的腐蚀数学模型绘制腐蚀速率分布图，如图 4.1 所示。

建立的腐蚀数学模型中，腐蚀速率与 CO_2 分压和 H_2S 分压均密切相关，从图 4.1 中可以看出，腐蚀体系中 H_2S 为主导时，腐蚀速率均较低，且随着 H_2S 分压的升高，腐蚀速率逐级增加；同时，随着 CO_2 分压升高，其腐蚀速率也逐级增加，可见，腐蚀数学模型能够良好地表达出腐蚀规律。由于 CO_2 分压的取值范围跨度较大，在 CO_2 分压约为 2.5MPa，H_2S 分压约为 0.3MPa 时，腐蚀速率达到设定条件范围内的最大值。

4.2.3　腐蚀体系中以协同竞争为主导时的模型

在 CO_2 和 H_2S 共存环境中，当分压比 P_{CO_2}/P_{H_2S} 介于 20 ～ 500 时，体系中两者呈现协同

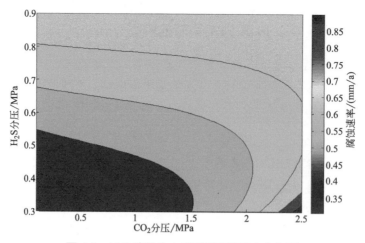

图 4.1 H_2S 腐蚀为主导时的腐蚀速率分布图

与竞争关系共同控制腐蚀过程，腐蚀产物中均出现两者的腐蚀产物，此时的腐蚀速率可以看作是 CO_2 和 H_2S 两者共同贡献的，但两者各自的腐蚀速率又呈现出相互制约和相互影响的情况。学者们在研究 CO_2 和 H_2S 腐蚀数学模型时大多通过幂函数形式来描述其腐蚀速率的变化规律，因此设其数学关系如式（4.11）所示。

$$\ln(V_{总}) = \ln(V_{Corr-H_2S}) + \ln(V_{Corr-CO_2}) + C \tag{4.11}$$

式中　C——待定的常数；

$\quad V_{总}$——CO_2 和 H_2S 分压比介于 20～500 时钢材总的腐蚀速率，mm/a；

$\quad V_{Corr-H_2S}$——CO_2 和 H_2S 分压比介于 20～500 时 H_2S 的腐蚀速率，mm/a；

$\quad V_{Corr-CO_2}$——CO_2 和 H_2S 分压比介于 20～500 时 CO_2 的腐蚀速率，mm/a。

CO_2 和 H_2S 共存时，当分压比 P_{CO_2}/P_{H_2S} 介于 20～500 之间，设 CO_2 分压为 P_{CO_2}，设 H_2S 分压为 P_{H_2S}，CO_2 在腐蚀过程中实际参与的仅为 $P_{CO_2}-20P_{H_2S}$ 的分压量，这是因为 CO_2 和 H_2S 在协同与竞争关系中，H_2S 的竞争力比较强，从前文中可以知道 H_2S 能够以一"抵挡"20 倍的 CO_2 分压，而 P_{CO_2} 需要以 500 倍的 P_{H_2S} 才能在竞争中"胜利"，也就是说一个单位的 P_{H_2S} 将消耗 20 倍 P_{H_2S} 的 CO_2 分压，使得这 20 倍 P_{H_2S} 分压的 CO_2 分压并未能直接参与腐蚀，而是参与了促进 H_2S 的腐蚀，因此 H_2S 参与的腐蚀过程可以用式（4.12）表示。

$$\ln(V_{Corr-H_2S}) = C_1\left\{1 + \left[C_2(20P_{H_2S})^2 + C_3(20P_{H_2S}) + C_4\right]\right\}\ln(P_{H_2S}) + C_5 \tag{4.12}$$

另外，由于 H_2S 的存在会使套管钢表面生成致密性较好的 FeS 膜，将抑制参与整个腐蚀过程中的未被 H_2S 消耗而剩余的 CO_2 分压的腐蚀。前文中提到两者共存条件下协同与竞争时腐蚀速率会出现一个峰值，腐蚀速率峰值所对应的分压比在 10～100 之间，因此剩余的 CO_2 分压参与的腐蚀过程可以用式（4.13）表示。

$$\ln(V_{Corr-CO_2}) = 0.67\left[1 - (C_1P_{H_2S}^2 + C_2P_{H_2S} + C_3)\right]\ln(P_{CO_2} - 20P_{H_2S}) + C_4 \tag{4.13}$$

将式（4.12）和式（4.13）代入式（4.11）中可以得到如下表达式：

$$\begin{aligned}\ln(V_{总}) = &C_1\left[1 + (400C_2P_{H_2S}^2 + 20C_3P_{H_2S} + C_4)\right]\ln(P_{H_2S}) + \\ &0.67\left[1 - (C_5P_{H_2S}^2 + C_6P_{H_2S} + C_7)\right]\ln(P_{CO_2} - 20P_{H_2S}) + C_8\end{aligned} \tag{4.14}$$

式中　C_1、C_2、C_3、C_4、C_5、C_6、C_7 和 C_8——待定的常数。

根据油套管钢在 H_2S/CO_2 环境中的腐蚀失重实验数据利用 Matlab 软件进行拟合处理，得出各相关系数与 CO_2 分压和 H_2S 分压的关系，得到各相关系数后的数学模型如下：

$$\ln(V_{总})=0.099\left[-698.4P_{H_2S}^2-14.244P_{H_2S}+10.34\right]\ln(P_{H_2S})+$$
$$0.67\left[-0.886P_{H_2S}^2+0.483P_{H_2S}+1.446\right]\ln(P_{CO_2}-20P_{H_2S})+5.487 \tag{4.15}$$

利用建立的腐蚀数学模型绘制腐蚀速率分布图，如图 4.2 所示。

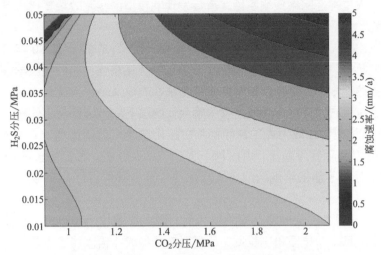

图 4.2　CO_2/H_2S 协同竞争时的腐蚀速率分布图

从图 4.2 中可以看出，随着 CO_2 分压和 H_2S 分压升高，腐蚀速率增大；当 CO_2 分压较低时，随着 H_2S 分压在特定条件范围内升高，腐蚀速率变化不大，甚至出现 H_2S 分压约为 0.05MPa 时腐蚀速率降低的情况，分析认为此时两者分压比值为 20，正好快要接近腐蚀过程由 CO_2 和 H_2S 协同竞争转变成 H_2S 控制整个腐蚀过程的分界线，这一点也正好说明了此模型能够良好反映和描述 H_2S/CO_2 在协同与竞争关系下的腐蚀过程。

4.3　基于 BP 神经网络预测腐蚀速率

利用 CO_2 和 H_2S 不同分压比与腐蚀速率的关系建立了腐蚀数学模型，并通过腐蚀数学模型绘制了腐蚀速率分布图，能够清楚地展示出在一定范围内的不同 CO_2 和 H_2S 分压条件下腐蚀速率变化规律，但是由于腐蚀速率变化多样，分散性比较大，腐蚀数学模型很难精确地预测所有的腐蚀数据；腐蚀数学模型是建立在特定的分压条件范围内，限制了腐蚀数学模型的通用性；H_2S/CO_2 腐蚀影响因素众多，腐蚀数学模型仅涉及 CO_2 分压、H_2S 分压和腐蚀速率的关系，而并不能将所有的影响因素都考虑入内，限制了其在实际现场的实施。

鉴于腐蚀数学模型所考虑的影响因素偏少的缺陷，本章将结合 N80 套管钢腐蚀的主要影响因素利用 BP（Back Propagation）神经网络和遗传算法优化 BP 神经网络两种模型对其进行腐蚀速率预测并检验其可靠性。然后通过模型预测不同影响因素作用下的腐蚀速率大小并绘制腐蚀速率分布图，以检验模型的泛化能力。

4.3.1　BP 神经网络结构与运算步骤

对实验数据进行多元统计分析时，一般的回归分析所得到的响应曲线都是规则的，而人工神经网络方法可以获得形状更加复杂和不规则的响应曲面，具有很强的非线性数学处理能力。随着多学科交叉学习的发展，人工神经网络也经常被作为腐蚀速率预测的研究工具，有研究表明，利用人工神经网络预测腐蚀速率后发现其模型的预测效果要比机械模型和半经验模型的效果更好。

人工神经网络（Artificial Neural Network，简称 ANN）是 20 世纪 80 年代以来人工智能领域兴起的研究热点，它既是高度非线性动力学系统，又是强大的自适应学习组织系统，还是一种常用于描述认知、决策以及控制的智能方法。其定义是由人工建立的、以有向图为拓扑结构的动态系统，它通过对连续或断续的输入作状态响应而进行信息处理。

BP 神经网络模型已经成为人工神经网络中应用最为广泛的模型，其中单隐层的 BP 神经网络由于应用简单而最为流行。多应用于模式识别及分类、故障智能诊断以及最优预测等方面，特别是处理不能依靠规则或公式描述的大量基础数据时具有强大的灵活性和自适应性。

BP 神经网络一般为三层网络，即由输入层、隐含层和输出层组成，如图 4.3 所示。BP 神经网络结构由信息正向传播和误差反向传播两部分构成，输入层节点数和输出层节点数根据研究对象而定。输入层接收训练样本后开始信息正向传播，然后传递给中间隐含层，隐含层对收到的信息不断进行内部学习和处理。之后又将信息传递给输出层，如果未达到误差平方和最小，就将该误差信号反向传播给隐含层，同时修正权值和阈值，反复进行正反向传播直到输出值满足目标输出为止。BP 神经网络理论上可以逼近任意非线性函数，对带有噪声及不完全的信息也具有良好的适应性，并且该网络具有一定的泛化能力。

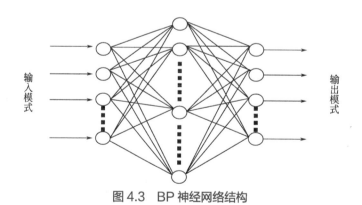

图 4.3　BP 神经网络结构

BP 神经网络具有五个比较突出的优势特点，它们分别是：很高的非线性映照能力、合理的并行分布处理方式、强大的自学习和自适应能力、强大的数据融合能力以及多变量系统功能，正是这些突出优势造就了 BP 神经网络的广泛应用。

BP 神经网络具体算法步骤如下。为了能够清楚地了解此步骤，先对步骤中各公式对应的变量进行表格汇总，具体如表 4.1 所示。

表 4.1　公式对应变量表

名称	变量	名称	变量
网络输入向量	$A_i=(a_1^i, a_2^i \cdots a_n^i)$	输入层到隐含层各连接权值	ω_{kj}
期望输出向量	$Y_i=(y_1^i, y_2^i \cdots y_q^i)$	隐含层到输出层各连接权值	v_{jt}
实际输出向量	$C_i=(c_1^i, c_2^i \cdots c_q^i)$	隐含层各单元的输出阈值	θ_j
隐含层各单元激活向量	$S_i=(s_1^i, s_2^i \cdots s_p^i)$	输出层各单元的输出阈值	γ_t
隐含层各单元输出向量	$B_i=(b_1^i, b_2^i \cdots b_p^i)$	网络的学习速率	η
输出层各单元激活向量	$L_i=(l_1^t, l_2^t \cdots l_q^t)$	网络的误差要求	ε

注：$k=1,2 \cdots n$；$j=1,2 \cdots p$；$t=1,2 \cdots q$；$i=1,2 \cdots m$。

第一步，选取输入样本和目标样本并输入给网络。

第二步，通过输入向量、各节点连接权值和阈值计算各隐含层节点中的激活值，其值用于激活激励函数。

$$f(x) = \frac{1-e^{-x}}{1+e^{-x}} \tag{4.16}$$

开始计算各隐含层节点的输出值：

$$b_j = f(s_j) \quad (j=1,2,...p) \tag{4.17}$$

其中：

$$s_j = \sum \omega_{kj} a_i - \theta_j \quad (j=1,2,...p) \tag{4.18}$$

第三步，先计算出输出层中各单元的输入值：

$$l_t = \sum_{j=1}^{p} v_{jt} b_j - \gamma_t \quad (t=1,2,...q) \tag{4.19}$$

再计算输出层中各单元的真实输出值：

$$C_t = f(l_t) \quad (t=1,2,...q) \tag{4.20}$$

第四步，对于上一步计算所得出的真实输出值进行输出误差的计算。

$$E_n = \frac{1}{2} \sum_{t=1}^{t} (y_t - C_t)^2 \tag{4.21}$$

第五步，计算修正输入层到隐含层的各个连接权值和隐含层的各单元的输出阈值。

$$\omega'_{kj} = \omega_{kj} + \Delta\omega_{kj} = \omega_{kj} + \eta\delta_k^q y_j \tag{4.22}$$

$$v'_{jt} = v_{jt} + \Delta v_{jt} = v_{jt} + \eta\delta_j^p y_t \tag{4.23}$$

$$\theta'_j = \theta_j + \Delta\theta_j = \theta_j + \eta\delta_k^q \tag{4.24}$$

$$\gamma'_t = \gamma_t + \Delta\gamma_t = \gamma_t + \eta\delta_j^p \tag{4.25}$$

式中 δ_k^q——输出层神经元的局部梯度。

δ_j^p——隐含层神经元的局部梯度。

$$\delta_k^q = y_t(1-y_t)(C_t - y_t) \qquad (4.26)$$

$$\delta_j^p = f'(b_j)\sum_{q=1}^{q}\delta_t^n \omega_{kj} \qquad (4.27)$$

第六步，判断网络是否对所有的训练样本经过了训练，若未完成，从训练样本中选取未完成部分继续进行网络学习训练，从第二步再次开始进行，一直到全部训练样本都学习完成为止。

第七步，计算网络对训练样本的训练误差。

$$E = \sum_{n=1}^{n}E_n = \frac{1}{2}\sum_{n=1}^{n}\sum_{t=1}^{t}(y_t - C_t)^2 \qquad (4.28)$$

第八步，判断训练误差是否满足 $E < \varepsilon$，若达到网络的误差目标要求则训练停止，若不能满足误差要求则从第二步重新开始进行，直到达到误差目标要求为止。

为了更加清楚地了解 BP 神经网络的运行流程，图 4.4 展示了该算法的流程结构。

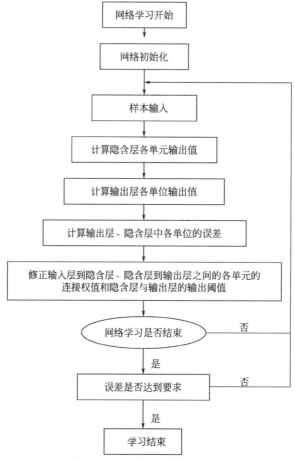

图 4.4　BP 神经网络运行流程

4.3.2 BP 神经网络预测模型的建立

4.3.2.1 样本数据的选择

从中国石油集团石油管工程技术研究院和河南科技大学共同研究的 H_2S/CO_2 腐蚀实验数据中选取了 26 组数据，进行 BP 神经网络模型的训练和验证，其中有 22 组实验数据作为训练样本，如表 4.2 所示。

表 4.2　训练样本数据

编号	CO_2 分压 /MPa	H_2S 分压 /MPa	温度 /℃	腐蚀速率实测值 / (mm/a)
1	1.5	0.6	40	0.395
2	1.5	0.6	60	0.352
3	1.5	0.6	80	0.580
4	1.5	0.6	100	0.628
5	1.5	0.6	140	0.359
6	0.1	0.6	100	0.503
7	0.5	0.6	100	0.557
8	1	0.6	100	0.611
9	2.5	0.6	100	0.691
10	1.5	0.01	100	2.303
11	1.5	0.05	100	4.212
12	1.5	0.1	100	1.219
13	1.5	0.3	100	0.482
14	1.5	0.9	100	0.765
15	1.2	0.015	100	1.918
16	1.2	0.015	110	0.926
17	0.3	0.015	100	0.292
18	0.9	0.015	100	1.776
19	2.1	0.015	100	3.600
20	1.2	0.0015	100	1.633
21	1.2	0.02	100	4.086
22	1.2	0.12	100	1.180

由于数据本身来之不易，并且每组数据都联系着腐蚀规律的变化，所以仅选取 4 组作为测试样本，通过这 4 组数据可以综合考察不同温度、CO_2 分压以及 H_2S 分压变化时的腐蚀速率变化规律，以便检验 BP 神经网络泛化能力，测试样本数据如表 4.3 所示。

表 4.3　测试样本数据

编号	CO_2 分压 /MPa	H_2S 分压 /MPa	温度 /℃	腐蚀速率实测值 / (mm/a)
1	1.5	0.6	120	0.491
2	2	0.6	100	0.650
3	1.2	0.015	100	2.060
4	1.2	0.06	100	3.945

4.3.2.2　网络结构及参数

本文采用三层 BP 神经网络模型，其结构为 3-L-1 形式，即输入层有 3 个节点，隐含层有 L 个节点，输出层有 1 个节点，已有研究证明隐含层节点数的选择直接影响到 BP 神经网络的性能，关于隐含层节点数的选择迄今没有科学的定论，主要是借助于经验公式和实际操作中的不断尝试，根据经验可以参照式（4.29）进行设计。

$$L = \sqrt{n+m} + a \qquad (4.29)$$

式中　L——隐含层节点数；

　　　n——输入层节点数；

　　　m——输出层节点数；

　　　a——1 ～ 10 之间的调节常数。

经过多次不断尝试变化隐含层节点数，当隐层节点为 6、7 或者 8 时，与其它不同隐含层节点数值时的网络训练均方误差较小，因此在本次操作中取隐含层节点数为 8，此 BP 神经网络结构简图如图 4.5 所示。

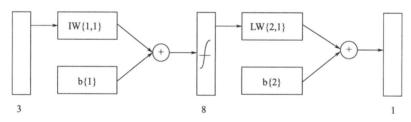

图 4.5　BP 神经网络结构图

进行网络训练之前将各输入参数进行归一化处理，即将数据处理为区间 [0，1] 之间的数据，本文中采用的是 Matlab 软件工具箱中的 mapminmax 函数将所有样本数据归一到 [0,1] 之间。

网络中输入层到隐含层的传递函数采用 S 型的 logsig 函数，隐含层到输出层的传递函数采用 purelin 函数，网络训练采用 trainlm 函数。同时，学习速率的选取很重要，在实际操作过程中为了保证系统一直稳定一般倾向于选取较小的学习速率，通过观察误差下降曲线来判断，最终确定学习速率为 0.05。为了要求训练结果达到一定精度又防止网络出现过拟合现象，最终确定目标误差为 0.005。为了网络训练过程中有效减小震荡趋势、改善其收敛性和抑制陷入局部极小值等现象，最终确定动量系数取值为 0.9。

通过设置循环 BP 神经网络对训练样本数据进行不断学习训练，图 4.6 演示了不同迭代次数条件下网络训练误差精度的结果，即从最大训练次数为 200 次开始，每次逐级叠加 400 次训练来观察不同迭代次数条件下的网络训练均方误差。从图中可以看出最大训练次数为 400 次以后网络训练均方误差的变化较小，基本趋于稳定，为了在 BP 神经网络训练过程中不会因为迭代次数的原因而影响训练误差精度，所以在本次操作过程中选取最大训练次数为 500 次。

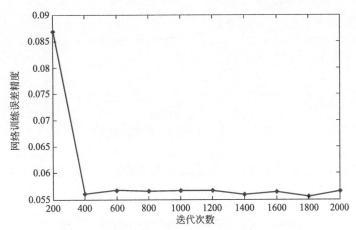

图 4.6　BP 神经网络训练收敛过程中误差精度的变化

4.3.3　预测结果分析

网络学习训练结束后，其界面如图 4.7 所示，然后利用训练好的网络对测试样本进行预测，以检验网络的适用性和泛化能力。

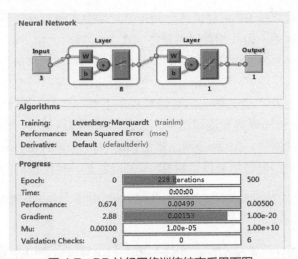

图 4.7　BP 神经网络训练结束后界面图

通过 BP 神经网络不断反复学习训练，其训练误差不断降低，当达到预定的误差值时，网络训练便会自动停止。从图 4.8 中的网络训练收敛曲线可以看出，经过 228 次训练后达到要求的目标误差 0.005。

第4章　油气井H₂S+CO₂共存环境腐蚀速率预测　　**073**

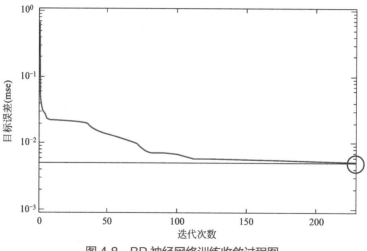

图 4.8　BP 神经网络训练收敛过程图

　　对之前进行过归一化的测试样本数据进行仿真预测之后，需要对预测结果进行反归一化处理，然后再与实测值进行比较，其结果如表 4.4 所示。

表 4.4　BP 人工神经网络预测值与实测值比较

编号	CO_2 分压 /MPa	H_2S 分压 /MPa	温度 /℃	实测值 / (mm/a)	预测值 / (mm/a)	差值	相对误差 /%
1	1.5	0.6	120	0.491	0.440	0.051	10.387
2	2	0.6	100	0.650	0.661	0.011	1.692
3	1.2	0.015	100	2.060	2.439	0.379	18.398
4	1.2	0.06	100	3.945	4.316	0.371	9.404

　　结果证明，利用建立的 BP 神经网络预测模型对腐蚀实验数据进行预测，其结果与实测值相比存在有一定的误差，但其相对误差都控制在 20% 以内。由于训练样本数据的有限性，影响了该模型的训练能力和网络的泛化能力，从而造成一定的预测误差。另外，在选取的四组测试样本数据中可以发现编号 3 和编号 4 中的实验数据主要是考察的不同 P_{CO_2}/P_{H_2S} 分压比条件下的腐蚀速率，在此实验条件下的腐蚀过程中主要存在 CO_2 和 H_2S 两者协同竞争腐蚀的关系，而在本次 BP 神经网络预测模型中，这方面参与网络训练的数据比较少，从而影响了预测的准确性。总的来讲，BP 神经网络模型预测 N80 套管钢在 H_2S/CO_2 环境中的腐蚀速率虽然存在一定的误差，但仍然可以说明 BP 神经网络是一种比较好的预测方法，但其预测精度还有待于进一步提高。

4.4　基于遗传算法优化 BP 神经网络预测腐蚀速率

　　前面已经证明了利用 BP 神经网络进行腐蚀速率预测具有较高的可行性，但是 BP 神经网络也具有一些自身的缺陷，其比较容易陷入局部极值点。另外 BP 神经网络的初始连接权值和阈值具有较大的随机性，导致在实际操作过程中并不一定就是求得的全局最优，因此这些缺陷也限制了它在实际中的一些推广应用。遗传算法是模拟达尔文的遗传选择和自然淘汰的生物进化过程的全局性概率搜索算法，它具有高度并行、随机及自适应搜索的特性，能够克服传统算法极易陷入局部极小值的缺陷，具有很强的解决实际问题的能力。充分发挥遗传算法和BP神经网络的各自优势，将两者结合应用已经逐渐成为一个十分有前景的研究热点。

4.4.1 遗传算法特点与运算步骤

遗传算法（Genetic Algorithm，简称 GA）是一种全局搜索并进行优化的方法，主要是基于自然选择和基因遗传学原理，其运行的基本原理是模仿自然界中优胜劣汰的生存法则。首先将每个可能的问题解编码成类似生物学中的染色体，由种群规模大的染色体组成初始种群。然后利用类似数学迭代的方式对不同个体进行评价筛选、交叉和变异，以得到染色体中的信息，保留适应度最好的个体，淘汰适应度差的个体。这样新的种群吸取上一代的精华，去除上一代的糟粕，形成后代种群优于上一代种群的局势。经过反复遗传和循环，最后得到符合要求的染色体，即最优解。

在实际应用遗传算法过程中，其基本要素包括染色体编码方法、适应度函数、遗传操作和运行参数。染色体通常是由数据或数组表示，染色体编码方法是指将个体编码成一定范围内的实数，决策变量的个数决定了其长度。适应度函数是指根据目标要求所建立的用以计算个体对环境的适应性的函数，主要考察个体对环境的适应程度。所谓遗传操作就是指计算遗传选优过程中的选择、交叉和变异。运行参数是指运行此算法所需要确定的各类参数值，例如种群规模、进化代数以及交叉变异的概率。

遗传算法的特点，主要表现在以下几个方面：

① 遗传算法操作的是可能的问题解的编码，并未直接对问题解进行计算，只需要对每个个体进行适应度评价。

② 遗传算法是针对种群中多个个体同时进行搜索并优化评估，极有可能得到全局最优解，同时该算法易于并行化。

③ 遗传算法过程中都具有一定的变异概率来指导搜索，能够有效防止算法收敛于局部最优解。

遗传算法运算步骤主要有以下几点：

① 进行编码，随机产生出给定数量初始种群的个体，形成一定的种群规模。

② 根据个体的适应度，按照一定的规则和方法评价每个染色体的优劣，基于特定适应值的选择策略，以使优良染色体得以遗传和保留。

③ 对这个新生成的种群内的个体随机搭配成对，再进行交叉操作和变异操作，这样新产生的种群称为后代。

④ 重复上述步骤，各代种群中的优良基因逐渐积累，种群的平均适应度和个体适应度不断上升，把最好的染色体作为优化问题的最优解。

为了更加清楚地了解遗传算法的运行流程，图 4.9 展示了该算法的流程结构。

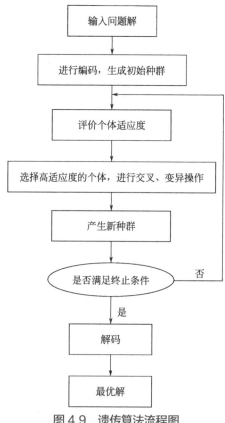

图 4.9　遗传算法流程图

4.4.2　遗传算法优化 BP 神经网络运行步骤

借助遗传算法的全局搜索能力使得优化后的 BP 神经网络具有更强更快的学习训练能力和新鲜事物适应能力，还能克服陷入局部极小值的缺点。通常情况下，遗传算法主要能够优化 BP 神经网络中的各单元之间的权值、阈值、网络结构以及学习泛化能力等。

单纯的 BP 神经网络的初始权值和阈值都是随机赋值的，采用梯度下降法调整网络连接参数，使得最终运算结果由于不同的初始权值和阈值而发生差异。另外，BP 神经网络的学习和训练过程中，相关参数的设定大多根据经验而定，使得该网络未必能够充分发挥出它的优势。遗传算法主要用来优化 BP 神经网络中各层与各单元之间连接参数，通过不断的反复训练、学习和调整寻优，最后得出网络的最优参数，既提高了 BP 神经网络的稳定性，又保障了其网络的学习训练能力。

遗传算法优化 BP 神经网络的算法步骤如下：

① 随机初始化种群，设定 BP 神经网络隐含层节点数和每层节点数的范围，对输入层节点数、隐含层节点数和输出层节点数分别进行编码，随机产生 N 个这样编码的染色体，并对其进行解码；

② 将不同的初始权值和阈值分别赋予网络，开始进行网络学习训练；

③ 计算每个编码对应的 BP 神经网络的误差，基于特定适应值的选择策略确定每个染色体的适应度；

④ 选择一定数量适应度最好的染色体组建成种群；

⑤ 对当前一代种群进行交叉操作和变异操作，产生新的优良种群；

⑥ 不断重复步骤②～⑤，直到种群中某个染色体作为优化问题的最优解体（对应一个网络结构）能满足 BP 神经网络误差要求为止。

图 4.10 展示了该算法的流程结构。

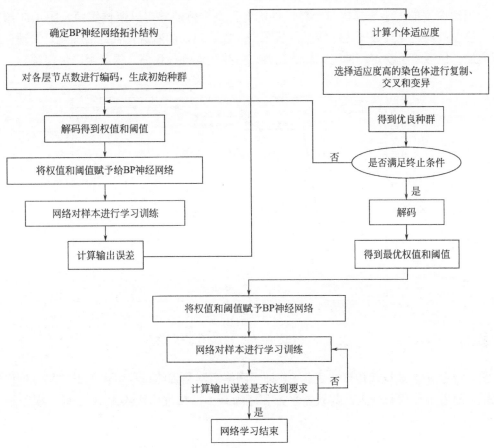

图 4.10　遗传算法优化 BP 神经网络流程图

4.4.3　遗传算法优化 BP 神经网络预测模型的建立

遗传算法优化 BP 神经网络算法的基本原理是首先利用遗传算法来优选 BP 神经网络的初始化权值和阈值，并构建初始的网络结构。再把优化后的权值和阈值重新赋给 BP 神经网络进行学习训练，重复循环，以达到避免网络训练陷入局部极小值的目的。

如同前面 BP 神经网络模型，仍然采用三层网络结构，输入层神经元数为 3，即分别代表 H_2S 分压，CO_2 分压和温度；隐含层的神经元数为 8；输出层的神经元数为 1，即腐蚀速率。网络的权值和阈值是通过随机函数来初始化的。采用遗传算法优化 BP 神经网络的初始权值和阈值，其种群规模为 10，最大进化代数为 15，交叉概率为 0.6，变异概率为 0.05。

和前面单纯的 BP 神经网络模型一样，网络中输入层到隐含层的传递函数采用 S 型的

logsig 函数，隐含层到输出层的传递函数采用 purelin 函数，网络学习训练采用 trainlm 函数，确定网络学习速率为 0.05，目标误差为 0.005，动量系数取值为 0.9，最大训练次数为 500 次。

4.4.4　预测结果分析

遗传算法中个体的适应度大小直接影响到遗传算法的收敛速度和能否找到全局最优解。同时评价个体对环境的适应程度，适应度越大说明个体适应性好，反之则表示个体适应性差。根据适应度的大小选择优良个体，以确保优良个体能够得以遗传繁殖。图 4.11 给出了个体适应度值随进化代数变化的情况，从图中可以看出，随着进化代数的变化，其适应度也逐渐增加，最后趋于稳定，说明此算法能够有效找到局部最优值，得到全局最优解。

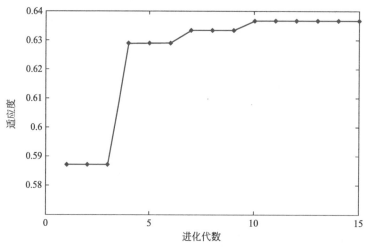

图 4.11　个体适应度与进化代数的关系

图 4.12 展示了通过遗传算法优化 BP 神经网络后网络训练过程中误差平方和与进化代数的关系。随着进化代数变大，其误差平方和逐渐减小，在进化代数为 10 以后，误差平方和趋于稳定。

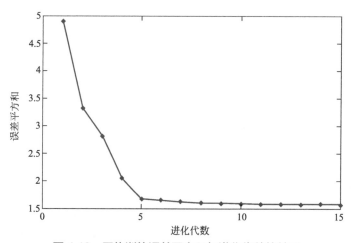

图 4.12　网络训练误差平方和与进化代数的关系

遗传算法优化 BP 神经网络学习训练结束后，其界面如图 4.13 所示。

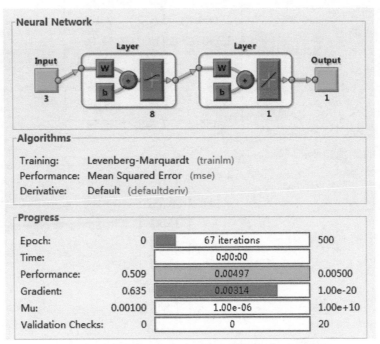

图 4.13　遗传算法优化 BP 神经网络训练结束后界面图

　　图 4.14 为网络训练收敛曲线。从图中可以看出，经过 67 次训练后达到要求的目标误差值 0.005，与前面 BP 神经网络训练收敛过程相比，收敛速度明显有所增加。

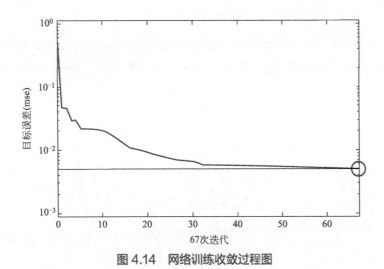

图 4.14　网络训练收敛过程图

　　BP 神经网络由于每次初始化权值和阈值是随机选取的，这样就可能导致每次得到不同的结果。经过遗传算法优化 BP 神经网络的权值和阈值，再通过训练后达到预定的误差要求后，得到最终的权值矩阵和阈值矩阵如下。

　　① 输入层到隐含层的权值矩阵：

$$net.IW\{1,1\} = \begin{bmatrix} -0.682 & 10.884 & -2.552 \\ -4.327 & 9.837 & 3.154 \\ -2.004 & -5.632 & 9.471 \\ 1.390 & 0.418 & -11.16 \\ -5.127 & -4.398 & -8.933 \\ 7.122 & -6.975 & 5.105 \\ -5.294 & 3.012 & -9.399 \\ -6.454 & -7.248 & 5.59 \end{bmatrix}$$

② 隐含层的阈值矩阵：

$$net.b\{1\} = \begin{bmatrix} 1.775 \\ -0.332 \\ 1.483 \\ 3.849 \\ 8.429 \\ -0.227 \\ 1.840 \\ -1.544 \end{bmatrix}$$

③ 隐含层到输出层的权值矩阵：

$$net.LW\{2,1\} = \begin{bmatrix} 0.709 & -0.558 & -0.515 & -0.159 & 0.429 & 0.258 & -0.498 & -0.209 \end{bmatrix}$$

④ 输出层的阈值矩阵：

$$net.b\{2\} = \begin{bmatrix} 0.872 \end{bmatrix}$$

由于本次操作中测试样本数据偏少，本文将对比训练样本中的实测值与网络学习训练后的期望输出值，以此确定预测精度。图 4.15 展示了训练样本的实测值和期望输出值的差值。

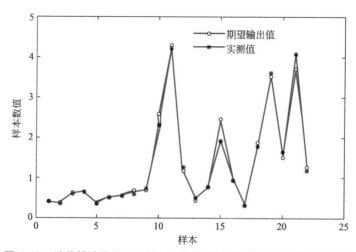

图 4.15　遗传算法优化 BP 神经网络期望输出值与实测值的误差统计

从图 4.15 可以看出，经过训练后训练样本的期望输出值与实测值吻合得很好，很多样本的实测值与期望输出值基本重合。但是由于训练样本数据本身有限，导致少数训练样本中数据学习训练时出现一定误差。例如在第 15 个和第 21 个样本中，期望输出值和实测值有较大的差值。主要是由于这两组训练样本在腐蚀过程中存在 CO_2 和 H_2S 两者协同竞争关系，腐蚀速率变化幅度较大。并且这方面参与网络学习训练的数据比较少，从而影响了训练和预测的准确性。另外，由于设定的学习训练目标误差为 0.005，而且 BP 神经网络本身具有容错性特点，使得这两组训练样本被误认为成了"噪声"，从而造成此类情况。

与前面 BP 神经网络模型一样，网络训练好以后，对测试样本数据进行仿真预测，然后再对仿真预测的结果进行反归一化处理后与实测值进行比较以判断其可靠性，结果如表 4.5 所示。

表 4.5　遗传算法优化 BP 人工神经网络预测值与实测值比较

编号	CO_2 分压 /MPa	H_2S 分压 /MPa	温度 /℃	实测值 / (mm/a)	预测值 / (mm/a)	差值	相对误差 /%
1	1.5	0.6	120	0.491	0.443	0.048	9.776
2	2	0.6	100	0.65	0.659	0.009	1.385
3	1.2	0.015	100	2.06	2.362	0.302	14.66
4	1.2	0.06	100	3.945	4.286	0.341	8.644

表 4.5 中的预测结果证明，与前面单纯的 BP 神经网络预测结果相比，本次预测效果有所改善，预测精度和误差均达到了工程要求，这也进一步证明了遗传算法优化 BP 神经网络比单纯 BP 神经网络的泛化能力更好。综合分析遗传算法优化 BP 神经网络模型和单纯 BP 神经网络模型的预测效果，共同反映出由于训练样本数据的有限性，一定程度上影响该模型的泛化能力，相应的预测结果也存在一定误差。但是，基于有限的实验数据和 N80 套管钢在 H_2S/CO_2 环境中的腐蚀速率变化幅度较大的缘故，遗传算法优化 BP 人工神经网络模型仍然能够相对比较精确地预测其腐蚀速率，可见其具有较高的可行性。

为了更加深入地了解遗传算法优化 BP 神经网络预测 H_2S/CO_2 腐蚀速率方面的适用性，本文中将通过该模型预测温度、CO_2 分压和 H_2S 分压对腐蚀速率的影响以检验模型的泛化能力。

4.4.4.1　温度对腐蚀速率的影响

设定 CO_2 分压为 1.5MPa，H_2S 分压为 0.6MPa，利用建立的遗传算法优化 BP 神经网络模型预测不同温度条件下（从 40℃逐级增加到 140℃，每级增加 5℃）的腐蚀速率变化，预测值与实测值的对比结果如图 4.16 所示。

从图 4.16 可以看出，实测值与预测值吻合较好，具有较高的相关性。这主要是因为在该网络中参与学习训练时温度变化幅度并没有呈现突变的趋势，变化曲线相对比较柔和，网络学习训练相对较简单。另外，参与网络学习训练的数据相对较多，所以该模型的预测值能够比较精确地展现出温度对腐蚀速率的影响。

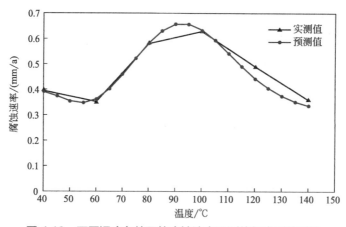

图 4.16 不同温度条件下的腐蚀速率预测值与实测值对比

4.4.4.2 CO_2 分压对腐蚀速率的影响

设定温度为 100℃，图 4.17（a）和图 4.17（b）分别表示 H_2S 分压为 0.6MPa 和 0.015MPa 条件下利用建立的遗传算法优化 BP 神经网络模型预测不同 CO_2 分压条件下的腐蚀速率变化。

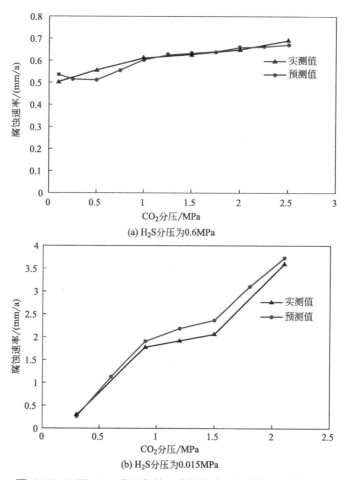

(a) H_2S 分压为0.6MPa

(b) H_2S 分压为0.015MPa

图 4.17 不同 CO_2 分压条件下腐蚀速率预测值与实测值对比

从图 4.17（a）中可以看出实测值与预测值吻合得比较好，和前面预测温度对腐蚀速率的影响一样，因为在该网络中参与学习训练时，CO_2 分压变化曲线并没有呈现突变的趋势，其变化曲线相对比较柔和，网络能够容易地判断其变化规律，从而预测精度就比较高。在图 4.17（b）中，实测值曲线和预测值曲线均呈现随着 CO_2 分压升高腐蚀速率增大的现象，并且二者误差较小，特别是在预测值曲线中也存在与实验实测值一样的一个平缓段。

4.4.4.3　H_2S 分压对腐蚀速率的影响

设定温度为 100℃，图 4.18（a）和图 4.18（b）分别表示 CO_2 分压为 1.5MPa 和 1.2MPa 条件下，利用建立的遗传算法优化 BP 神经网络模型预测不同 H_2S 分压条件下的腐蚀速率变化。

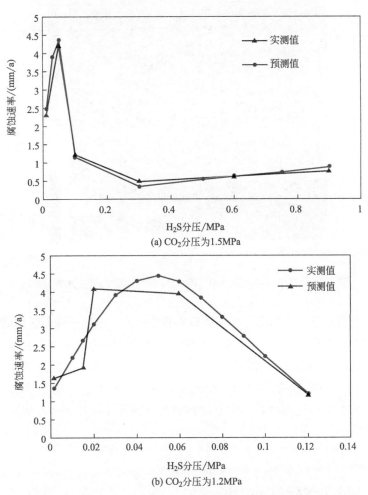

图 4.18　不同 H_2S 分压条件下腐蚀速率预测值与实测值对比

从图 4.18（a）中可以看出预测值与实测值吻合得较好，即使在变化曲线中出现了腐蚀速率突变，但是网络通过学习训练后仍然能够辨别出其变化规律。然而在图 4.18（b）中，预测值和实测值存在较大误差。与图 4.18（a）中出现的情况对比分析发现，后者的实测数据中有 5 组数据参与网络的学习训练，而前者的实测数据中只有 3 组参与网络的学习训练，网络训练过程中由于参与学习训练的样本过少，从而造成了图 4.18（b）中出现的预测情况。同时，这也进一步解释了表 4.5 中第 3 组测试数据在该模型中的预测误差较大的原因。

4.4.4.4　H_2S 和 CO_2 共存条件下的腐蚀速率

设定温度为 100 ℃，CO_2 分压分别为 0.3MPa、0.5MPa、0.7MPa、0.9MPa、1.2MPa、1.5MPa 和 2.0MPa，H_2S 分压分别为 0.01MPa、0.05MPa、0.1MPa、0.2MPa、0.3MPa、0.4MPa、0.5MPa 和 0.6MPa，对所设定的二者分压条件利用遗传算法优化 BP 神经网络模型进行预测，一共得到 56 组预测数据，对预测结果进行整理得到如图 4.19 所示的腐蚀速率分布图。

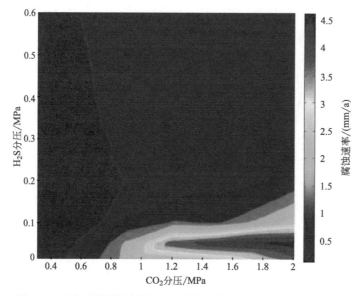

图 4.19　基于遗传算法优化 BP 神经网络预测的腐蚀速率分布图

从图 4.19 看出 H_2S 分压较高的区域腐蚀速率较低，而 H_2S 分压较低时随着 CO_2 分压升高，腐蚀速率明显增加。分析 H_2S/CO_2 腐蚀机理时认为两者协同竞争条件下会出现腐蚀速率极大值，从此图中能够清楚地看出两者分压在一定区域范围内出现了腐蚀速率较大值，说明此预测模型的可靠性强。如果分别已知 CO_2 和 H_2S 的分压，通过这样的腐蚀速率分布图就能够很方便地查出相应的腐蚀速率数据，为套管钢的选材、设计以及实施可靠性管理提供了科学依据。

4.5　腐蚀速率预测探讨

酸性油气田生产过程中，影响管材腐蚀的因素很多，在本文工作中仅选取了温度、CO_2 分压和 H_2S 分压这三个主要的环境影响因素。一些其它的影响因素由于缺乏相关基础数据而未能将其考虑入内，如 Cl^- 含量、腐蚀介质流速、Ca^{2+} 和 Mg^{2+} 的含量以及腐蚀介质 pH 值等因素。特别是腐蚀介质流速这一因素，不一样的环境因素条件下，在以 CO_2 腐蚀为主的环境中，因其腐蚀产物膜成分大多为 $FeCO_3$，比较容易脱落，腐蚀介质流速的变化严重影响其腐蚀速率。此外，由于实验数据有限，尤其是参加学习训练的样本数据较少，均可能影响该模型的泛化能力，造成预测误差较大，因此在进行现场预测时，此模型还有待于进一步增多参加学习训练的样本数据。但是基于有限的实验数据，利用遗传算法优化 BP 神经网络良好的非线性映射能力建立模型，通过该模型预测不同条件下的腐蚀速率并与腐蚀实验实测值进行对比，结果证明该模型是合理的。倘若能够建立一个酸性油气田 H_2S/CO_2 腐蚀数据库，着重考察不同环境影响因素，如温度、CO_2 分压、H_2S 分压、腐蚀介质流速、腐蚀介质 pH 值以及 Cl^- 含量等影响因素，基于遗传算法优化 BP 神经网络模型进行套管钢腐蚀速率预测是完全具有可行性的。

第5章

空气泡沫驱井筒腐蚀与控制

空气泡沫驱综合了泡沫驱与空气驱的优点，成本低。既能大规模注入提高地层压力，又能有效地避免水窜和气窜问题，从而提高单井产油量、驱油效率以及采收率。然而，空气泡沫驱注入系统的腐蚀、地层损害一直是制约该技术应用的瓶颈问题。在注空气泡沫驱油的过程中，注气井的氧腐蚀和生产井的二氧化碳腐蚀、氧腐蚀问题非常突出；空气由注气井注入后，由于氧的分压较高，在潮湿高温的环境中，加速了氧的去极化反应，对注入井管壁造成严重的腐蚀。同时，由于空气与原油在地层中经过低温氧化作用后的生成物与地层水中的矿物质相互作用可能造成结垢，从而引起地层损害。因此，如何有效针对空气泡沫驱注入系统的腐蚀机理、损害程度进行系统评价，筛选出适合油田工况条件下的缓蚀剂，研究注入介质（泡沫、空气、地表水）与地层配伍性，从而评价空气泡沫驱对地层的损害程度，并制定相应对策，是目前急需解决的关键问题。

5.1　GY 油田现场腐蚀调研

对 GY 油田试验区的采出水、回注水、配液水（地表水）进行取样，并对油田现场的腐蚀结垢产物进行取样和室内测试分析，为后续采取相应的防腐措施提供依据。

5.1.1　现场水质分析

GY 油田回注水、配液水（地表水）、采出水以及污水站内变质前后进、出口水外观分别如图 5.1 和图 5.2 所示。其中，地表水、回注水均为无色透明，回注水具有微浓的臭鸡蛋味，而采出水呈混浊状，且有一些絮体存在。另外，污水站内进口水呈现黑色混浊状，且悬浮着很多黑色的颗粒状物质，并伴随着浓浓的臭鸡蛋味，但敞口放置半个月之后，黑色的悬浮物变为棕黄色的絮体，初步推测有 Fe^{3+} 生成。污水站出口水体呈无色透明状，里面杂质非常少。

GY 油田采出水、回注水以及地表水检测结果汇总如表 5.1 所示。

图 5.1　油田回注水、地表水以及采出水外观

变质前　　　　　　　　　　变质后

图 5.2　污水站内变质前后进、出口水外观

表 5.1　油田水质检测结果汇总

单位: mg/L

介质	Cl⁻	Ca²⁺	Mg²⁺	Na⁺	K⁺	SO₄²⁻
采出水 1	15923.1	4514.3140	102.4720	4934.8799	17.2122	169.4
采出水 2	30532.1	3325.5076	34.3167	2047.5564	28.9822	186.3
回注水 1	19488.8	5738.4009	72.2080	3740.9600	15.6719	192.0
回注水 2	30556.4	3842.5710	8.7420	1978.6031	60.0648	226.7
地表水	288.5	36.3516	46.4190	138.9290	10.9549	272.0
介质	矿化度	HCO₃⁻	pH 值	TGB/（个 /mL）	SRB/（个 /mL）	IB/（个 /mL）
采出水 1	25039.0	176.60	6.88	2.0×10^5	3.5×10^4	8.0×10^3
采出水 2	25473.6	225.78	6.24	2.5×10^5	4.5×10^4	9.5×10^3
回注水 1	28782.6	130.93	7.15	3.5×10^3	20	20
回注水 2	28104.6	85.43	7.87	4.5×10^3	20	20
地表水	171.6	462.82	7.77	250	0.4	70

由表 5.1 可以看出，采出水和回注水中 Cl^-、Ca^{2+}、Mg^{2+}、Na^+、K^+ 以及矿化度均较地表水中含量高得多，而地表水中 SO_4^{2-}、HCO_3^- 含量较采出水和回注水中高。回注水中 Mg^{2+}、Na^+、K^+、SRB、IB 以及 HCO_3^- 含量均较采出水有所降低，其呈弱碱性，而采出水呈弱酸性，其 Ca^{2+}、HCO_3^-、矿化度以及 TGB 含量均很高，Mg^{2+} 和 SO_4^{2-} 的含量较低。因此，初步断定

井筒中结 $CaCO_3$ 垢的可能性很大，而其他垢的可能性较小。

5.1.2 现场腐蚀产物分析

GY 油田阀门处腐蚀产物取样点有三个，分别记为小阀门、大阀门 1 和大阀门 2，其中小阀门是用于污水回注管的。其腐蚀产物形貌如图 5.3 所示。发现腐蚀产物总体呈棕红色，小阀门腐蚀产物大颗粒状较多，粉末较少，而大阀门 1 和大阀门 2 中只有较少的片状物，粉末较多。另外，大阀门 1 中还夹杂部分黑色片状物质。

(a) 小阀门   (b) 大阀门1   (c) 大阀门2

图 5.3 油田阀门处腐蚀产物形貌

分别对小阀门、大阀门 1 和大阀门 2 的腐蚀产物进行 SEM 形貌观测，如图 5.4 所示。

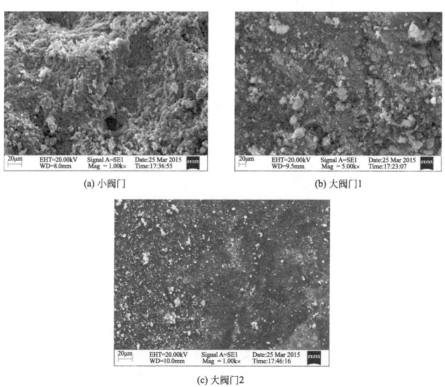

(a) 小阀门   (b) 大阀门1

(c) 大阀门2

图 5.4 油田阀门处腐蚀产物的 SEM 形貌

从图 5.4 中可以看出，小阀门腐蚀产物表面呈现不规则腐蚀形态，多孔洞，非常疏松，颗粒缝隙较大；大阀门 1 的腐蚀产物表面不均匀，不光滑，局部表面有龟裂现象，部分区域较平整，部分区域有不规则晶体分散于表面上，易于脱落；大阀门 2 的腐蚀产物膜表面很平整且致密，有少量块状晶体分布于上面，没有较大的腐蚀痕迹，部分区域有小而深的孔洞，呈"点蚀"，其周围产物膜易开裂和脱落。综合分析，腐蚀产物致密程度由高到低的顺序：大阀门 2、大阀门 1、小阀门，也就是说大阀门 2 的腐蚀产物相对致密，腐蚀产物不易脱落。三种腐蚀产物表观形貌存在明显差异，可能与腐蚀介质、腐蚀条件以及材质等有关。

　　分别对小阀门、大阀门 1 和大阀门 2 的腐蚀产物进行能谱测试，如图 5.5 所示，EDS 分析结果如表 5.2 所示，发现腐蚀产物中主要元素为 O、Fe、C、Ca、S 以及 Mg。

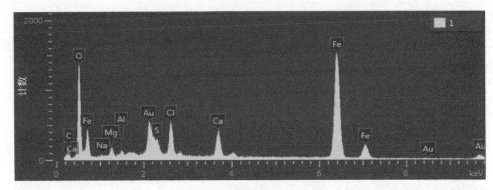

(a) 小阀门

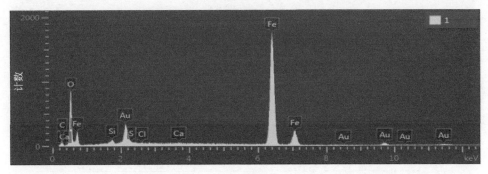

(b) 大阀门1

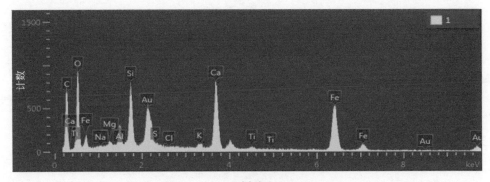

(c) 大阀门2

图 5.5　油田阀门处腐蚀产物的 EDS 图谱

表 5.2　油田阀门处腐蚀产物 EDS 分析结果

元素	小阀门		大阀门 1		大阀门 2	
	质量分数 / %	原子分数 /%	质量分数 /%	原子分数 /%	质量分数 /%	原子分数 /%
C	7.88	19.28	6.22	18.50	29.04	49.10
O	24.45	44.93	15.84	35.38	26.36	33.46
Si	—	—	0.60	0.76	4.48	3.24
Na	0.16	0.21	—	—	0.10	0.09
Mg	1.35	1.64	—	—	0.40	0.33
Al	0.55	0.60	—	—	1.69	1.27
S	1.70	1.55	0.16	0.18	0.27	0.17
Cl	4.11	3.41	0.13	0.13	—	—
K	—	—	—	—	0.55	0.29
Ca	4.03	2.95	0.11	0.10	8.83	4.47
Fe	45.36	23.88	67.58	43.25	17.35	6.31

从表 5.2 可以看出，油田阀门处的腐蚀产物中 O 元素含量均较高，说明在高温高压条件下，溶解氧是造成腐蚀的主要因素。

对油田阀门处的腐蚀产物 XRD 分析见图 5.6。

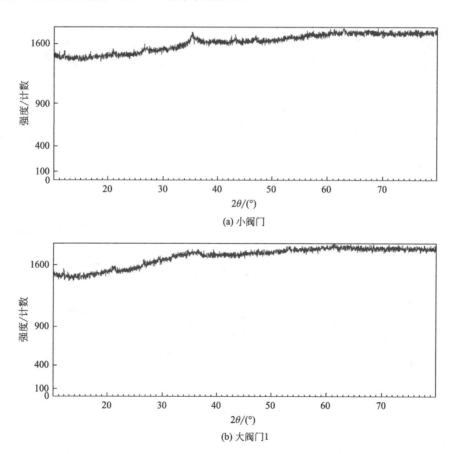

(a) 小阀门

(b) 大阀门1

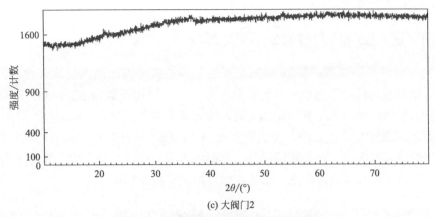

(c) 大阀门2

图 5.6　油田阀门处腐蚀产物 XRD 图谱

XRD 分析结果表明，小阀门处的腐蚀产物主要成分为 $CaCO_3$、Fe_2O_3、Al_2O_3、FeS。其中 $CaCO_3$ 主要可能是腐蚀介质结垢产物，也有可能是地层砂的主要成分，甘谷驿油田回注水中含有大量的 Ca^{2+}、Mg^{2+}、HCO_3^- 和 SO_4^{2-} 成垢离子，一旦环境条件发生改变，就可能形成碳酸钙垢。Al_2O_3 是地层砂的主要成分，可能是管线内砂粒等杂质的残留物。Fe_2O_3 可能是地层砂的成分，更可能是钢管被氧腐蚀之后的产物。产物中没有 Fe_3O_4，说明腐蚀是在高含氧环境中发生的。FeS 是腐蚀和硫酸盐还原菌繁殖的结果，前者产生 Fe^{2+}，后者产生 S^{2-}。最后，结合 XRD 产物分析以及 EDS 元素分析，可以推断，小阀门处的腐蚀产物主要以 Fe_2O_3、FeS 为主，$CaCO_3$、Al_2O_3 含量较少。

大阀门 1 处的腐蚀产物主要成分为 $CaCO_3$、SiO_2、Fe_2O_3、FeS。其中 $CaCO_3$ 主要可能是腐蚀介质结垢的产物，大量 Ca^{2+}、HCO_3^- 的存在会产生结垢物。$CaCO_3$、SiO_2 有可能是地层砂的主要成分，Fe_2O_3 可能是地层砂的成分，更可能是钢管被氧腐蚀之后的产物。而 FeS 是腐蚀和硫酸盐还原菌繁殖后共同产生的结果。最后，结合 XRD 产物分析以及 EDS 元素分析，可以推断，大阀门 1 处的腐蚀产物主要以 Fe_2O_3 为主，$CaCO_3$、FeS、SiO_2 含量则相对较少。

大阀门 2 处的腐蚀产物主要成分为 $CaCO_3$、SiO_2、Fe_2O_3、FeS、Al_2O_3。其中 $CaCO_3$ 主要可能是腐蚀介质结垢的产物，大量的 Ca^{2+}、HCO_3^- 的存在会产生 $CaCO_3$ 结垢物。$CaCO_3$、SiO_2 有可能是地层砂的主要成分，Al_2O_3 是地层砂的主要成分，可能是管线内砂粒等杂质的残留物。Fe_2O_3 可能是地层砂的成分，更可能是钢管被氧腐蚀之后的产物。而 FeS 主要由腐蚀和硫酸盐还原菌的繁殖后共同产生。最后，结合 XRD 产物分析以及 EDS 元素分析，可以推断，大阀门 2 处的腐蚀产物主要以 $CaCO_3$、Fe_2O_3 为主，FeS、SiO_2、Al_2O_3 含量则相对较少。

5.2　地表水配制泡沫的腐蚀模拟实验

利用高温高压反应釜，针对空气泡沫驱油过程中的腐蚀问题，模拟现场试验条件，研究了空气注入参数（压力、温度、流速、湿度）、气液交替注入频率对腐蚀速率的影响，获得注空气泡沫的相关腐蚀规律。

5.2.1 注入空气压力对腐蚀速率的影响

空气泡沫腐蚀实验过程：量取 800mL 事先配好的泡沫液，倒入反应釜内，挂入挂片，盖上釜盖。模拟现场注入工艺技术，控制温度为 25℃，转速设置为 500r/min，交替频率为 4 次。缓慢注入空气，待压力达到预设压力后，关闭所有阀门。最后，待温度、压力及转速达到设定值后，记录实验开始时间。待达到实验周期，泄压后打开反应釜，取出挂片，观察、记录表面腐蚀状态及腐蚀产物黏附情况后，立即用清水冲洗掉实验介质，并用滤纸擦干，最后再根据标准进行挂片清洗并称重。试片腐蚀后形貌见图 5.7 所示。

(a) 4MPa (清洗前：正、反面；清洗后：正、反面)

(b) 8MPa (清洗前：正、反面；清洗后：正、反面)

(c) 10MPa (清洗前：正、反面；清洗后：正、反面)

(d) 12MPa (清洗前：正、反面；清洗后：正、反面)

图 5.7 试片在不同注入空气压力下的腐蚀后形貌

结果表明：腐蚀后的试片上有少量红色锈，观察清洗之后的试片发现，试片表面存在一些均匀腐蚀和点腐蚀。而腐蚀后的水样呈现些许浑浊，随空气注入压力逐渐增加，水体颜色由无色变为淡黄色，腐蚀前后水体颜色见图 5.8 所示。腐蚀速率曲线见图 5.9 所示。

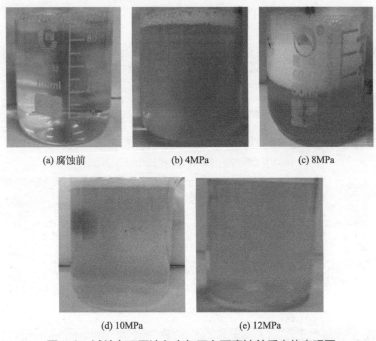

(a) 腐蚀前　　　　　　　(b) 4MPa　　　　　　　(c) 8MPa

(d) 10MPa　　　　　(e) 12MPa

图 5.8　试片在不同注入空气压力下腐蚀前后水体表观图

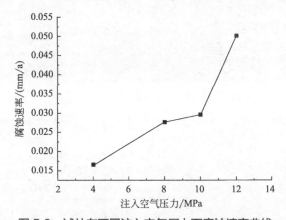

图 5.9　试片在不同注入空气压力下腐蚀速率曲线

由图 5.9 可知，注入空气压力增加时，试片腐蚀速率增加，而压力增加为原来的 3 倍时，试片的腐蚀速率增加为原来的 3 倍左右。可见，空气压力对腐蚀的影响较大，高压可以加速腐蚀，这与腐蚀介质中氧分压的增大有关。

5.2.2　注入空气温度对腐蚀速率的影响

空气泡沫腐蚀实验过程：量取 800mL 事先配好的泡沫液，倒入反应釜内，挂入挂片，盖上釜盖。模拟现场注入工艺技术，转速设置为500r/min，交替频率为4次。缓慢注入空气，待压力达到12MPa后，关闭所有阀门。最后，待温度、压力及转速达到设定值后，记录实验开始时间。待达到实验周期，泄压后打开反应釜，取出挂片，观察、记录表面腐蚀状态及腐蚀产物黏附情况后，立即用清水冲洗掉实验介质，并用滤纸擦干，最后再根据标准进行挂片清洗并称重。试片腐蚀后形貌见图5.10所示。

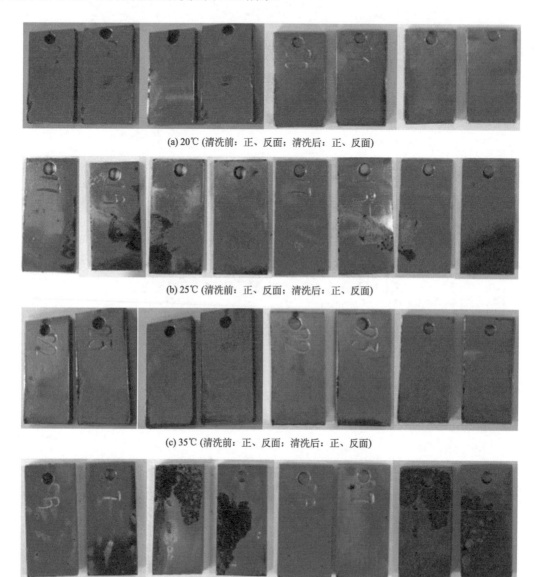

(a) 20℃ (清洗前：正、反面；清洗后：正、反面)

(b) 25℃ (清洗前：正、反面；清洗后：正、反面)

(c) 35℃ (清洗前：正、反面；清洗后：正、反面)

(d) 50℃ (清洗前：正、反面；清洗后：正、反面)

图5.10　试片在不同注入空气温度下的腐蚀后形貌

　　结果表明：腐蚀后的试片上有大量红色锈，尤其是50℃时，试片背面出现大片的红色腐蚀产物。观察清洗之后的试片发现，试片表面存在一些均匀腐蚀和点腐蚀，注入空气温度为50℃时，试片被严重腐蚀。而腐蚀后的水样呈现些许浑浊，且有一些红色沉淀，随空气注入温度逐渐增加，水体颜色逐渐加深，由无色变为微黄色甚至是棕黄色，腐蚀前后水体颜色见图5.11所示。腐蚀速率曲线见图5.12所示。

| (a) 腐蚀前 | (b) 20℃ | (c) 25℃ | (d) 35℃ | (e) 50℃ |

图 5.11　试片在不同注入空气温度下腐蚀前后水体表观图

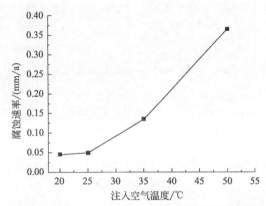

图 5.12　试片在不同注入空气温度下腐蚀速率曲线

由图 5.12 可知，注入空气温度增加时，试片腐蚀速率增加，而温度为 50℃的腐蚀速率是 20℃时的 8 倍左右。可见，温度对腐蚀的影响非常大，高温可以加速腐蚀，这是因为温度上升时，空气中氧的扩散速率加快，从而使得腐蚀加快。

5.2.3　空气/泡沫交替注入频率对腐蚀速率的影响

空气泡沫腐蚀实验过程：量取 800mL 事先配好的泡沫液，倒入反应釜内，挂入挂片，盖上釜盖。模拟现场注入工艺技术，温度为 25℃，转速设置为 500r/min，关闭所有阀门。分别考察交替频率为 1、2、4、6 次时的腐蚀情况。最后，待温度、转速达到设定值后，记录实验开始时间。待达到实验周期，泄压后打开反应釜，取出挂片，观察、记录表面腐蚀状态及腐蚀产物黏附情况后，立即用清水冲洗掉实验介质，并用滤纸擦干，最后再根据标准进行挂片清洗并称重。试片腐蚀后形貌见图 5.13 所示。腐蚀速率曲线见图 5.14 所示。

(a) 交替1次(清洗前：正、反面；清洗后：正、反面)

图 5.13

(b) 交替2次(清洗前：正、反面；清洗后：正、反面)

(c) 交替4次(清洗前：正、反面；清洗后：正、反面)

(d)交替6次(清洗前：正、反面；清洗后：正、反面)

图 5.13　试片在不同空气／泡沫液交替注入频率下的腐蚀后形貌

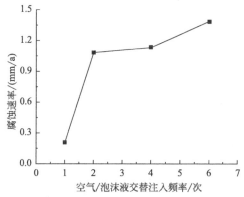

图 5.14　试片在不同空气／泡沫液交替注入频率下腐蚀速率曲线

　　由图 5.14 可知，在相同的注入周期内，交替频率由 1 次增大到 6 次时，腐蚀速率增大了 7 倍左右，说明泡沫液与空气交替注入次数越多，腐蚀速率越高。可见引起腐蚀的主要原因是频繁交替注入使得水与氧气共存。

5.2.4　注入流速对腐蚀速率的影响

空气泡沫腐蚀实验过程：量取 800mL 事先配好的泡沫液，倒入反应釜内，挂入挂片，盖上釜盖。模拟现场注入工艺技术，温度设置为 25℃，交替频率为 4 次。缓慢注入空气，待压力达到 12MPa 后，关闭所有阀门。另外，使用微型泵＋流量计＋调速器使得溶液在反应釜中循环，其中管内径为 8mm。最后，待温度、压力及流速达到设定值后，记录实验开始时间。待达到实验周期，泄压后打开反应釜，取出挂片，观察、记录表面腐蚀状态及腐蚀产物黏附情况后，立即用清水冲洗掉实验介质，并用滤纸擦干，最后再根据标准进行挂片清洗并称重。试片腐蚀后形貌见图 5.15 所示。

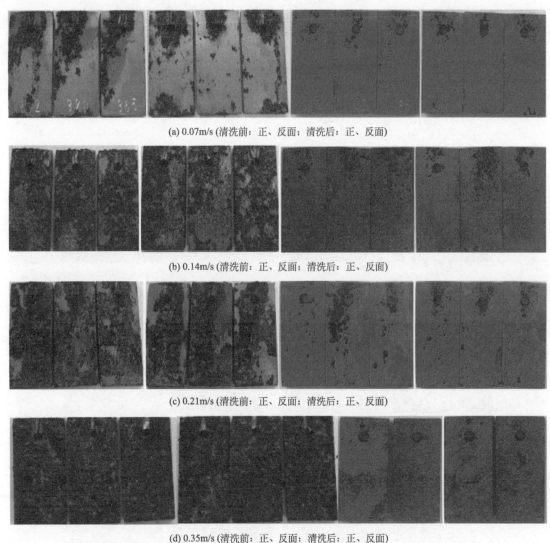

(a) 0.07m/s (清洗前：正、反面；清洗后：正、反面)

(b) 0.14m/s (清洗前：正、反面；清洗后：正、反面)

(c) 0.21m/s (清洗前：正、反面；清洗后：正、反面)

(d) 0.35m/s (清洗前：正、反面；清洗后：正、反面)

图 5.15　试片在不同注入流速下的腐蚀后形貌

结果表明：腐蚀后的试片上有大量红色锈。观察清洗之后的试片发现，试片表面存在严重的均匀腐蚀和点腐蚀。而腐蚀后的水样呈现些许浑浊，且 0.35m/s 流速下有一些红色沉淀，随注入流速逐渐增加，水体颜色呈现些许不同，腐蚀前后水体表观见图 5.16 所示。腐蚀速率曲线见图 5.17 所示。

图 5.16　试片在不同注入流速下腐蚀前后水体表观图

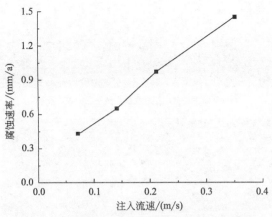

图 5.17　试片在不同注入流速下腐蚀速率曲线

由图 5.17 可知，在相同的注入周期内，随注入流速不断增加，腐蚀速率增加。而注入流速由 0.07m/s 增加到 0.35m/s 时，腐蚀速率增加为原来的 3.3 倍以上，说明注入流速越大，腐蚀速率越高。可见注入流速增加可加速钢材腐蚀。

5.2.5　注入空气湿度对腐蚀速率的影响

空气泡沫腐蚀实验过程：量取 800mL 事先配好的泡沫液，倒入反应釜内，挂入挂片，盖上釜盖。模拟现场注入工艺技术，温度设置为 25℃，交替频率为 4 次。缓慢注入空气，待压力达到 12MPa 后，关闭所有阀门。另外，GY 油田所在地区一年中空气的湿度变化如图 5.18 所示。因此，分别使用过饱和的 K_2CO_3、NaBr、KI、NaCl 以及 K_2SO_4 溶液来控制空气湿度为 43%、57%、68%、75%、100%。最后，待温度、压力及转速达到设定值后，记录实验开始时间。待达到实验周期，泄压后打开反应釜，取出挂片，观察、记录表面腐蚀状态及腐蚀产物黏附情况后，立即用清水冲洗掉实验介质，并用滤纸擦干，最后再根据标准进行挂片清洗并称重。试片腐蚀后形貌见图 5.19 所示。

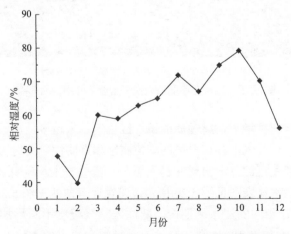

图 5.18　油田所在地区 12 个月平均相对湿度图

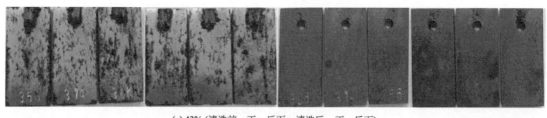

(a) 43% (清洗前：正、反面；清洗后：正、反面)

(b) 57% (清洗前：正、反面；清洗后：正、反面)

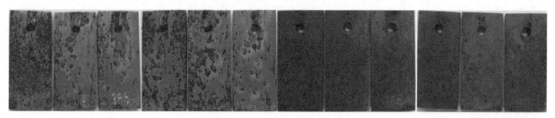

(c) 68% (清洗前：正、反面；清洗后：正、反面)

(d) 75% (清洗前：正、反面；清洗后：正、反面)

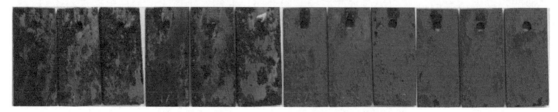

(e) 100% (清洗前：正、反面；清洗后：正、反面)

图 5.19　试片在不同注入空气湿度下的腐蚀后形貌

结果表明：随空气湿度增大，腐蚀后的试片红色锈越来越多，腐蚀也越来越严重。观察清洗之后的试片发现，试片表面存在严重的均匀腐蚀和点腐蚀。而腐蚀后的水样呈现些许浑浊，交替次数越多，红色沉淀逐渐出现并越来越多，随空气注入湿度逐渐增加，水体颜色呈现些许不同，腐蚀前后水体表观见图 5.20 所示。腐蚀速率曲线见图 5.21。

由图 5.21 可知，在相同的注入周期内，随注入空气湿度不断增加，腐蚀速率增加。而注入空气湿度由 43% 增加到 100% 时，腐蚀速率增加为原来的 3 倍左右，说明注入空气湿度越大，腐蚀速率越高。可见水汽增加可加速钢材腐蚀。

腐蚀前　　　　　交替1次　　　　　2次　　　　　3次　　　　　4次

(a) 43%

交替1次　　　　　2次　　　　　3次　　　　　4次

(b) 57%

交替1次　　　　　2次　　　　　3次　　　　　4次

(c) 68%

交替1次　　　　　2次　　　　　3次　　　　　4次

(d) 75%

交替1次　　　　　2次　　　　　3次　　　　　4次

(e) 100%

图 5.20　试片在不同注入空气湿度下腐蚀前后水体表观图

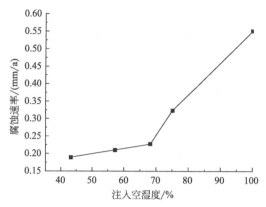

图 5.21　试片在不同注入空气湿度下腐蚀速率曲线

5.3　回注水配制泡沫的腐蚀模拟实验

5.3.1　注入空气压力对腐蚀速率的影响

试片腐蚀后形貌见图 5.22 所示。

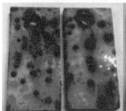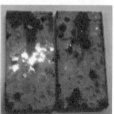

(a) 2MPa (清洗前：正、反面；清洗后：正、反面)

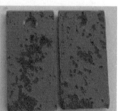

(b) 4MPa (清洗前：正、反面；清洗后：正、反面)

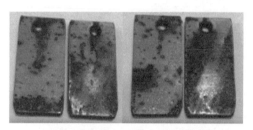

(c) 8MPa (清洗前：正、反面；清洗后：正、反面)

(d) 12MPa(清洗前：正、反面；清洗后：正、反面)

图 5.22　试片在不同注入空气压力下的腐蚀后形貌

结果表明：腐蚀后的试片上边有大量红色锈，观察清洗之后的试片发现，试片表面存在严重的均匀腐蚀和点腐蚀。而腐蚀后的水样比较浑浊，总体呈现橙红色，随空气注入压力逐渐增加，水体颜色逐渐加深，腐蚀前后水体表观图见图 5.23 所示。腐蚀速率曲线见图 5.24。

(a) 腐蚀前　　　　　(b) 2MPa　　　　　(c) 4MPa

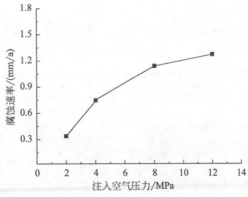

(d) 8MPa　　　　　(e) 12MPa

图 5.23　试片在不同注入空气压力下腐蚀前后水体表观图

图 5.24　试片在不同注入空气压力下腐蚀速率曲线

由图 5.24 可知，随注入空气压力增加，试片腐蚀速率增加，而压力增加为 6 倍时，试片的腐蚀速率增加为原来的 4 倍左右。可见，空气压力对腐蚀的影响较大，高压可以加速腐蚀，这与腐蚀介质中氧分压的增大有关。

5.3.2 注入空气温度对腐蚀速率的影响

试片腐蚀后形貌见图 5.25 所示。

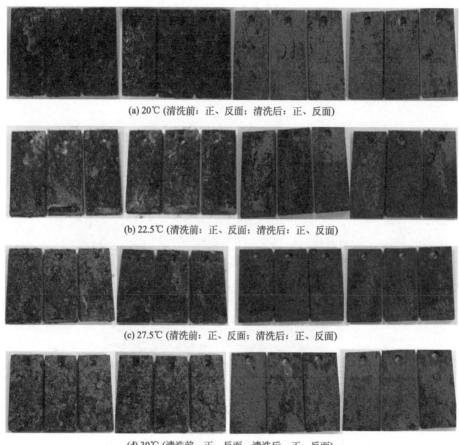

(a) 20℃ (清洗前：正、反面；清洗后：正、反面)

(b) 22.5℃ (清洗前：正、反面；清洗后：正、反面)

(c) 27.5℃ (清洗前：正、反面；清洗后：正、反面)

(d) 30℃ (清洗前：正、反面；清洗后：正、反面)

图 5.25　试片在不同注入空气温度下的腐蚀后形貌

结果表明：腐蚀后的试片上边有大量红色锈，随空气注入温度逐渐增加，水体颜色呈现些许不同。腐蚀后水体表观见图 5.26，腐蚀速率曲线见图 5.27。

交替1次　　　　2次　　　　3次　　　　4次

(a) 20℃

交替1次   2次   3次   4次

(b) 22.5℃

交替1次   2次   3次   4次

(c) 27.5℃

交替1次   2次   3次   4次

(d) 30℃

图 5.26　试片在不同注入空气温度下腐蚀前后水体表观图

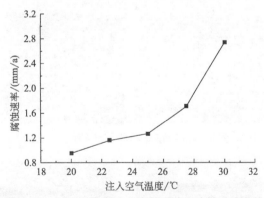

图 5.27　试片在不同注入空气温度下腐蚀速率曲线

由图 5.27 可知，随注入空气温度增加，试片腐蚀速率增加，温度增加 10℃时，试片的腐蚀速率增加为原来的 3 倍左右。可见，空气温度对腐蚀的影响较大，温度升高可以加速腐蚀，这是因为温度上升时，空气中氧的扩散速率加快，从而使得腐蚀速率增大。

5.3.3 空气／泡沫交替注入频率对腐蚀速率的影响

试片腐蚀后形貌见图 5.28 所示。

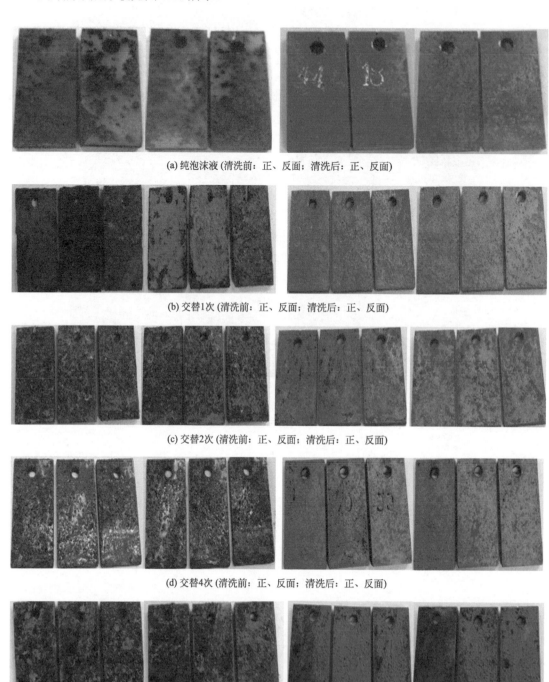

(a) 纯泡沫液 (清洗前：正、反面；清洗后：正、反面)

(b) 交替1次 (清洗前：正、反面；清洗后：正、反面)

(c) 交替2次 (清洗前：正、反面；清洗后：正、反面)

(d) 交替4次 (清洗前：正、反面；清洗后：正、反面)

(e) 交替6次 (清洗前：正、反面；清洗后：正、反面)

图 5.28　试片在不同空气／泡沫液交替注入频率下的腐蚀后形貌

结果表明：腐蚀后的试片上有大量红色锈，而观察清洗之后的试片发现，试片表面存在严重均匀腐蚀和点腐蚀，尤其是坑蚀。而腐蚀后的水样里有大量红色腐蚀铁屑悬浮物，交替频率不同时，水体颜色略有些许不同，腐蚀前后水体表观见图 5.29 所示。腐蚀速率曲线见图 5.30。

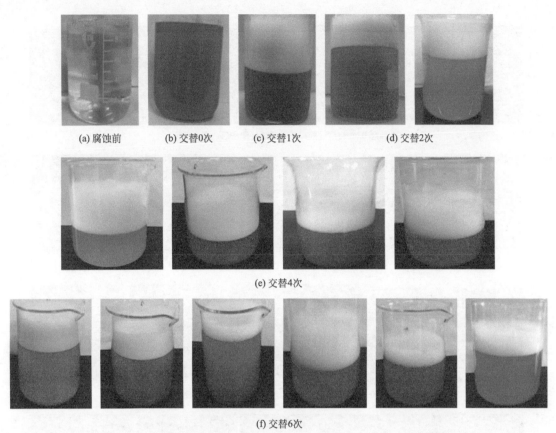

(a) 腐蚀前　　(b) 交替0次　　(c) 交替1次　　(d) 交替2次

(e) 交替4次

(f) 交替6次

图 5.29　试片在不同空气／泡沫液交替注入频率下腐蚀前后水体表观图

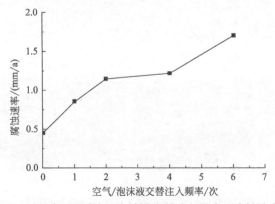

图 5.30　试片在不同空气／泡沫液交替注入频率下腐蚀速率曲线

由图 5.30 可知，在相同的注入周期内，随交替频率不断增加，腐蚀速率增加。而交替频率由 0 次增大到 6 次时，腐蚀速率增大为原来的 4 倍左右，说明泡沫液与空气交替注入次数越多，腐蚀速率越高。可见引起腐蚀的主要原因是频繁交替注入使得水与氧气共存。

5.3.4 注入流速对腐蚀速率的影响

试片腐蚀后形貌见图 5.31 所示。

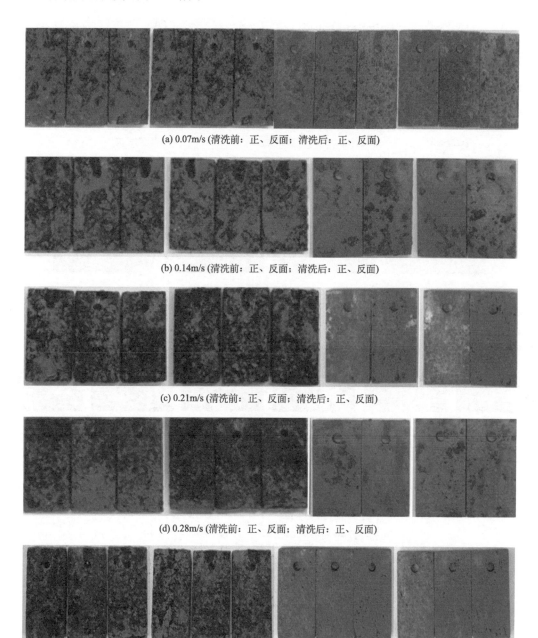

(a) 0.07m/s (清洗前：正、反面；清洗后：正、反面)

(b) 0.14m/s (清洗前：正、反面；清洗后：正、反面)

(c) 0.21m/s (清洗前：正、反面；清洗后：正、反面)

(d) 0.28m/s (清洗前：正、反面；清洗后：正、反面)

(e) 0.35m/s (清洗前：正、反面；清洗后：正、反面)

图 5.31　试片在不同注入流速下的腐蚀后形貌

结果表明：腐蚀后的试片上边有大量红色锈。观察清洗之后的试片发现，试片表面存在严重的均匀腐蚀和点腐蚀。而腐蚀后的水样呈现些许浑浊，且有一些红色沉淀，随注入流速逐渐增加，水体颜色呈现些许不同，腐蚀前后水体表观见图 5.32 所示。腐蚀速率曲线见图 5.33。

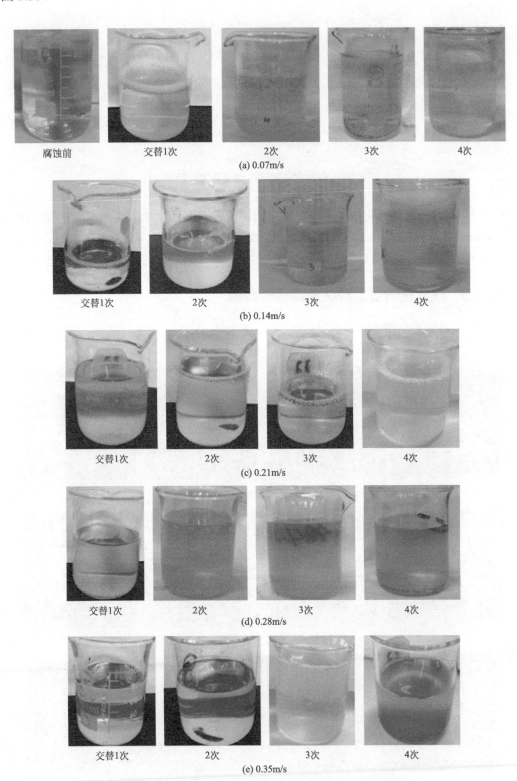

腐蚀前　　　　交替1次　　　　2次　　　　3次　　　　4次
(a) 0.07m/s

交替1次　　　　2次　　　　3次　　　　4次
(b) 0.14m/s

交替1次　　　　2次　　　　3次　　　　4次
(c) 0.21m/s

交替1次　　　　2次　　　　3次　　　　4次
(d) 0.28m/s

交替1次　　　　2次　　　　3次　　　　4次
(e) 0.35m/s

图 5.32　试片在不同注入流速下腐蚀前后水体表观图

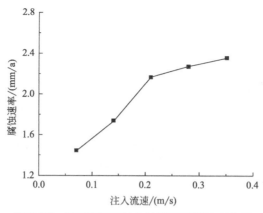

图 5.33 试片在不同注入流速下腐蚀速率曲线

由图 5.33 可知，在相同的注入周期内，随注入流速不断增加，腐蚀速率增加。注入流速由 0.07m/s 增加到 0.35m/s 时，腐蚀速率增加为原来的 1.6 倍左右，说明注入流速越大，腐蚀速率越高。可见注入流速增加可加速钢材腐蚀。

5.3.5 注入空气湿度对腐蚀速率的影响

试片腐蚀后形貌见图 5.34 所示。

(a) 22% (清洗前：正、反面；清洗后：正、反面)

(b) 43% (清洗前：正、反面；清洗后：正、反面)

(c) 68% (清洗前：正、反面；清洗后：正、反面)

(d) 100%(清洗前：正、反面；清洗后：正、反面)

图5.34 试片在不同注入空气湿度下的腐蚀后形貌

结果表明：腐蚀后的试片上有大量红色锈。观察清洗之后的试片发现，试片表面存在严重的均匀腐蚀和点腐蚀。而腐蚀后的水样呈现些许浑浊，且有一些红色沉淀，随空气注入湿度逐渐增加，水体颜色呈现些许不同，腐蚀前后水体表观见图5.35所示。腐蚀速率曲线见图5.36。

由实验数据可知，在相同的注入周期内，随注入空气湿度不断增加，腐蚀速率增加。而注入空气湿度由22%增加到100%时，腐蚀速率增加为原来的2倍以上，说明注入空气湿度越大，腐蚀速率越高。可见水汽增加可加速钢材腐蚀。

腐蚀前

交替1次　　　　　2次　　　　　3次　　　　　4次

(a) 22%

交替1次　　　　　2次　　　　　3次　　　　　4次

(b) 43%

图5.35

交替1次   2次   3次   4次

(c) 68%

交替1次   2次   3次   4次

(d) 100%

图 5.35   试片在不同注入空气湿度下腐蚀前后水体表观图

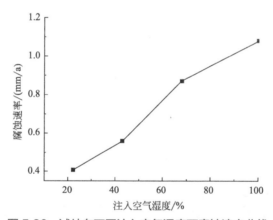

图 5.36   试片在不同注入空气湿度下腐蚀速率曲线

5.4 室内腐蚀模拟实验的腐蚀产物分析

    室内腐蚀模拟实验腐蚀产物取样点有两个，分别为地表水以及回注水配制的泡沫液为腐蚀介质的腐蚀产物，实验条件：温度为25℃，压力为12MPa，交替频率为4次，流速为0.07m/s。其原腐蚀挂片以及腐蚀产物形貌如图5.37所示。从腐蚀挂片外观看来，其表面形成一层薄薄的红褐色产物，有局部的凸起，用刀片轻轻刮去表面产物后，其产物呈灰黑色。从刮下的腐蚀产物外观上来看，腐蚀产物总体呈黑色，中间夹杂少量的红色物质。形态以粉末状为主，大颗粒状及片状较少。

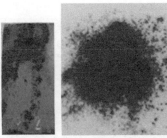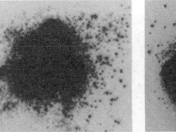

(a) 地表水配制的泡沫液　　　　　　　(b) 回注水配制的泡沫液

图 5.37　室内腐蚀模拟实验的腐蚀产物

分别对地表水和回注水配制的泡沫液的腐蚀产物进行 SEM 形貌观测，如图 5.38 所示。

(a) 地表水配制的泡沫液(500×)　　　　　(b) 回注水配制的泡沫液(200×)

图 5.38　室内腐蚀模拟实验腐蚀产物的 SEM 形貌

从图 5.38 中可以看出，地表水的腐蚀产物表面较为均匀，整体区域较为平整，部分平整区域混合分布着不规则的腐蚀产物颗粒，疏松易脱落。回注水的腐蚀产物呈层状分布，部分出现了较大的凹陷和凸起，腐蚀产物较为致密。综合分析，腐蚀产物致密程度由高到低的顺序：回注水、地表水，也就是说回注水的腐蚀产物相对致密，腐蚀产物不易脱落。

分别对地表水和回注水配制的泡沫液的腐蚀产物进行能谱测试，如图 5.39 所示，分析结果如表 5.3 所示，发现腐蚀产物中主要元素为 O、Fe、C、Ca、S 以及 Mg。

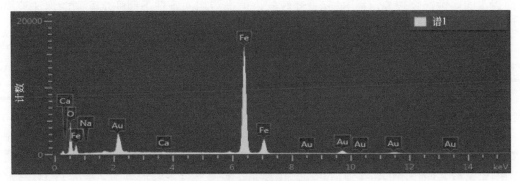

(a) 地表水配制的泡沫液

图 5.39

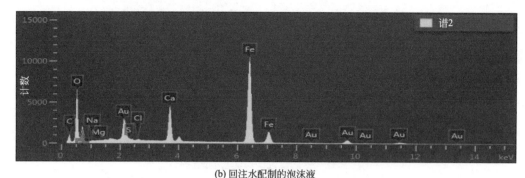

(b) 回注水配制的泡沫液

图 5.39　室内腐蚀模拟实验腐蚀产物 EDS 图谱

表 5.3　室内腐蚀模拟实验的腐蚀产物的 EDS 分析结果

元素	地表水配制的泡沫液		回注水配制的泡沫液	
	质量分数 /%	原子分数 /%	质量分数 /%	原子分数 /%
C	—	—	3.88	12.45
O	7.88	25.13	14.66	35.30
Na	0.10	0.21	0.15	0.25
Mg	—	—	0.01	0.01
S	—	—	0.25	0.31
Cl	—	—	0.25	0.27
Ca	0.10	0.12	9.86	9.48
Fe	77.57	70.82	56.82	39.18

　　从表 5.3 可以看出，室内腐蚀模拟实验的腐蚀产物中 O 元素含量均较高，说明在高温高压条件下，溶解氧是造成腐蚀的主要因素。回注水的腐蚀产物中 O 元素和 Ca 元素含量都相对地表水的腐蚀产物较高，而 Fe 元素却较低，可推测相同条件下回注水配制的泡沫液模拟的腐蚀更为严重。

　　室内腐蚀模拟实验的腐蚀产物 XRD 分析见图 5.40。分析结果表明，地表水的腐蚀产物主要成分为 $FeO(OH)$、Fe_2O_3。腐蚀产物中多以羟基氧化铁 $FeO(OH)$ 的结构存在，$FeO(OH)$ 主要是在有氧或其他氧化剂存在的环境中产生的，可以推断此腐蚀主要发生了吸氧腐蚀。产物中没有 Fe_3O_4，说明腐蚀是在高含氧环境中发生的。

　　回注水的腐蚀产物主要成分为 $CaCO_3$、Fe_2O_3、FeS、$MgFe_2O_4$。其中 $CaCO_3$ 主要可能是腐蚀介质结垢的产物，大量的 Ca^{2+}、HCO_3^- 的存在会产生结垢物。而 FeS 是腐蚀和硫酸盐还原菌的繁殖后共同作用的结果。$MgFe_2O_4$ 主要是在有氧条件下管道腐蚀之后的 Fe_3O_4 与水中的 Mg 相结合的产物。

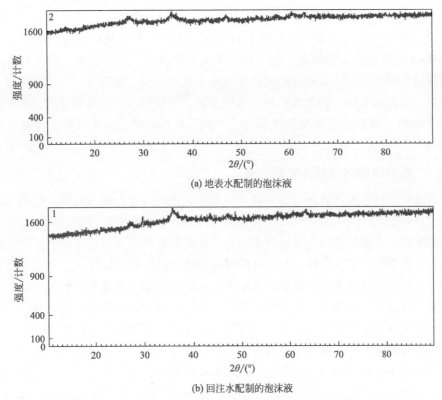

(a) 地表水配制的泡沫液

(b) 回注水配制的泡沫液

图 5.40 室内腐蚀模拟实验腐蚀产物的 XRD 图谱

　　腐蚀结果与现场所取得腐蚀产物分析结果大致相符。地表水的矿化度较低，则其腐蚀产物主要以铁的氧化物为主，而回注水的矿化度较高，其腐蚀产物除铁的不同价态氧化物以外，还存在 Ca、Mg 等与 Fe 相结合的产物，只是室内腐蚀模拟实验的腐蚀产物种类较现场更为单一，这主要是因为现场环境较室内模拟更多变、更复杂。

5.5 空气泡沫驱腐蚀控制措施

5.5.1 添加缓蚀阻垢剂

油田常用的缓蚀剂主要有两类，分别为咪唑啉型缓蚀剂和胺类缓蚀剂。

咪唑啉型缓蚀剂的突出优点是，当金属与酸性介质接触时，它可以在金属表面形成单分子吸附膜，以改变氢离子的氧化还原电位，也可以络合溶液中的某些氧化剂，降低它的电位来达到缓蚀的目的。咪唑啉环上的氮原子的化合价变成五价形成季铵盐后，由于季铵阳离子被带负电荷的金属表面吸附，故而对发生阳离子放电有很大影响，从而有效地抑制了阳极反应。

咪唑啉的盐如咪唑啉的癸二酸盐以及咪唑啉的油酸盐和二聚醇盐的混合物都是有效的油气井缓蚀剂。咪唑啉衍生物如通过四亚乙基五胺同脲或硫脲反应制备的咪唑啉酮和咪唑基二硫脲也都是有效的缓蚀剂。许多硫咪唑啉衍生物和咪唑啉的多硫化物的双噻唑啉及噁唑啉、取代三嗪等都是很好的缓蚀剂。

胺类缓蚀剂对抑制酸腐蚀、CO_2 腐蚀和少量 H_2S 腐蚀很有效，其缓蚀机理是通过分子中极性基中心 N 原子所含的孤电子对与铁的 d 电子空轨道形成配位键，吸附并覆盖于金属表面而起缓蚀作用的。由于这种吸附属化学吸附，吸引力大、脱附难，所以利用这种吸附成膜的缓蚀剂，缓蚀效果好。胺类缓蚀剂包括脂肪胺、环脂胺、芳胺及杂环胺。典型的例子有 $C_{12} \sim C_{18}$ 的伯胺、环己胺、苯胺及甲基取代苯胺、烷基吡啶、苯并咪唑及类似松香胺之类大分子胺。

5.5.1.1　影响缓蚀剂缓蚀性能的因素

工业所需要的缓蚀剂，应具有如下特点：有高的缓蚀效率，操作简单，见效快，能保护整个系统；对环境无污染，对生物无毒害作用。同时还要求合成缓蚀剂的原料来源广，价格低廉。缓蚀剂能抵御多种腐蚀介质的侵袭，有良好的稳定性，不易发生分解，缓蚀效率不会因温度和压力的增加而很快降低，有良好的溶解性能和良好的配伍性。

影响缓蚀剂缓蚀性能的因素很多，外部条件和缓蚀剂结构等都会对缓蚀剂的缓蚀性能造成很大影响，而处于复杂环境下的金属设施，因腐蚀介质和环境不同，腐蚀将会有很大的差别。因此针对不同的条件选用不同类型的缓蚀剂，对油气田的防腐非常重要。

（1）温度的影响　温度对缓蚀剂的缓蚀效率的影响主要取决于缓蚀剂的种类、结构以及缓蚀的机理。对于有机缓蚀剂，温度较低时，随着温度的逐渐升高，缓蚀剂的烃链部分迅速溶解，导致缓蚀剂膜厚度减小或者孔密度增大，缓蚀率降低；当温度超过某一限度，就会在金属表面形成一层致密的腐蚀产物膜，起到隔离作用；当温度过高时，缓蚀剂可能发生热分解，完全失去缓蚀作用。而无机类缓蚀剂，如果缓蚀剂通过高温激活起缓蚀作用，则受温度的影响较大，如果是通过腐蚀反应或其它化学反应激活起缓蚀作用，则受温度的影响较小。

（2）缓蚀剂浓度的影响　一般情况下，缓蚀剂的浓度越高，缓蚀效率就越高。这是因为，在低浓度时，缓蚀剂活性组分的浓度也较低，在金属表面不易形成致密的保护膜，吸附能力也下降。随着浓度的增大，形成的保护膜完整致密，具有很强的吸附能力，缓蚀效率明显提高。但当达到一定的浓度后，再提高缓蚀剂的浓度，缓蚀效率提高缓慢甚至会略有下降。

（3）腐蚀产物膜的影响　完整致密的腐蚀产物膜对金属有保护作用，不连续疏松的腐蚀产物膜则容易导致金属的局部腐蚀。在流体中，由于流体对腐蚀产物膜的剪切应力和膜生长过程中的内应力，容易使产物膜产生裂纹甚至脱落，从而诱发局部腐蚀的发生。

5.5.1.2　缓蚀剂室内评价实验

为了缓蚀剂评价能够更真实地模拟注空气泡沫驱油过程中生产井的腐蚀工况，利用高温高压反应釜，对几种市场购买以及现场正在使用的缓蚀剂进行动态失重腐蚀评价，从中筛选出一种或几种适合空气泡沫驱油过程使用的缓蚀剂。

在动态模拟装置中，每组挂三片挂片，每次添加配制的泡沫液 800mL（回注水：表面活性剂：稳定剂 =1000 ∶ 2 ∶ 1），添加缓蚀剂 200mg/L，测试时间为 7d，交替频率为 4 次，测试温度为 25℃，测试直线速度为 0.21m/s，测试缓蚀剂的缓蚀率，筛选出性能最佳的缓蚀剂，腐蚀后取出的挂片表面形貌如图 5.41 所示。

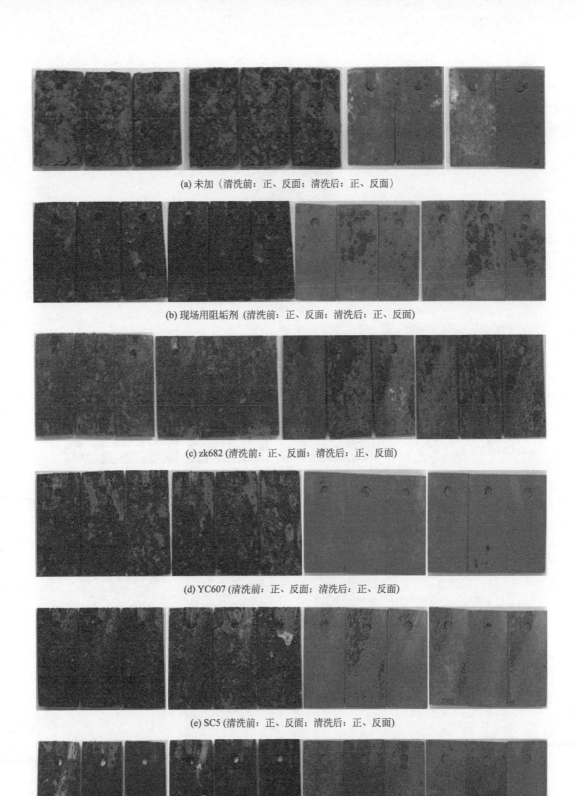

(a) 未加（清洗前：正、反面；清洗后：正、反面）

(b) 现场用阻垢剂（清洗前：正、反面；清洗后：正、反面）

(c) zk682（清洗前：正、反面；清洗后：正、反面）

(d) YC607（清洗前：正、反面；清洗后：正、反面）

(e) SC5（清洗前：正、反面；清洗后：正、反面）

(f) SC6（1：3稀释后）（清洗前：正、反面；清洗后：正、反面）

图 5.41　试片在添加各种缓蚀剂的腐蚀前后表面形貌

第5章　空气泡沫驱井筒腐蚀与控制　　117

结果表明：腐蚀后的试片上边有大量红色锈。观察清洗之后的试片发现，试片表面存在严重的均匀腐蚀和点腐蚀。而腐蚀后的水样呈现些许浑浊，且有一些红色沉淀，腐蚀前后水体表观见图 5.42 所示，图中可以看出，缓蚀效果较好的 YC607 和 SC6 两种缓蚀剂在交替过程中的水体颜色比其他要浅一些，且水体中固体杂质较其他少一些。

腐蚀前

交替1次　　　　　　2次　　　　　　3次　　　　　　4次

(a) 现场用阻垢剂

交替1次　　　　　　2次　　　　　　3次　　　　　　4次

(b) zk682

交替1次　　　　　　2次　　　　　　3次　　　　　　4次

(c) YC607

交替1次　　　2次　　　3次　　　4次
(d) SC5

交替1次　　　2次　　　3次　　　4次
(e) SC6

图 5.42　试片在添加各种缓蚀剂腐蚀前后水体表观图

腐蚀后的挂片从反应釜中取出时，记录并观察挂片的表面形态，经过除锈处理后，清洗烘干，腐蚀速率曲线如图 5.43 所示。

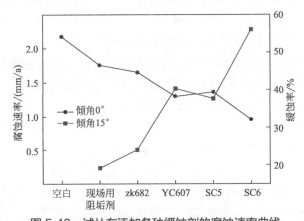

图 5.43　试片在添加各种缓蚀剂的腐蚀速率曲线

由图 5.43 中腐蚀速率曲线可以看出，未加入缓蚀剂时，试片的腐蚀速率高达 2.1737 mm/a，加入各种缓蚀剂后，腐蚀速率均有所下降，而稀释后的 SC6 缓蚀剂缓蚀效果最好。

5.5.2　添加杀菌剂

5.5.2.1　油田污水中主要细菌的种类

在油田水体系中，常含有硫酸盐还原菌（SRB）、铁细菌（FB）、腐生菌（TGB）、藻类、硫细菌、酵母菌、霉菌、原生动物等微生物，其中数量最多、危害最大的是硫酸盐还原菌（SRB）、铁细菌（FB）和腐生菌（TGB）。

（1）硫酸盐还原菌（SRB）硫酸盐还原菌（SRB）是一种在厌氧条件下将硫酸盐还原成硫化物并以有机物为营养的细菌，SRB存在有两种类型，一种是无芽孢的磺弧菌属，另一种是有芽孢的去磺弧菌属，油田水中常见的且危害较大的是去磺弧菌。去磺弧菌为革兰氏阴性的弯曲杆菌，呈S形或螺旋形，长约2μm，带有厚约100Å（1Å=10^{-10}m）的一根鞭毛。SRB厌氧，所需的营养物质中，除去Na^+、Mg^{2+}、Ca^{2+}、SO_4^{2-}、Cl^-、CO_3^{2-}、NO_3^-、$H_2PO_4^-$、NH_4^+外，还要有Fe^{2+}和Fe^{3+}的存在。它在生长繁殖时，为了构成菌体，要比其他细菌多固定2～3倍的二氧化碳，所需要的碳素化合物中以酵母汁最为有效。SRB的生长受到环境因素的制约。

① 温度的影响 在中性介质中，温度为37℃时，SRB生长最为活跃，而温度升至50℃时，SRB生长缓慢。SRB的生长温度随菌种不同而异，分为中温型、高温型两种菌属。中温型菌属最适宜的生长温度是30～35℃，高于45℃停止生长；高温型菌属生长的最适宜温度为55～60℃。去磺弧菌属于中温型，在油田中最适宜的生长温度为20～40℃。温度过高或过低对其生长都不利，温度低于-15℃或高于100℃则其不能存活。

② 矿化度的影响 SRB生长的适宜矿化度为2×10^4～6×10^4mg/L，在此矿化度区间内，SRB菌量变化不大；随着矿化度的增加，SRB菌量减少，当矿化度为3×10^5mg/L时，仍有少量的SRB生长，当矿化度达到3.5×10^5mg/L时，SRB不能存活。同样，随着矿化度的减小，SRB菌量也减少，当矿化度达到10^3mg/L时，SRB只有极少量生长。

③ pH值的影响 SRB生长的pH值适宜范围为6.5～7.5，在此范围内，SRB菌量随pH值变化不大。当pH值大于7.5时，菌量逐渐减少；当pH值等于9.0时，只有少量SRB存活；当pH值大于等于9.5时，SRB不能生存；当pH值小于等于6.5时，SRB菌量也逐渐减少；当pH值等于3.0时，只有极少量的SRB存活。

④ Fe^{2+}、Fe^{3+}的影响 Fe^{2+}、Fe^{3+}的质量浓度越大，游离型细菌数量也越大，Fe^{2+}、Fe^{3+}可以促进SRB的生长。适宜的SRB生长的Fe^{2+}、Fe^{3+}最低质量浓度大于20mg/L，高Fe^{2+}、Fe^{3+}质量浓度（400mg/L）对SRB的生长没有抑制作用。

（2）铁细菌（FB）FB具有以下生理特征：能在氧化亚铁成高价化合物中起催化作用；可以利用铁氧化中释放出来的能量满足其生命的需要。FB是一种好气异养菌，在含气量小于0.5mg/L的系统中也能生长。FB的生长需要铁，但对铁浓度的要求并不苛刻，在总铁量为1～6mg/L的水中，FB繁殖就很旺盛。FB以有机物为营养源，其生长需要有机物，尤其是铁与锰的有机化合物。FB是好氧菌，在静止水中、完全缺氧的深层是很难生长繁殖的，在流动的水中有一定的溶解氧，FB仍能生长。

① 温度的影响 众所周知，反应速率与微生物的活性有关，而温度可以改变微生物的活性。而FB的活性与温度有着极为密切的联系。FB的最适生长温度为30～50℃之间。

② 溶解氧（DO）的影响 FB为好氧菌，因此DO对铁细菌的生长起着极为重要的作用。一般来讲，DO为0.7mg/L时，铁细菌在生物除铁过程中就能起着很重要的作用。

（3）腐生菌（TGB）TGB是好气异养菌的一种混合体，通常附着在管道上形成黏稠的一层，亦称为黏液形成菌，常见的有气杆菌、黄杆菌、巨大芽孢杆菌、荧光假单孢菌等。腐生菌的适应性强，其存在极其普遍，它们产生的黏液与腐蚀产物、硫酸盐还原菌、藻类、原生动物、垢甚至原油黏在一起形成细菌黏泥，一起附着在管线和设备上，堵塞注水井和过滤器。菌落形成的黏质膜会腐蚀金属，堵塞孔道，或使水质发臭，腐生菌通常伴随铁细菌或黏泥形成菌在钢铁表面形成很大的菌落，同时结瘤，促使产生氧浓差电池腐蚀，造成钢铁的腐蚀。由于污垢增加，造成内部缺氧条件，为硫酸盐还原菌的生长繁殖创造了很好的条件，它分解硫酸盐产生硫化氢，会生成 Fe_2S_3 堵塞地层。

5.5.2.2 油田污水中细菌控制方法

目前油田对油田污水中的细菌采用不同的控制方法，这些方法归纳起来有五种：①机械法；②调整注水流程；③微生物控制法；④物理控制法；⑤化学处理法。

（1）机械法 机械法通常采用刮管器或高压水清洗所有供、注水管线，同时用含杀菌剂的水冲洗。过滤器和储罐通常采用清水清洗，再用含杀菌剂的水溶液浸泡、冲洗。这种方法适宜于已受到细菌严重污染的系统，它的特点是清除彻底，但成本高。

（2）调整注水流程 调整注水流程包括两种方式，一是通过改建或重建水处理系统，以达到清除水流速度慢或静止的死角部分，减少细菌在管线和容器壁附着生长的可能性；二是针对清水和污水混注情况下，细菌更易繁殖生长的特点，在生产运行过程中应尽可能将清水和污水分开，采用分别或交替注入方式。

（3）微生物控制法 微生物控制法亦称生物竞争淘汰法，它是通过适当地改变微生物生存环境使得另外一种能够与 SRB 共存并互为供养体的生物群迅速大量繁殖，从而抑制 SRB 生存繁殖的一种方法。这种生物群可以是油藏中原本存在的，也可以通过引入外来生物菌株来实现。另外在油田引入外来生物群，同引入外来水殖生物一样，应慎重研究不同生态环境的差别，充分研究所利用的生物群体大量繁殖可能产生的负面后果。

（4）物理控制法 物理控制法即物理杀菌，它包括：X 射线杀菌、紫外线杀菌、α 射线杀菌、β 射线杀菌、γ 射线杀菌、超声波杀菌、高频电流杀菌、变频电磁杀菌技术等。

（5）化学处理法 投加杀菌剂的化学杀菌技术是国内外油田广泛推广应用的杀菌方法，它不仅具有经济、使用方便、见效快的特点，它的突出优点在于，当处理后的水中含有一定余量的杀菌剂时，能够有效地控制细菌在地层中繁殖，防止细菌代谢产物及腐蚀产物给地层造成损害，降低了采出液中 H_2S 对采油设施及地面系统设备造成的腐蚀。杀菌剂种类繁多，其杀菌机理是在具有稳定杀菌特性的化学药剂中，含有可破坏细胞酶或基质交换系统的物质，利用化学剂与细菌之间的相互作用以达到杀灭细菌的目的。确定杀菌剂后，根据细菌污染分布情况、系统处理工艺确定加药点和投加方法，一般对污染严重的系统采用连续投加方式，对细菌含量较低，主要是抑制细菌生长的系统选择冲击加药，连续加药的成本比冲击加药要高。

5.5.2.3 杀菌剂种类及杀菌机理

目前油田及工业水处理杀菌过程中，所使用的杀菌剂按其功能和组成一般分为两大类，即氧化型杀菌剂和非氧化型杀菌剂。

（1）氧化型杀菌剂 氧化型杀菌剂主要通过与细菌体内的代谢酶发生氧化作用，将细菌完全分解为二氧化碳和水以杀死细菌。这类杀菌剂主要包括氯气、溴素、臭氧、次氯酸钠、稳定性二氧化氯、三氯异三聚氰酸、溴氯二甲基海因、溴氯甲乙基海因等。我国各油田早期注水杀菌常用氯气。氯气溶于水中产生次氯酸，而次氯酸溶解后产生的次氯酸阴离子具有很强的杀菌作用。

$$Cl_2+H_2O \longrightarrow H^++Cl^-+HOCl \qquad (5.1)$$

$$HOCl \longrightarrow H^++OCl^- \qquad (5.2)$$

次氯酸阴离子的浓度取决于 pH 值,在 pH 值为 6 ～ 8 时,氯气的杀菌效果最好。这种杀菌剂来源广泛,价格便宜,使用方便,作用快,杀菌致死时间短,可清除管壁附着的细菌,但药效维持时间短,在碱性和高 pH 值时,用量大,且易与水中的氨生成毒性很大的氯氨,造成严重的环境污染,目前已很少使用。但也有将氧化型杀菌剂与非氧化型杀菌剂复配使用,以提高杀菌效率,降低处理成本的现场实验。

近年,国外氧化型杀菌剂主要向使用较安全、杀菌效率较高的方向发展,如使用稳定性二氧化氯、三氯异三聚氰酸、溴类杀菌剂等。

(2)非氧化型杀菌剂　目前我国大部分油田使用的杀菌剂多为非氧化型杀菌剂,根据杀菌作用机理和杀菌基团通常分为以下 7 种。

① 季铵盐型　季铵盐型杀菌剂是我国各大油田使用最多、应用最广泛的一类杀菌剂,它们主要是抗菌性的表面活性剂。这些表面活性剂不仅具有杀菌作用,而且还对杀菌活性组分具有增效作用,对黏泥也有很强的剥离作用,可以杀死生长在黏泥下面的硫酸盐还原菌。由于细菌表面通常带负电,所以使用最早最多的是阳离子表面活性剂,其中脂肪胺的季铵盐杀菌剂杀菌效果最好。常见的有 1231(十二烷基三甲基氯化铵)、1227(十二烷基二甲基苄基氯化铵)、新洁尔灭(十二烷基二甲基苄基溴化铵)、1247、DS-F($C_{18～19}$烷基二甲基苄基氯化铵)、YF-1(1227+ 有机胺醋酸盐)、氰基季铵盐、双 C_8 烷基季铵溴盐以及聚氮杂环季铵盐、聚季铵盐(TS-819)、双季铵盐等。这类杀菌剂的作用机理主要是阳离子通过静电力、氢键力以及表面活性剂分子与蛋白质分子间的疏水结合作用,吸附带负电的细菌体,聚集在细胞壁上,产生室阻效应,导致细菌生长受抑制而死亡;同时其憎水基还能与细菌的亲水基作用,改变膜的通透性,继而发生溶胞作用,破坏细胞结构,引起细胞的溶解和死亡。这类杀菌剂具有高效、低毒、不易受 pH 值变化的影响、使用方便、对黏液层有较强的剥离作用、化学性能稳定、分散及缓蚀作用较好等特点,但存在易起泡沫,矿化度较高时杀菌能力降低,容易吸附损失,如果长期单独使用易产生抗药性等缺点。

② 季鏻盐杀菌剂　季鏻盐杀菌剂是国外 20 世纪 80 年代后期推出的一种新型、高效、广谱的杀菌剂,这类化合物与季铵盐有类似的结构,只是用含磷的阳离子代替含氮的阳离子。一般认为细菌表面的细胞壁带负电荷,季鏻盐类化合物中带正电荷的有机阳离子可被带负电荷的细菌选择性地吸附,通过渗透和扩散作用,穿过表面进入细胞膜,从而阻碍细胞膜的半渗透作用,并进一步进入细胞内部,使细胞酶钝化,蛋白酶不能产生,从而使蛋白质变性,达到杀死细菌细胞的作用。氮原子是第二周期元素,而磷原子是第三周期元素,磷原子的半径较氮原子半径大,相应的离子半径也大。离子半径大使其极化作用增大,极化增大使周围的正电性增大,正电性增加使其更容易与带负电荷的微生物产生静电吸附作用,更容易杀死微生物。从结构上分析季鏻盐比季铵盐的杀菌活性高。

③ 杂环化合物　该类杀菌剂主要包括咪唑类衍生物(甲硝唑)、吡啶类衍生物(如十六烷基溴化吡啶)、噻唑、咪唑啉以及三嗪的衍生物、异噻唑啉酮、聚季噻嗪、聚吡啶、聚喹啉、洗必太、BC-G(烷基双胍盐)等。这类化合物主要通过靠杂环上的活性部分如氮、氧

与细菌体内的蛋白质中脱氧核糖核酸（DNA）的碱基形成氢键，吸附在细菌的细胞壁上，破坏细菌的 DNA 结构，使之失去复制能力而死亡。这类杀菌剂具有杀菌效率高，与其他水处理剂配伍性能好，加入量低等优点，但存在溶解性较小，容易吸附损失，其中一些化合物对好氧菌不起作用且合成工艺复杂，成本较高等缺点。

④ 有机醛类　醛类化合物是常用的一类杀菌剂，具有较好的杀菌效果。主要包括：甲醛、异丁醛、丙烯醛、肉桂醛、苯甲醛、乙二醛、戊二醛等。使用较多的是戊二醛、甲醛和丙烯醛。其中甲醛的杀菌浓度高达每升几百毫克，且刺激性较大，很难被现场所接受，目前只有戊二醛尚与其他药剂复配使用的实例，但价格昂贵。

⑤ 含氰类化合物　此类杀菌剂的主要代表为二硫氰基甲烷，如常见的 SQ8、515、WC-38、JC-964 等都是由二硫氰基甲烷和其他辅助剂复配而成。这类杀菌剂主要是通过在水中水解生成硫氰基 SCN^- 和甲醛，其中 SCN^- 可与 Fe^{3+} 生成稳定的络合物，使 Fe^{3+} 从细菌脱氢酶中接受电子的能力减弱而达到杀菌的目的。这类杀菌剂的杀菌效率高，价格便宜，但在碱性条件下容易分解且毒性较大。由于本身溶解性较差，通常需要加入一些表面活性剂，以增加溶解性能，提高杀菌效率。

⑥ 多功能杀菌剂　多功能杀菌剂包括絮凝 - 杀菌剂（XPF-C），絮凝 - 杀菌 - 缓蚀剂（CX-C）阻垢 - 杀菌 - 缓蚀型（WX-3）及其它多功能处理剂，大大提高了处理效率并取得了显著效果。这类杀菌剂主要特点为用量少，效率高，不易产生抗药性，综合处理性能受环境影响小，还能简化水处理的步骤，是一类新型的杀菌剂。

⑦ 复合型杀菌剂　通过两种或两种以上的杀菌剂与表面活性剂、溶剂复配，通过研究各组分之间的协同效应，提高杀菌效率，降低了使用成本，研制了一些新型杀菌剂。主要包括：SQ8（二硫氰基甲烷 +1227+ 溶剂 + 表面活性剂）、S15（二硫氰基甲烷 + 溶剂 + 表面活性剂）、WC-38（二硫氰基甲烷 + 双矾 + 溶剂）、J12（1227+ 双氧化物 + 其它）、CT10-3（有机脒类衍生物 + 季铵盐 + 表面活性剂 + 溶剂）、WC-85（季铵盐 + 戊二醛），以及酚胺化合物［如 NY-875（由苯酚 + 有机胺 + 甲醛复配而成）］、FH 系列杀菌剂（这类杀菌剂主要由十二烷基叔胺、氯化苄、苯酚、甲醛、戊二醛、异丙醇、糠醛等按一定比例复配而成）等。这些复合型杀菌剂都不同程度地提高了杀菌效率，取得了较好的应用效果。

5.5.2.4　杀菌剂室内评价实验

为了杀菌剂评价能够更真实地模拟注空气泡沫驱油过程中生产井的腐蚀工况，利用高温高压反应釜，对现场用杀菌剂和癸甲溴铵杀菌剂进行动态失重腐蚀评价，从中筛选出一种或几种适合空气泡沫驱油过程使用的杀菌剂。

在动态模拟装置中，每组挂三片挂片，每次添加配制的泡沫液 800mL（地表水：表面活性剂：稳定剂 =1000：2：1），添加杀菌剂 100mg/L，测试时间为 7d，交替频率为 4 次，测试温度为 25℃，测试直线速度为 0.21m/s，测试杀菌剂的缓蚀率，评价出一种或几种最佳杀菌剂，腐蚀后取出的挂片表面形貌如图 5.44 所示。

结果表明：腐蚀后的试片上边有较多的红色锈。加入杀菌剂后的腐蚀试片较未加杀菌剂的试片腐蚀较轻，而腐蚀后的水样呈现些许浑浊，水体颜色呈现些许不同，腐蚀前后水体表观见图 5.45 所示。

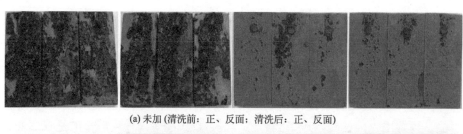
(a) 未加 (清洗前：正、反面；清洗后：正、反面)

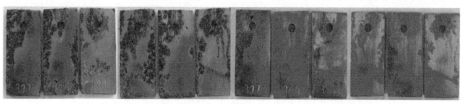
(b) 现场用杀菌剂 (清洗前：正、反面；清洗后：正、反面)

(c) 癸甲溴铵 (清洗前：正、反面；清洗后：正、反面)

图 5.44　试片在添加各种杀菌剂的腐蚀前后表面形貌

图 5.45　试片添加各种杀菌剂腐蚀前后水体表观图

腐蚀后的挂片从反应釜中取出时，记录并观察挂片的表面形态，经过除锈处理后，清洗烘干，腐蚀实验数据如表 5.4 所示。

表 5.4　试片在添加各种杀菌剂后的腐蚀实验数据

杀菌剂类型	试片编号	尺寸（长×宽×高）/mm×mm×mm	A/cm^2	W_0/g	W/g	$V_a/$（mm/a）	$\overline{V_a}/$（mm/a）
空白	325#	30.16×15.10×3.10	11.7731	10.6140	10.4499	0.9704	
	315#	30.13×15.13×3.10	11.7822	10.7859	10.6219	0.9690	0.9720
	318#	30.15×15.18×3.15	11.8136	10.7289	10.5632	0.9765	
现场用杀菌剂	316#	30.05×15.10×3.09	11.7241	10.5292	10.4073	0.7238	
	329#	30.08×15.09×3.09	11.7284	10.6644	10.5598	0.6209	0.6473
	310#	30.10×15.10×3.08	11.7332	10.5855	10.4820	0.6141	
癸甲溴铵	377#	30.13×15.13×3.09	11.7731	10.6701	10.5953	0.4423	
	337#	30.12×15.15×3.09	11.7827	10.6161	10.5599	0.3321	0.3705
	380#	30.14×15.13×3.10	11.7858	10.6961	10.6373	0.3473	

由表 5.4 中腐蚀实验数据可以看出，未加入杀菌剂时，试片的腐蚀速率较高，为 0.9720 mm/a，加入各种杀菌剂后，腐蚀速率均有所下降，而癸甲溴铵的缓蚀效果最佳。

5.5.3　牺牲阳极保护

牺牲阳极保护法是将被保护的金属与电位更负的活泼金属相连，组成电偶电池，依靠牺牲阳极不断溶解所产生的阴极电流来实现阴极保护。牺牲阳极保护效果与牺牲阳极材料本身的性能有着直接的关系，所以选作牺牲阳极的材料应满足一定的要求：①具有足够负且稳定的开路电位和闭路电位，工作时自身的极化率小，即闭路（工作）电位应接近于开路电位，以保证有足够的驱动电压；②理论电容量（消耗单位质量牺牲阳极材料时按照法拉第定律所能产生的电量）大；③具有高的电流效率（实际电容量与理论电容量的比），以达到长的使用寿命；④表面溶解均匀，不产生局部腐蚀，腐蚀产物松软易脱落，且腐蚀产物无毒，对环境无害；⑤原材料来源充足，价格低廉，易于制备等。

工程上常见的牺牲阳极材料有镁和镁合金、锌和锌合金、铝合金三大类。镁基合金由于密度小、理论电容量大、电位负、极化率低，常用于土壤电阻率较高的土壤中和淡水中。但它的电流效率低（通常只有 50% 左右），比锌基合金和铝基合金的电流效率低得多。铝基合金的理论电容量为 2980A·h/kg，是镁的 1.35 倍，锌的 3.6 倍，并且原料来源广、制造简单，对氯离子的抗侵蚀性强，常作为海水、海泥及原油储罐无污水介质中的阳极材料。但由于铝的性质太过活泼，表面极易钝化，生成 Al_2O_3 氧化膜，使电位为正，这样限制了在保护阴极中的应用。对于锌合金来说，它的阳极极化率极低，电流效率较高（可高达 90% 以上），并具有一定的自我调节能力。它的应用场合比较广泛，不像镁合金阳极（不能用于易诱发火花的场合）和铝合金（不能用于土壤介质）这么苛刻，可用于海水介质和电阻率较低的土壤中。因此，在不同的环境中应选择合适的阳极材料来保护阴极。

5.5.3.1 实验仪器设备

主要实验设备为 GSH-1/10 型强磁力搅拌高压反应釜（威海汇鑫化工机械有限公司）；JD210-4P 型电子天平（沈阳龙腾电子有限公司，精度为 0.1mg）；YB5002B 型电子游标卡尺（卡夫威尔实业有限公司）；空气瓶；866A 型数显电热恒温鼓风干燥箱（上海浦东荣丰科学仪器有限公司）；2PB00C 型平流泵（北京卫星制造厂）。

5.5.3.2 实验药品

实验中所用的药品如表 5.5 所示。

表 5.5　实验药品

序号	药品名称	纯度	生产单位
1	石油醚（60～90℃）	分析纯	成都市科龙化工试剂厂
2	丙酮	分析纯	成都市科龙化工试剂厂
3	无水乙醇	分析纯	成都市科龙化工试剂厂
4	氢氧化钠	分析纯	成都市科龙化工试剂厂
5	盐酸	分析纯	成都市科龙化工试剂厂
6	六亚甲基四胺	分析纯	成都市科龙化工试剂厂
7	环氧树脂	分析纯	南通星辰合成材料有限公司
8	邻苯二甲酸二甲酯	分析纯	成都市科龙化工试剂厂
9	乙二胺	分析纯	成都市科龙化工试剂厂

阳极材料：镁合金、锌合金以及铝合金。

实验介质：泡沫体系（水：表面活性剂：稳定剂 =1000 ：2 ：1）＋ 空气。

实验周期：10d。

实验条件：每组挂两片挂片，每次添加配制的泡沫液 800mL，阴极与阳极面积比为 60 ：1，温度为 90℃，测试直线速度为 0.21m/s，泡沫液体与空气每 24h 交替 1 次。

5.5.3.3 牺牲阳极保护装置的制备

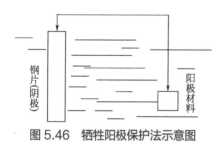

图 5.46　牺牲阳极保护法示意图

牺牲阳极的阴极保护法，又称牺牲阳极保护法，是一种防止金属腐蚀的方法。具体方法为：将还原性较强的金属作为保护极，与被保护金属相连构成原电池，还原性较强的金属将作为负极发生氧化反应而消耗，被保护的金属作为正极就可以避免腐蚀。因这种方法牺牲了阳极（原电池的负极）保护了阴极（原电池的正极），因而叫作牺牲阳极保护法。牺牲阳极的阴极保护法示意图如图 5.46 所示。

将一根 PVC 管剪成适当长度的若干段，依次使用 180#、320#、600# 金相砂纸逐级将剪短后的 PVC 管的前后两端、剪切好的阳极材料打磨平整；准备适当长度的带有绝缘外皮的铜导线若干段，剪掉每段金属线前后两段的绝缘外皮，如果外露的铜导线生锈则需要用砂纸打磨光亮；将打磨及清洗好的钢片和阳极材料分别固定在铜线两端，其中阳极材料的固定方法如下：使用电烙铁在阳极材料的表面点上熔化的焊锡丝，迅速将金属导线的一侧插入钢片表面熔化的焊锡丝内30s固定即可，使用准备好的固化剂将PVC管浇筑密封，并保证阳极材料裸露在PVC管外（图5.47），静置7d，所使用的固化剂为环氧树脂体系固化剂，其具体组成为环氧树脂：邻苯二甲酸二甲酯：乙二胺=10∶2∶0.8（质量比）。牺牲阳极保护装置如图5.48所示。

图5.47　阳极材料固定后

图5.48　牺牲阳极保护装置

5.5.3.4　牺牲阳极保护法室内腐蚀模拟实验

在动态模拟装置中，每组挂两片挂片，每次添加配制的泡沫液800mL（回注水：表面活性剂：稳定剂=1000∶2∶1），测试时间为10d，每24h交替一次，测试温度为90℃，测试直线速度为0.21m/s，测试牺牲阳极的缓蚀率，筛选出最佳阳极材料，腐蚀后取出的挂片表面形貌如图5.49所示。

(a) 空白试验 (清洗前：正、反面；清洗后：正、反面)

图5.49

(b) 镁合金 (清洗前：正、反面；清洗后：正、反面)

(c) 铝合金 (清洗前：正、反面；清洗后：正、反面)

(d) 锌合金 (清洗前：正、反面；清洗后：正、反面)

图 5.49　试片在牺牲各种阳极材料保护下的腐蚀前后表面形貌

腐蚀后的挂片从反应釜中取出时，记录并观察挂片的表面形态，其表面形成了一层致密的保护层，经过除锈处理后，发现其表面的腐蚀产物为红褐色，其内部产物呈灰黑色，清洗烘干，腐蚀实验数据如表 5.6 所示。

表 5.6　试片在牺牲各种阳极材料保护下的腐蚀实验数据

阳极材料	试片编号	尺寸（长×宽×高）/ mm×mm×mm	A/cm²	W_0/g	W/g	V_a/（mm/a）	$\overline{V_a}$/（mm/a）
空白	396#	30.12×15.15×3.08	11.7737	10.5882	9.2602	7.8525	7.7975
	356#	30.14×15.15×3.08	11.7810	10.5252	9.2150	7.7424	
镁阳极	388#	30.13×15.13×3.09	11.7731	10.7180	9.9993	4.2499	4.1993
	328#	30.13×15.13×3.09	11.7731	10.6198	9.9182	4.1488	
铝阳极	344#	30.12×15.14×3.09	11.7761	10.6352	10.1765	2.7117	2.7374
	343#	30.12×15.15×3.08	11.7737	10.6683	10.201	2.7631	
锌阳极	415#	29.60×15.15×3.00	11.5125	10.0024	9.7476	1.5408	1.5651
	450#	29.59×15.14×3.00	11.5024	9.8827	9.6201	1.5894	

结果表明，镁合金、铝合金、锌合金作阳极材料时，阴极挂片的平均腐蚀速率分别为 4.1993mm/a，2.7374mm/a，1.5651mm/a，空白实验的腐蚀速率为 7.7975mm/a，远大于有阳极

材料牺牲时的腐蚀速率。从三种阳极材料对比实验中，可见锌合金阳极对挂片的保护作用明显比前两种合金强。所以，用牺牲阳极法保护阴极套管钢是很有必要的，且锌阳极效果较好。

另外，从图5.49阳极材料腐蚀后的表面形貌来看，镁阳极和铝阳极基本看不到剩下的阳极残渣状，只能看见环氧树脂固化体上的凹槽状，阳极材料几乎全部被消耗了，但锌阳极还留有少许覆着在表面上，也说明了锌合金阳极的损耗程度要缓慢点，在工程上可大大节约成本。

5.5.4 降低注入空气中氧含量

空气泡沫驱造成油井管的腐蚀，其主要原因是空气中的氧在湿润条件下造成的氧腐蚀，因此，控制注入空气中的氧含量就可以有效地控制空气泡沫驱造成的腐蚀。

空气泡沫腐蚀实验过程：量取800mL体积事先配好的回注水泡沫液，倒入反应釜内，挂上挂片，盖上釜盖。模拟现场注入工艺技术，转速设置为500r/min，交替频率为4次。缓慢注入一定比例的氮气-氧气混合气体，保证氧浓度在5%以下，待总压力达到12MPa后，关闭所有阀门。最后，待温度、压力及转速达到设定值后，记录实验开始时间。待达到实验周期，泄压后打开反应釜，取出挂片，观察、记录表面腐蚀状态及腐蚀产物黏附情况后，立即用清水冲洗掉实验介质，并用滤纸擦干，最后再根据标准进行挂片清洗并称重。试片腐蚀后的形貌见图5.50。

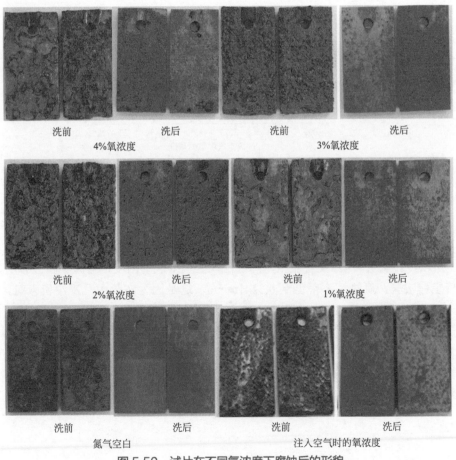

图 5.50　试片在不同氧浓度下腐蚀后的形貌

结果表明：腐蚀后的试片上边有大量红褐色锈，随氧浓度下降，腐蚀产物膜越疏松、变薄。观察清洗之后的试片发现，试片表面存在不同程度的均匀腐蚀和点腐蚀，相比注入空气时腐蚀后的形貌，均匀腐蚀程度有所降低。腐蚀后的水样呈现些许浑浊，且有一些红色沉淀，随注入氧浓度增加，水体颜色呈现些许不同，且有加深变浓的趋势。腐蚀前后水体表观见图 5.51 所示。腐蚀速率曲线见图 5.52 所示。

| 腐蚀前 | 注入空气氧浓度 | 氮气空白 | 1%氧浓度 | 2%氧浓度 | 3%氧浓度 | 4%氧浓度 |

图 5.51　试片在不同氧浓度下腐蚀前后水体表观图

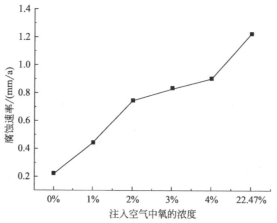

图 5.52　试片在不同氧浓度下的腐蚀速率曲线

由图 5.52 可知，在相同的注入周期内，随注入空气中氧浓度降低，腐蚀速率有明显减小趋势。当氧浓度由空气中 22.47% 降低到 4% 时，腐蚀速率从 1.2237mm/a 降到 0.9051mm/a，腐蚀速率降低了约 26%；当继续降低氧浓度至 1%，腐蚀速率控制到 0.4428mm/a，降低了约 64%。所以，在空气/泡沫交替驱中，降低注入空气中氧的浓度，对减小腐蚀有明显作用。对比氮气空白实验，腐蚀速率降低到 0.2241mm/a，这是因为实验中几乎没引入氧，但由于湿润泡沫液存在，泡沫液中的化学添加剂对试片的腐蚀不可避免。可见引起腐蚀的主要原因是空气与泡沫液的频繁交替导致的湿润环境和氧气共存。

总之，降低注入空气中氧浓度有助于减小管道的腐蚀。当然，现场中控制氧浓度至 1% 不太可能，可控制在 5% 左右，结合牺牲阳极的阴极保护法，在常用的阳极材料中选用锌阳极缓蚀效果较好，可加入缓蚀剂综合防腐。

第6章
环空加注缓蚀剂实验及预膜效果仿真

　　油气井加注缓蚀剂防腐技术具有操作方便、成本低廉等优点，在油田得到了广泛的应用。国外从 20 世纪 70 年代开始应用缓蚀剂对油气田进行防腐，已经有比较成功的经验和完善的手段。我国对油气井缓蚀剂的研究始于 20 世纪 80 年代，由中科院金属腐蚀与防护研究所牵头，相继与华北油田、中原油田和四川石油设计院合作，研制出了一系列针对 CO_2 腐蚀的缓蚀剂，在控制 CO_2 引起的全面腐蚀方面取得了一定的效果。川西 Y 区块气田目前采用 XHY-7 缓蚀泡排剂作为油套管缓蚀剂，效果并不理想，井下管柱腐蚀问题依旧严重，因此需要优选适用于 Y 区块的缓蚀剂，降低井下管柱的腐蚀速率。以影响 P110 腐蚀速率最关键的 CO_2 分压作为缓蚀剂优选方向，选择了 XHY-7、CX-19、CX-19C 缓蚀剂作为目标缓蚀剂，模拟现场条件进行对比实验，优选出更加适合现场使用的缓蚀剂。

　　目前，国内外主要通过采用本质安全设计、抗腐蚀材料选择及缓蚀剂应用等技术来抑制油管腐蚀。其中，本质安全设计与抗腐蚀材料选择主要应用于新建油管的内腐蚀防护，对于已建管道，缓蚀剂应用则显示出其优越性。缓蚀剂应用主要包括缓蚀剂加注与缓蚀剂预膜两种方法。缓蚀剂加注通常是利用泵或旁通高差气源，将缓蚀剂从安装于管道中心的喷嘴喷射成雾状后被气流带走，进而对管道进行内腐蚀防护。由于其缓蚀效能及管道保护距离在很大程度上受气流速度、管道铺设地势陡缓及缓蚀剂雾化程度因素的影响，且喷射后的缓蚀剂分子在重力作用下易聚集于管道底部，致使管道上部得不到有效防护，因此，缓蚀剂加注方法在抑制输气管道内腐蚀的实际应用中存在一定的局限性。缓蚀剂预膜的基本思路是通过缓蚀剂段塞在管道内的流动，使缓蚀剂分子与管道内壁充分接触，进而在管道内壁形成一层较薄、致密且附着力强的防腐膜。由于缓蚀剂预膜可有效预防管道上部腐蚀，且成膜均匀致密，因此，该技术越来越受到管道操作管理者的青睐。现有预膜技术多采用清管器式预膜工艺，例如龙岗气田、普光气田、塔河油田等油气田均采用此技术。然而，清管器式工艺多用于水平管道，且需通过发球筒形成缓蚀剂段塞，再用清管器推动其对管线预膜。对于竖直的油管，则无法利用清管器式工艺对管道进行缓蚀剂预膜。

　　川西 Y 区块气田采用喷注缓蚀剂的方式对油管防腐。根据现场应用情况，已经取得了很好的防腐效果。但加注缓蚀剂的剂量、时间及加注方式等没有充分的理论依据，多是依据经验判断。此外，由于不合适的加注剂量，导致了井底积液，影响了正常生产。通过设计不同的实验参数，对缓蚀剂预膜质量进行评价，分析缓蚀剂加注量、气流速度、缓蚀剂溶液黏度等因素对管道预膜效果的影响，进而对缓蚀剂加注量、预膜压力、预膜周期等操作参数进行研究，从而为更深入的研究提供必要的准备，达到控制缓蚀剂预膜质量，减缓管道内腐蚀，提高油管使用寿命，确保管道生产运行安全，丰富和拓展缓蚀剂预膜技术及其应用范围的目的。

6.1 缓蚀剂优选与评价

6.1.1 缓蚀剂物化性质测试

根据 SY/T 7025—2014 酸性油气田用缓蚀剂性能实验室评价方法要求，油田在使用缓蚀剂防腐时应先测试缓蚀剂与地层水的配伍性，避免因入井流体与地层流体的不配伍而引起储层伤害。因后续实验缓蚀剂的添加浓度为 1% 左右，且缓蚀剂的密度与水的密度相近，故将缓蚀剂用地层水稀释 100 倍后静置 1d，观察缓蚀剂与地层水的配伍性，实验结果如图 6.1 所示。

(a) 混合初期   (b) 静置1d后

图 6.1 缓蚀剂与地层水配伍性

对三种缓蚀剂的物化性质进行测试，结果如表 6.1 所示。

表 6.1 缓蚀剂物化性质测试

缓蚀剂	测试项目	测试结果
XHY-7	外观	亮黄色液体
	有效成分	油酸基咪唑啉、十二烷基二甲基甜菜碱、稳泡剂
	稀释 100 倍后 pH 值	6.9
	密度 /（g/cm³）	1.06
	黏度 /mPa·s	3.2
	与地层水配伍性	良好
CX-19	外观	黄色液体
	有效成分	硫酰胺咪唑啉、乙氧基壬基酚、乙二醇
	稀释 100 倍后 pH 值	8.6

缓蚀剂	测试项目	测试结果
CX-19	密度 / (g/cm³)	0.86
	黏度 /mPa·s	12.3
	与地层水配伍性	较好
CX-19C	外观	淡黄色液体
	有效成分	咪唑啉聚氧乙烯醚
	稀释 100 倍后 pH 值	7.9
	密度 / (g/cm³)	0.98
	黏度 /mPa·s	6.7
	与地层水配伍性	良好

从表 6.1 可知,三种缓蚀剂均为咪唑啉型缓蚀剂,在稀释 100 倍后为中性或碱性,不会对油管造成二次腐蚀,将缓蚀剂与地层水混合静置 1d 后,发现缓蚀剂可均匀分散于地层水中,未出现分层现象,配伍性良好,可作为实验用缓蚀剂。

6.1.2　P110 试片腐蚀空白实验

首先开展 P110 试片在不添加缓蚀剂条件下的腐蚀实验,以确定缓蚀效果评价基准。实验介质为模拟 X856 井地层水,CO_2 分压为 1.4MPa,温度为 120℃,流速为 2m/s,反应时间为 5d。实验方法与第三章实验相同,实验结果如表 6.2 所示。

表 6.2　P110 试片无缓蚀剂条件下的实验结果

实验编号	试片尺寸 /mm	失重 /g	腐蚀速率 / (mm/a)	平均腐蚀速率 / (mm/a)
1	39.90×9.70×2.66	0.3360	3.0104	
2	39.88×9.72×2.68	0.3100	2.7689	2.8919
3	39.82×9.76×2.72	0.3261	2.8964	

分析表 6.2 可知,P110 试片在 120℃,未添加缓蚀剂时的年均腐蚀速率高达 2.8919mm/a,是行业标准规定的年均腐蚀速率 0.076mm/a 的 38 倍。观察腐蚀后的形貌发现试片表面点蚀严重,穿孔失效的风险很高。

P110 试片腐蚀后的形貌如图 6.2 所示,从图 6.2(a)中可以看出,腐蚀后的试片被一层黑色腐蚀产物膜覆盖,试片棱角处有薄片状产物膜,腐蚀产物极易脱落。观察图 6.2(b)可知,经除锈剂清洗后,腐蚀产物膜溶解,试片点蚀严重,可见腐蚀产物膜对金属的保护能力很弱。

P110 试片腐蚀后的 SEM 形貌如图 6.3 所示。

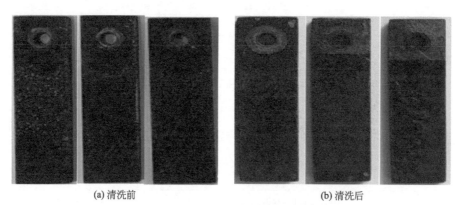

(a) 清洗前   (b) 清洗后

图 6.2　P110 试片腐蚀后形貌

(a) 200×   (b) 2000×

图 6.3　P110 试片腐蚀后 SEM 形貌

从图 6.3 可以看出试片表面覆盖有一层立方状 $FeCO_3$ 晶体，将试片放大到 2000 倍发现 $FeCO_3$ 晶体之间排列不规则。晶粒间存在较大的间隙，腐蚀介质可透过间隙继续与金属反应，腐蚀形成的产物膜对基体的保护能力很弱。

6.1.3　XHY-7 缓蚀剂应用效果评价

XHY-7 缓蚀剂是一种咪唑啉型缓蚀泡排剂，主要成分为油酸基咪唑啉、十二烷基二甲基甜菜碱和稳泡剂，外观为亮黄色液体。该缓蚀剂毒性较低，可在金属表面形成一层单分子吸附膜，阻止腐蚀介质与金属接触，从而延缓腐蚀的发生。为评价该缓蚀剂对 P110 级油套管的缓蚀能力，在高温高压反应釜中进行模拟现场条件下的腐蚀实验，实验条件与空白实验相同。不同浓度 XHY-7 缓蚀剂实验结果如表 6.3 所示。添加 XHY-7 缓蚀剂后 P110 试片宏观腐蚀形貌如图 6.4 ～图 6.6 所示，SEM 腐蚀形貌如图 6.7 所示。

表 6.3　不同浓度 XHY-7 缓蚀剂实验结果

实验编号	质量分数 /%	试片尺寸 /mm×mm×mm	失重 /g	腐蚀速率 /(mm/a)	平均腐蚀速率 /(mm/a)	缓蚀率 /%
1		39.78×9.82×2.74	0.1949	1.7211		
2	0.5	39.86×9.86×2.76	0.2069	1.8143	1.6966	41.33
3		39.84×9.76×2.72	0.1751	1.5545		

实验编号	质量分数 /%	试片尺寸 /mm × mm × mm	失重 /g	腐蚀速率 /(mm/a)	平均腐蚀速率 /(mm/a)	缓蚀率 /%
4		39.90×9.70×2.62	0.1183	1.0639		
5	1.0	38.82×9.76×2.66	0.1208	1.1053	1.0842	62.51
6		38.84×9.68×2.64	0.1174	1.0833		
7		39.92×9.72×2.68	0.0931	0.8307		
8	1.5	39.86×9.78×2.66	0.1098	0.9785	0.9410	67.46
9		39.82×9.80×2.76	0.1149	1.0137		

分析表 6.3 可知，P110 油管的腐蚀速率随着缓蚀剂浓度的增加而降低。当缓蚀剂添加比例超过 1.0% 后，缓蚀增效显著降低，浓度为 1.5% 时的缓蚀率仅比浓度为 1.0% 时提高 4.95%，此时的平均腐蚀速率为 0.9410mm/a，油管腐蚀仍相对严重，表明该缓蚀剂对 P110 钢的缓蚀能力有限。

分析试片腐蚀后的形貌图可知：①当缓蚀剂添加浓度为 0.5% 时，腐蚀产物膜成分主要是 $FeCO_3$ 晶体，缓蚀剂未在试片表面形成有效的保护膜；②当缓蚀剂的添加浓度为 1.0% 时，缓蚀剂在试片表面生成多层的保护膜，但保护膜与金属基体的附着性差，保护膜不断生长、剥落，保护能力较差；③当缓蚀剂的添加浓度为 1.5% 时，XHY-7 缓蚀剂与基体形成的保护膜致密性较好。

(a) 清洗前　　　　　　　　　　　　(b) 清洗后

图 6.4　添加 XHY-7 缓蚀剂后 P110 试片宏观腐蚀形貌（0.5%）

(a) 清洗前　　　　　　　　　　　　(b) 清洗后

图 6.5　添加 XHY-7 缓蚀剂后 P110 试片宏观腐蚀形貌（1.0%）

| (a) 清洗前 | (b) 清洗后 |

图 6.6　添加 XHY-7 缓蚀剂后 P110 试片宏观腐蚀形貌（1.5%）

| (a) 0.5% | (b) 1.0% | (c) 1.5% |

图 6.7　添加 XHY-7 缓蚀剂后 P110 试片 SEM 腐蚀形貌

6.1.4　CX-19 缓蚀剂应用效果评价

CX-19 是一种油溶水分散型缓蚀剂，主要成分为硫酰胺咪唑啉、乙氧基壬基酚、乙二醇，其缓蚀机理为主剂以 N、O、S 元素为吸附中心向金属表面提供孤对电子与金属原子空的 d 轨道形成配位键，牢牢吸附在金属表面，未吸附的 R 基团自由舒展，形成一层疏水保护膜，阻止腐蚀介质与金属基体接触，延缓和阻止腐蚀的发生，属于吸附型缓蚀剂。为评价 CX-19 缓蚀剂对 P110 钢的缓蚀能力，在高温高压反应釜中模拟现场工况开展腐蚀实验，实验条件与前实验相同，实验结果如表 6.4 所示。添加 CX-19 缓蚀剂后 P110 试片宏观形貌如图 6.8 ～图 6.10 所示，SEM 形貌如图 6.11 所示。

表 6.4　不同浓度 CX-19 缓蚀剂实验结果

实验编号	质量分数 /%	试片尺寸 /mm×mm×mm	失重 /g	腐蚀速率 /(mm/a)	平均腐蚀速率 /(mm/a)	缓蚀率 /%
1	0.5	39.88×9.82×2.62	0.1069	0.9523	0.9503	67.14
2		39.90×9.82×2.74	0.1153	1.0154		
3		39.92×9.68×2.68	0.0987	0.8834		
4	1.0	39.80×9.82×2.74	0.0432	0.3855	0.3839	86.73
5		38.74×9.82×2.62	0.0412	0.3684		

实验编号	质量分数 /%	试片尺寸 /mm × mm × mm	失重 /g	腐蚀速率 /(mm/a)	平均腐蚀速率 /(mm/a)	缓蚀率 /%
6	1.0	38.84×9.76×2.76	0.0449	0.3974	0.3839	86.73
7		39.86×9.86×2.82	0.0584	0.5093		
8	1.5	39.88×9.82×2.82	0.0612	0.5349	0.5364	81.45
9		39.82×9.82×2.86	0.0649	0.5651		

分析表 6.4 实验数据可知：①当缓蚀剂添加浓度小于 1% 时，缓蚀率随着添加浓度的增加而增大。当添加浓度大于 1% 时，缓蚀率随着添加浓度的增加而减小。② CX-19 缓蚀剂的最佳添加浓度为 1%，此时 P110 试片的平均腐蚀速率为 0.3839mm/a，缓蚀率为 86.73%。

(a) 清洗前   (b) 清洗后

图 6.8　添加 CX-19 缓蚀剂后 P110 试片宏观腐蚀形貌（0.5%）

(a) 清洗前   (b) 清洗后

图 6.9　添加 CX-19 缓蚀剂后 P110 试片宏观腐蚀形貌（1.0%）

(a) 清洗前   (b) 清洗后

图 6.10　添加 CX-19 缓蚀剂后 P110 试片宏观腐蚀形貌（1.5%）

分析 P110 试片宏观腐蚀形貌并结合表 6.4 实验数据可知，P110 试片表面吸附着一层黏稠的黑色保护膜，清洗试片后金属表面有轻微点蚀痕迹，但点蚀区域均匀分布，点蚀坑呈针尖状且深度很浅，类似于均匀腐蚀，腐蚀速率相对较低。对比不同浓度缓蚀剂溶液中试片的腐蚀形貌发现当缓蚀剂的添加浓度为 1.0% 时，P110 试片表面较光滑，相对其他浓度下的试片，点蚀区域更少、点蚀坑较浅，缓蚀效果最好。

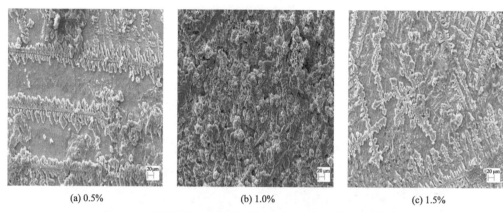

(a) 0.5%　　　　　　(b) 1.0%　　　　　　(c) 1.5%

图 6.11　添加 CX-19 缓蚀剂后 P110 试片 SEM 腐蚀形貌

分析 P110 试片在不同浓度 CX-19 缓蚀剂中的微观腐蚀形貌可知：当溶液中 CX-19 缓蚀剂的添加浓度从 0.5% 增加到 1.5% 过程中，P110 试片表面吸附的缓蚀剂先增加后减少。当缓蚀剂的添加浓度为 0.5% 时，试片表面仅吸附有少量的缓蚀剂；当缓蚀剂的添加浓度为 1.0% 时，试片表面形成一层致密的缓蚀剂吸附膜使金属与腐蚀介质隔离，腐蚀速率显著下降；当缓蚀剂的添加浓度为 1.5% 时，试片表面吸附的缓蚀剂再次减少，这是因为缓蚀剂与金属的吸附是一个动态竞争过程，当溶液中缓蚀剂的分子数增加时竞争加剧，出现脱附现象，使缓蚀效果降低。

6.1.5　CX-19C 缓蚀剂应用效果评价

CX-19C 水溶性咪唑啉缓蚀剂主要成分为咪唑啉聚氧乙烯醚，是油溶性咪唑啉经环氧化而成的非离子表面活性剂，外观为淡黄色液体，水溶性好，可与地层水充分混溶。为评价 CX-19C 缓蚀剂对 P110 钢的缓蚀能力，在高温高压反应釜中模拟现场工况开展腐蚀实验，实验条件与前实验相同，实验结果如表 6.5 所示。添加 CX-19C 缓蚀剂后 P110 试片宏观腐蚀形貌如图 6.12 ～图 6.14 所示，SEM 形貌如图 6.15 所示。

表 6.5　不同浓度 CX-19C 缓蚀剂实验结果

实验编号	质量分数 /%	试片尺寸 /mm×mm×mm	失重 /g	腐蚀速率 /（mm/a）	平均腐蚀速率 /（mm/a）	缓蚀率 /%
1		39.76×9.74×2.82	0.1203	1.0616		
2	0.5	39.88×9.88×2.74	0.1129	0.9894	1.0616	63.29
3		39.82×9.74×2.84	0.1289	1.1338		

实验编号	质量分数 /%	试片尺寸 /mm × mm × mm	失重 /g	腐蚀速率 / (mm/a)	平均腐蚀速率 /(mm/a)	缓蚀率 /%
4		39.76×9.72×2.72	0.1013	0.9044		
5	1.0	39.86×9.66×2.76	0.0951	0.8473	0.8548	70.44
6		39.88×9.72×2.70	0.0912	0.8128		
7		39.82×9.86×2.80	0.0891	0.7791		
8	1.5	39.84×9.88×2.82	0.0922	0.8034	0.7791	73.06
9		39.82×9.84×2.78	0.0860	0.7547		

分析表 6.5 可知，CX-19C 缓蚀剂的缓蚀效率与添加浓度呈正相关关系，腐蚀速率随着缓蚀剂浓度的增加而降低。当缓蚀剂的添加浓度为 1.5% 时，P110 钢的平均腐蚀速率为 0.7791mm/a，缓蚀率为 73.06%。

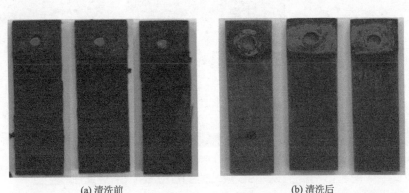

(a) 清洗前　　　　　　　　　　　　(b) 清洗后

图 6.12　添加 CX-19C 缓蚀剂后 P110 试片宏观腐蚀形貌（0.5%）

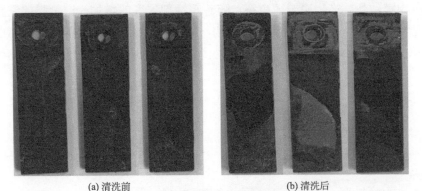

(a) 清洗前　　　　　　　　　　　　(b) 清洗后

图 6.13　添加 CX-19C 缓蚀剂后 P110 试片宏观腐蚀形貌（1.0%）

分析 P110 油管宏观腐蚀相貌可知：①当缓蚀剂浓度为 0.5% 时，金属表面多处腐蚀产物膜与基体脱离，腐蚀产物膜与 P110 钢的结合性差，缓蚀效果有限。随着缓蚀剂浓度的增加，腐蚀产物膜对金属的吸附性增强，酸洗后大部分腐蚀产物膜仍能吸附在金属表面，腐蚀速率降低。②腐蚀产物膜的缺陷容易产生"大阴极小阳极"现象，诱发严重的局部腐蚀。因此，

CX-19C 缓蚀剂对 P110 钢的缓蚀效果不理想，不能解决该区块油管腐蚀穿孔的问题。

(a) 清洗前　　　　　　　　　　(b) 清洗后

图 6.14　添加 CX-19C 缓蚀剂后 P110 试片宏观腐蚀形貌（1.5%）

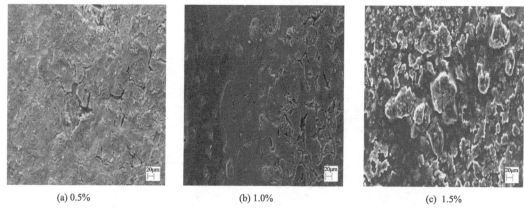

(a) 0.5%　　　　　　　(b) 1.0%　　　　　　(c) 1.5%

图 6.15　添加 CX-19C 缓蚀剂后 P110 试片 SEM 腐蚀形貌

分析 P110 油管腐蚀后的微观形貌可知，当缓蚀剂的浓度为 0.5% 时，试片表面生成多层的腐蚀产物膜，外层产物膜表面龟裂。随着缓蚀剂浓度的增加，产物膜的完整性随之增加，在浓度为 1.0% 时，产物膜仍为多层结构，龟裂区域减小，产物膜完整性增强。在浓度为 1.5% 时，缓蚀剂形成的腐蚀产物膜不再为多层结构，产物膜表面粗糙但致密性良好，未见有孔隙。

6.2　台架实验准备

6.2.1　实验目的

① 通过改变注入液方式［大喷嘴（内径为 ϕ12.7mm）注入、小喷嘴（内径为 ϕ6.35mm）注入及组合双喷嘴注入］，测试积液各项参数，如井底压力、井底温度、注入气量及缓蚀剂注入量等参数，运用现代化技术手段（高清数码相机及摄像机）捕捉高速气流中液膜的实际形状、预膜效果，提供在井底各种工况下不积液的缓蚀剂最大注入速度及加注量。

② 通过改变空压机注入排量测试各项参数，如缓蚀剂注入量、预膜时间、井底压力、井底温度等参数，运用现代化技术手段（高清数码相机及摄像机）捕捉高速气流中液膜的实际形状、预膜效果，为计算井底各种工况下的缓蚀剂液膜厚度提供相应参数，并提供井底各种工况下使油管内壁预膜成功的最小加注量。

③ 通过改变注入缓蚀剂的类型（1型缓蚀剂、2型缓蚀剂）测试各项参数，如井底压力、井底温度、注入气量及缓蚀剂注入量、预膜破坏时间等参数，运用现代化技术手段（高清数码相机及摄像机）捕捉高速气流中液膜的实际形状、成膜效果，对比各种缓蚀剂的预膜效果，为缓蚀剂的选择提供相应依据。

④ 通过改变不同堵漏剂浓度，运用现代化技术手段（高清数码相机及摄像机）捕捉高速气流中液膜的实际形状、成膜效果并观测是否堵塞喷嘴，评价残余堵漏剂对注入缓蚀剂的影响。

6.2.2 实验装置

本实验基于西南石油大学"油气藏地质及开发工程国家重点实验"气体钻井钻柱动力学实验装置及井筒实验架，改装后的实验台架装置示意图如图6.16所示。

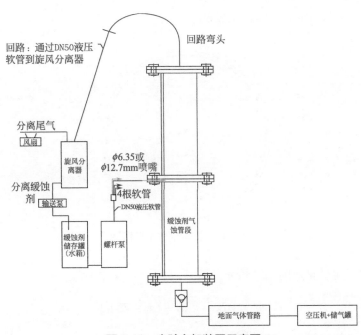

图6.16 实验台架装置示意图

6.2.3 实验参数设计

本实验需要确定缓蚀剂用量、注气量、缓蚀剂加注速率等参数。

6.2.3.1 缓蚀剂用量

根据现场提供的缓蚀剂加注情况（表6.6），确定实验所需缓蚀剂用量。

表 6.6　现场缓蚀剂加注情况

序号	油管内径 /mm	加注量 /kg	加注时间 /min	加注速率 /（L/min）
1	76	1000	150	6.67
2	76	300	120	2.50
3	76	500	90	5.56

假设三次加注后，缓蚀剂均匀涂抹至油管内表面，且未被天然气带出，如图 6.17 所示，则其成膜厚度 δ 有如下关系：

$$\frac{m_1}{\rho L_1} = \frac{1}{4}\pi[d_1^2 - (d_1 - 2\delta)^2] \qquad (6.1)$$

式中　m_1——缓蚀剂总加注量，kg；

　　　ρ——缓蚀剂密度，kg/m³，取 1000kg/m³；

　　　L_1——井筒长度，m，取 4811m；

　　　d_1——油管内径，m，取 0.076m；

　　　δ——成膜厚度，m。

经计算可得，δ=0.0016m，即为 1.6mm。

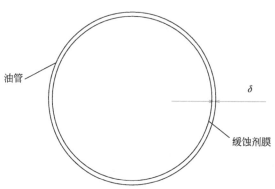

图 6.17　缓蚀剂成膜示意图

同理，涂抹至实验管道的加注量 m_2 为：

$$m_2 = \rho L_2 \frac{1}{4}\pi[d_2^2 - (d_2 - 2\delta)^2] \qquad (6.2)$$

式中　m_2——每次物理模拟实验中的缓蚀剂加注量，kg；

　　　L_2——模型井筒的长度，m，取 36m；

　　　d_2——模型管内径，m，取 0.07m；

代入相关数据，计算得 m_2=12.37kg。根据计算结果，结合实验数量，则本次台架实验需提供 700kg 左右的缓蚀剂才能满足实验需求。

6.2.3.2　注气量

假定高磨地区震旦系气藏的全部成分均为甲烷，根据相关资料，井下天然气的物性参数可由下列公式确定：

$$p_r = \frac{p}{p_c} \qquad T_r = \frac{T}{T_c} \qquad R_g = \frac{R}{M_g} \qquad (6.3)$$

式中 p_r——天然气的对比压力，无量纲；

T_r——天然气的对比温度，无量纲；

p——天然气的压力，MPa；

T——天然气的温度，K；

p_c——天然气的临界压力，MPa，取 4.6408MPa；

T_c——天然气的临界温度，K，取 190.67K；

R_g——天然气的气体常数，J/（kg·K）；

R——通用气体常数，8.314J/（mol·K）；

M_g——天然气的摩尔质量，16kg/kmol。

天然气的偏差系数 Z：

$$Z = p_{pr}(0.711 + 3.66T_{pr})^{-1.4667} - 1.637/(0.319T_{pr} + 0.522) + 2.071 \qquad (6.4)$$

天然气的密度 ρ_g：

$$\rho_g = \frac{p}{ZRT} \qquad (6.5)$$

天然气的黏度 μ_g：

$$u_g = 10^{-4}K \cdot \exp(X\rho_g^Y)$$

$$K = \frac{(9.4 + 0.02M_g)(1.8T)^{1.5}}{209 + 19M_g + 1.8T} \qquad (6.6)$$

$$X = 3.5 + \frac{986}{1.8T} + 0.01M_g$$

$$Y = 2.4 - 0.2X$$

天然气的物性参数计算结果及标况下空气的物性参数如表 6.7 所示。

表6.7 空气及天然气的物性参数

介质	温度 /K	压力 /MPa	密度 /（kg/m³）	偏差系数	黏度 /（mPa·s）
空气	273	0.101325	1.23	1	1.72×10^{-2}
天然气	426	56	202.83	1.225	6.64×10^{-2}

根据实际气体状态方程：

$$pV = ZnRT \qquad (6.7)$$

式中 p——气体压力，MPa；

T——气体热力学温度，K；

V——气体的体积，m³；

Z——气体偏差系数；

R——通用气体常数；

n——气体物质的量，mol。

则标准状况下：

$$p_1V_1=Z_1nRT_1$$

而在井底状况下：

$$p_2V_2=Z_2nRT_2$$

因此：

$$\frac{p_1Q_1}{p_2Q_2}=\frac{Z_1T_1}{Z_2T_2}$$

即天然气产量换算为井底产量为：

$$Q_2=\frac{p_1Q_1}{p_2}\times\frac{Z_2T_2}{Z_1T_1} \tag{6.8}$$

井底流速为：

$$v_2=\frac{4Q_2}{\pi d^2} \tag{6.9}$$

式中 p_1——标准状况下的气体压力，0.101325MPa；

T_1——气体标准温度，293K；

V_1——标准状况下的气体体积，m^3；

Z_1——标准状况下气体压缩因子，1；

Q_1——气体的标准产量，m^3/d；

p_2——井底压力，MPa；

T_2——井底温度，K；

V_2——井底状况下的气体体积，m^3；

Z_2——井底状况下气体压缩因子，1.225；

Q_2——气体的井底产量，m^3/d；

v_2——气体的井底流速，m/s；

d——油管内径，m。

根据现场提供的生产数据和井底相关状态参数，换算出井底产量及井底流速如表 6.8 所示。

表6.8 生产数据及井底流速

序号	油管内径 /mm	产量 / (m³/d)	井底压力 /MPa	井底温度 /℃	井底流速 / (m/s)
1	76	405203	56	153	3.33
2	76	402991	56	153	3.31
3	76	400059	56	153	3.28

为了使实验结果能够指导实际，应按相似原理设计实验参数。根据相关文献，气液两相管流模拟实验可采用雷诺相似准则，即：

$$\frac{\rho_p v_p d_p}{\mu_p}=\frac{\rho_m v_m d_m}{\mu_m} \tag{6.10}$$

式中 ρ_p——天然气的密度，kg/m^3；

d_p——油管内径，m；

v_p——天然气的流速，m/s；

μ_p——天然气的黏度，Pa·s；

ρ_m——空气密度，kg/m^3；

d_m——模拟油管内径，m；

v_m——空气的流速，m/s；

μ_m——空气的黏度，Pa·s。

则：

$$v_m = v_p \frac{\rho_p d_p \mu_m}{\rho_m d_m \mu_p}$$ （6.11）

此外，若考虑两相流体之间的表面张力的影响，气液两相流动模拟实验亦可采用韦伯相似准则，即：

$$\frac{\rho_p d_p v_p^2}{\sigma_p} = \frac{\rho_m d_m v_m^2}{\sigma_m}$$ （6.12）

式中 ρ_p——天然气的密度，kg/m^3；

d_p——油管内径，m；

v_p——天然气的流速，m/s；

σ_p——天然气与缓蚀剂间的表面张力系数，N/m；

ρ_m——空气密度，kg/m^3；

d_m——模拟油管内径，m；

v_m——空气的流速，m/s；

σ_m——空气与缓蚀剂间的表面张力系数，N/m。

假定，天然气与缓蚀剂间的表面张力系数同空气与缓蚀剂间的表面张力系数大致相等，则实验中应该采用的空气流速为：

$$v_m = v_p \sqrt{\frac{\rho_p d_p}{\rho_m d_m}}$$ （6.13）

则模拟实验的注气量如表 6.9 所示。

表 6.9 模拟实验注气量

方案	雷诺相似的注气速度 /（m/s）	雷诺相似的注气量 /（m³/d）	韦伯相似的注气速度 /（m/s）	韦伯相似的注气量 /（m³/d）	两种相似准则的偏差 /%
1	38.35	13290	45.33	13870	15.4
2	38.14	13220	45.08	13800	15.4
3	37.87	13120	44.75	13700	15.4

计算结果显示，采用两种相似准则的注气速度和注气量偏差为 15.4%，在气体携液流动中，黏性力的影响比表面张力的影响更大，因此在模型实验中拟采用雷诺相似准则。

根据以上相关要求，计算的注气量如表 6.10 所示。

表 6.10　计算的模拟实验注气量

方案	天然气产量 /（m³/d）	换算为井底流量 /（m³/d）	井底流速 /（m/s）	模拟实验空气排量 /（m³/h）	换算为空气流速 /（m/s）
1	405203	1303.45	3.32	615	37.67
2	402991	1296.30	3.30	612	37.46
3	400059	1286.90	3.28	607	37.19
4	50000	160.80	0.41	76	4.64
5	100000	321.70	0.82	152	9.30
6	150000	482.50	1.23	228	13.94
7	200000	643.40	1.64	303	18.59
8	250000	804.20	2.05	379	23.24
9	300000	965.00	2.46	455	27.89

根据表 6.10 结果，拟在实验中采用的注气量方案有 620m³/h（模拟生产工况）、310m³/h（天然气产量约为 20×10⁴m³/d）、230m³/h（天然气产量约为 15×10⁴m³/d）、500m³/h（天然气产量约为 30×10⁴m³/d）。在实验中根据实验情况可对实验注气量适当调整。

6.2.3.3　缓蚀剂加注速率

为模拟现场缓蚀剂预膜效果，采用现场提供的加注速率，由表 6.6 可知，加注速率分别为 2.50L/min、5.56L/min、6.67L/min。此外，为探索缓蚀剂的最佳加注速率，可从 1L/min 开始逐步增加到泵的最大流量 9L/min，在实验中寻找成膜效果的最佳加注速率。

6.3　实验结果

6.3.1　临界注气量及缓蚀剂最大注入量实验

6.3.1.1　实验步骤

① 为增强实验观察效果在缓蚀剂中添加有质量分数为 0.5% 的油溶红示踪剂，同时配制一定浓度的清洗剂，用于每次实验结束后清洗管道内壁；

② 连接控制仪，检查测控线路是否正常；

③ 打开底部大喷嘴（12.7mm），关闭其余喷嘴，起升实验架至竖直位置；

④ 启动空气压缩机，将其排量调节至 150m³/h；

⑤ 打开螺杆泵，通过底部喷嘴向实验段注入缓蚀剂，调节电磁阀，控制其注入量为 1L/min；

⑥ 缓慢调大空压机流量，当观察到管内缓蚀剂被举升起后，再调小气量，观察到井底积液后，再增大气量，反复几次，确定临界注气量，并记录；

⑦ 调节流量阀至方案需要气量；

⑧ 调节电磁阀，通过控制螺杆泵转速以调节缓蚀剂注入量；

⑨ 不断加大缓蚀剂注入量，观察连续携液或液膜卷吸；

⑩ 不间断监测管底缓蚀剂流动状况，当出现积液时，停止调节，待稳定后，记录此时所对应的缓蚀剂注入速度、空压机排量、相应的温度、压力等参数，完成一组积液实验；

⑪ 切换至清洗管道，采用清洗剂清洗管道，清洗完毕后，切换至清水管道进行冲洗，冲洗完毕后，切换至缓蚀剂管道，并关闭液阀；

⑫ 调节流量阀至其它方案需要的气量，重复以上步骤完成底部大喷嘴注入方式的其余实验；

⑬ 关闭螺杆泵，关闭空压机，降落升降机至水平位置，将底部小喷嘴打开，关闭其余喷嘴，重复步骤⑦~⑫，完成底部小喷嘴注入的其余实验；

⑭ 关闭螺杆泵，关闭空压机，降落升降机至水平位置，将底部小喷嘴打开，中部喷嘴打开，关闭其余喷嘴，重复步骤⑦~⑫，完成底部小喷嘴及中部喷嘴注入的其余实验；

⑮ 将缓蚀剂由 1 型缓蚀剂更换至 2 型缓蚀剂，重复实验步骤①~⑤，完成 2 型缓蚀剂所对应的临界注气量实验；

⑯ 重复实验步骤⑥~⑪，完成 2 型缓蚀剂最大注入量的确定；

⑰ 关闭设备所有阀门及电源开关，恢复原状，结束本项实验。

6.3.1.2　实验现象

实验中可清晰观测到各种注入方式下，缓蚀剂预膜效果随注气量变化的情况。缓蚀剂液相与气相均形成环雾流，说明预膜效果良好。随着注气量的减小，可以很清楚地观察到管道底部预膜效果的差异，注气量越大，颜色越深。但当缓蚀剂被携带到管道中部和上部时，已经比较均匀，也很难从肉眼判断预膜效果的差异，需根据实验数据进行定量分析。

通过控制注气量，可以准确测出临界注气量。保持注气量不变，通过调节缓蚀剂注入量，可以测得在一定气量下发生积液的最大缓蚀剂注入量。

6.3.1.3　实验结果

实验获得的原始数据如表 6.11 及表 6.12 所示。

表 6.11　不同工况下缓蚀剂加注速度

序号	缓蚀剂类型	注入方式	空压机排量（标况）/（m³/h）	井底不积液缓蚀剂加注最大速度/（L/min）	气液比	井底流速/（m/s）	气量/（m³/d）
1	1 型缓蚀剂	大喷嘴底部注入	230	2.3	1667	1.24	151600
2	1 型缓蚀剂	大喷嘴底部注入	320	8.9	599	1.73	210900
3	1 型缓蚀剂	小喷嘴底部注入	230	2.1	1825	1.24	151600
4	1 型缓蚀剂	小喷嘴底部注入	320	8.6	620	1.73	210900
5	1 型缓蚀剂	组合双喷嘴注入	230	4.6	833	1.24	151600
6	2 型缓蚀剂	大喷嘴底部注入	190	1.4	2262	1.03	125300
7	2 型缓蚀剂	大喷嘴底部注入	250	3.2	1302	1.73	164800
8	2 型缓蚀剂	小喷嘴底部注入	190	1.0	3166	1.03	125300
9	2 型缓蚀剂	小喷嘴底部注入	250	3.0	1389	1.35	164800
10	2 型缓蚀剂	组合双喷嘴注入	250	7.0	595	1.35	164800

表 6.12 不同缓蚀剂的临界注气量

序号	缓蚀剂种类	临界注气量（标况）/（m³/h）
1	1 型缓蚀剂	213
2	2 型缓蚀剂	185

（1）缓蚀剂不积液的最低天然气产量　根据经典的 Turner 模型可计算出在实验工况及井底工况的临界流速及气体携液临界流量，即式（6.14）与式（6.15）：

$$v_c = 5.5 \left[\frac{\sigma(\rho_L - \rho_G)}{\rho_G^2} \right]^{0.25} \tag{6.14}$$

$$q_c = 2.5 \times 10^8 \times \frac{Apv_c}{ZT} \tag{6.15}$$

式中　v_c——气体携液临界流速，m/s；

σ——气水表面张力，N/m；

q_c——气井携液临界流量，m³/d；

A——油管横截面积，m²；

p——压力，MPa；

T——温度，K；

Z——气体偏差系数。

经计算可得各种工况下的临界流量及临界流速如表 6.13 所示，并将计算结果与实验结果进行对比，如图 6.18 所示。

表 6.13 各工况下临界流速、临界流量

工况	介质	缓蚀剂	油管内径 /mm	临界流速 /（m/s）	临界流量 /（m³/d）
实验	空气	1 型缓蚀剂	70	13.8	4925
生产	天然气	1 型缓蚀剂	76	0.309（井底流速）	37589（标况）
实验	空气	2 型缓蚀剂	70	13.25	4728
生产	天然气	2 型缓蚀剂	76	0.964（井底流速）	36090（标况）

由图 6.18 可知，根据 Turner 模型计算的实验工况下的临界注气量分别为 205m³/h（1 型缓蚀剂）与 197m³/h（2 型缓蚀剂），而实验测得临界注气量分别为 213m³/h 与 185m³/h，相对误差仅为 3.80%（1 型缓蚀剂）和 6.10%（2 型缓蚀剂），两种情况吻合度较高。

通过相关换算，临界产气量应为 37589m³/d（1 型缓蚀剂）与 36090 m³/d（2 型缓蚀剂），即在低产量井（产量小于 36090 m³/d）注入缓蚀剂必会积液，影响正常生产。

（2）在各种折算气量下缓蚀剂不积液的最大注入速度　在各种折算气量和井底流速下缓蚀剂不积液的最大加注流量与折算气量的关系曲线如图 6.19 及图 6.20 所示。

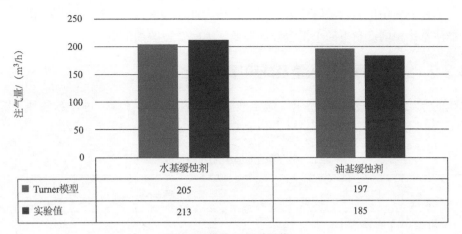

图 6.18　临界注气量计算结果与实验结果对比

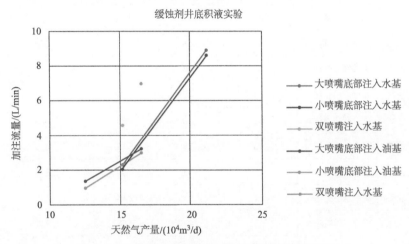

图 6.19　天然气折算气量与缓蚀剂加注流量的关系

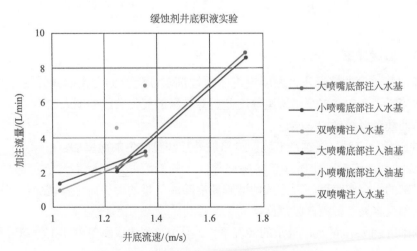

图 6.20　井底流速与缓蚀剂加注流量的关系

通过以上分析结果可得到如下结论：①对于单喷嘴注入方式，喷嘴的大小与井底积液关系不大，但是若采用组合双喷嘴注入，可明显增大注入速度，提高注入效率。②2型缓蚀剂的最大加注量比相同产量下的1型缓蚀剂要低，因此2型缓蚀剂更适合低产井。

6.3.2 缓蚀剂最小注入量及成膜厚度实验

实验的原始数据如表6.14所示，假定液膜在管内壁均匀预膜，可计算各种工况的液膜厚度。

表6.14 缓蚀剂最小注入量及成膜厚度

序号	缓蚀剂类型	注入方式	缓蚀剂注入速度 / (L/min)	实验时间 /s	总注入量 /L	空压机排量（标况）/ (m³/h)	液膜厚度 / mm
1	1型缓蚀剂	大喷嘴底部注入	2.5	62	2.58	620	0.66
2	1型缓蚀剂	大喷嘴底部注入	5.6	31	2.89	620	0.74
3	1型缓蚀剂	大喷嘴底部注入	6.7	29	3.24	620	0.82
4	1型缓蚀剂	大喷嘴底部注入	2.5	80	3.33	320	0.85
5	1型缓蚀剂	大喷嘴底部注入	5.6	58	5.41	320	1.38
6	1型缓蚀剂	大喷嘴底部注入	6.7	56	6.25	320	1.60
7	1型缓蚀剂	组合双喷嘴注入	2.5	48	2.00	620	0.51
8	1型缓蚀剂	组合双喷嘴注入	5.6	30	2.80	620	0.71
9	1型缓蚀剂	组合双喷嘴注入	6.7	28	3.13	620	0.79
10	1型缓蚀剂	组合双喷嘴注入	2.5	43	1.79	320	0.45
11	1型缓蚀剂	组合双喷嘴注入	5.6	23	2.15	320	0.54
12	1型缓蚀剂	组合双喷嘴注入	6.7	24	2.68	320	0.68
13	2型缓蚀剂	大喷嘴底部注入	2.5	22	0.92	620	0.23
14	2型缓蚀剂	大喷嘴底部注入	2.5	33	1.38	320	0.34

6.3.2.1 液膜厚度

在折算气量不变的情况下，液膜厚度随缓蚀剂加注流量的变化曲线如图6.21所示，在缓蚀剂注入流量不变的情况下，液膜厚度随折算气量的变化曲线如图6.22所示。

从以上曲线可以得到如下结论：

①在注气量一定时，缓蚀剂液膜厚度将随着加注量的增加而增加。

②在缓蚀剂加注量一定时，单喷嘴底部注入的液膜厚度将随着注气量的增加而减小，一底部一中部的组合双喷嘴注入方式的液膜厚度随注气量的增加而略有增加，在不同位置加入喷嘴进行预膜将显著影响液膜厚度。

③在相同的加注流量及注气量的情况下，2型缓蚀剂的成膜厚度比1型缓蚀剂的成膜厚度小得多。

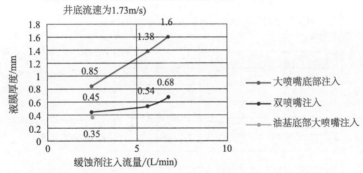

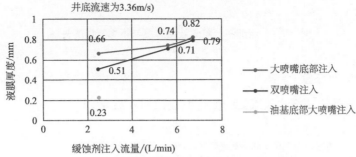

图 6.21　定气量时液膜厚度与缓蚀剂加注流量的关系

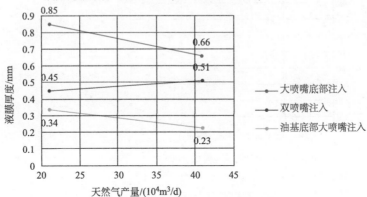

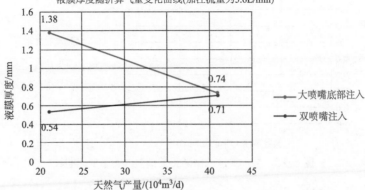

图 6.22

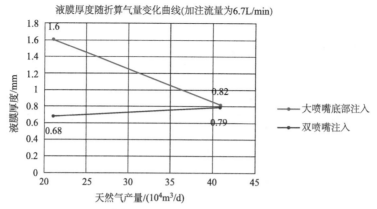

图 6.22　定加注流量时液膜厚度与折算气量的关系

6.3.2.2　最小加注量

最小加注总量随缓蚀剂注入流量的变化曲线如图 6.23 所示。

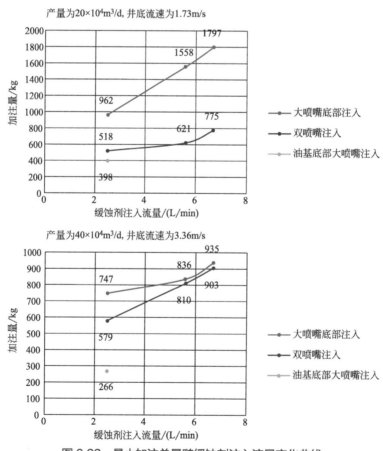

图 6.23　最小加注总量随缓蚀剂注入流量变化曲线

从以上曲线可以得到如下结论：

① 在折算气量一定时，缓蚀剂最小加注总量将随加注流量的增加而增加。

② 在低注气量时，组合双喷嘴注入与单喷嘴注入方式的最低加注总量有明显差异，在高注气量时，两种加注方式的最低加注总量差距不大。

③ 相同条件下，2 型缓蚀剂的最小加注量只有 1 型缓蚀剂最小加注量的 40% 左右。

6.3.3 两种缓蚀剂预膜效果对比

1 型缓蚀剂（水溶性）和 2 型缓蚀剂（油溶性）两种缓蚀剂成膜持续时间见表 6.15 所示。

表 6.15 成膜持续时间

序号	缓蚀剂类型	成膜持续时间	缓蚀剂注入速度（L/min）	空压机排量（标况）（m³/h）
1	1 型缓蚀剂	4 分 54 秒	5.0	520
2	2 型缓蚀剂	> 15 分钟	5.0	520

从实验数据可以看出，在相同气量及加注量的情况下，2 型缓蚀剂较之 1 型缓蚀剂形成的液膜更能长久持续。由此可知，2 型缓蚀剂的成膜效果更好。

6.3.4 堵漏剂加量对缓蚀剂预膜效果影响

将堵漏剂逐步加入缓蚀剂中，同时搅拌充分混合，循环后观察喷嘴流体流出情况，结果见表 6.16 所示。

表 6.16 堵漏剂加量对预膜效果的影响

序号	缓蚀剂类型	喷嘴尺寸 /mm	堵漏剂加量 /%	喷嘴出口流体流动情况
1	1 型缓蚀剂	6.35	9.8	流动顺畅
2	1 型缓蚀剂	6.35	19.1	流动顺畅
3	1 型缓蚀剂	6.35	28.5	流动顺畅
4	1 型缓蚀剂	6.35	38.0	断续断流
5	2 型缓蚀剂	12.70	9.8	流动顺畅
6	2 型缓蚀剂	12.70	19.1	流动顺畅
7	2 型缓蚀剂	12.70	28.5	流动顺畅
8	2 型缓蚀剂	12.70	38.0	流动顺畅

从实验数据可以看出：堵漏剂加量达 38.0% 时，大喷嘴出口流体流动顺畅，小喷嘴出口流体流动不是很通畅，呈断续断流状态，但仍未堵塞。因此在残余堵漏剂浓度为 38.0% 时，其存在不会影响缓蚀剂的预膜效果。

6.4 缓蚀剂流动状态及预膜效果仿真

6.4.1 模型的建立

针对室内实验和现场井下缓蚀剂注入工艺，开展缓蚀剂不同注入方式的流动状态和预膜效果评价模拟分析，利用计算流体力学（CFD）软件建立如图 6.24 所示缓蚀剂注入流道，模拟在室内实验注入空气和井下高温高压工况下缓蚀剂注入的流动状态，并在此基础上分析缓蚀剂在管壁的预膜过程和预膜效果。模型参数见表 6.17 所示。

表 6.17　模拟工况及模型参数

序号	缓蚀剂类型	模型直径 D/mm	总长 H/m	喷嘴直径 d/mm	气体入口流量 /（kg/s）	表面粗糙度 /mm	液体入口流量 /（kg/s）	模拟工况
1	1 型	70	33	6.35	0.071	0.01	0.119	室内实验
2	2 型	70	33	6.35	0.071	0.01	0.113	室内实验
3	1 型	76	100	12.7	3.024	0.1	0.141	现场
4	2 型	76	100	12.7	3.024	0.1	0.134	现场

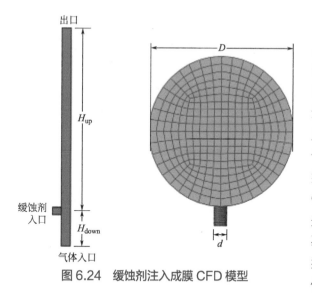

图 6.24　缓蚀剂注入成膜 CFD 模型

缓蚀剂通过管柱侧向阀门注入，根据尺寸大小，CFD 模型建立直径为 d 的缓蚀剂入口（inlet-fluid），实验气体或井下高温高压气体从模型气体入口（inlet-gas）进入，直径 D 为室内实验管柱或井下生产管柱内径，缓蚀剂入口（inlet-fluid）和气体入口（inlet-gas）高度相差 H_{down}；模型总长为 H，缓蚀剂注入口与模型出口（outlet）的高度相差 H_{up}，根据室内实验或井下工况条件改变模型尺寸，模拟不同工况的流场和缓蚀剂预膜效果。本文在此模型基础上，针对室内实验和井下工况的具体尺寸和压力温度设定 1 型缓蚀剂和 2 型缓蚀剂注入流动和预膜过程，并在管壁预膜后分析气体持续注入对缓蚀剂液膜影响。

6.4.2 室内缓蚀剂（1 型）流动及预膜效果分析

6.4.2.1 1 型缓蚀剂注入流动状态分析

根据室内实验设备及管柱改造尺寸，在实验工况下有效模拟油管总长为 33m，缓蚀剂注入口和气体注入口高差 H_{down} 为 1m 时，研究缓蚀剂与气体汇合相互作用。注入空气代替天然气，空气密度 $\rho=1.23 \text{kg/m}^3$。1 型缓蚀剂密度为 990kg/m³，黏度为 2mPa·s。在 CFD 模型中，以空气为气相，1型缓蚀剂为液相，由于模拟大气环境实验过程，两相均为不可压缩流体。1型缓蚀剂注入管内流体压力分布见图6.25所示。

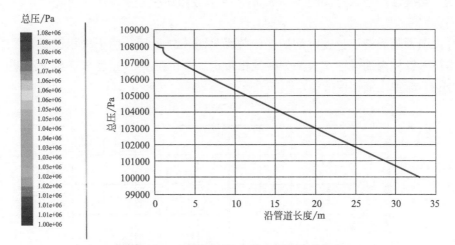

图6.25　1型缓蚀剂注入管内流体压力分布

从图6.25可知，缓蚀剂和气体进入实验管后，在管内交汇处发生了一定的压降，缓蚀剂的注入阻碍了空气的顺畅流动，在缓蚀剂注入口以上管柱内，流体压力很快恢复成为线性降低，33m实验管柱总压降约为8000Pa。

不可压缩空气流体，与注入缓蚀剂在缓蚀剂入口附近交汇，缓蚀剂横向冲入管内，使得气相和液相体积分数发生变化，但是由于缓蚀剂的体积相对气相小得多，从管内流体剖面基本看不出液相的体积分量，而且液相的速度被气体携带迅速增加，气相和液相的速度基本相同，见图6.26所示。

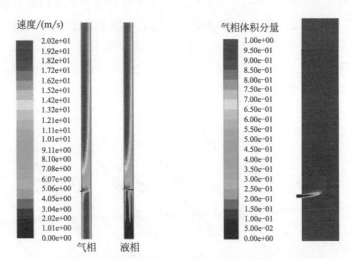

图6.26　1型缓蚀剂流动速度及气体体积分量分布云图

由于缓蚀剂横向注入管内，导致液相非均匀分布于管内气相中。取出管柱高度1m、10m、20m、30m和33m截面的液相体积分量云图进行分析，可知，管内液相的体积分量很低，在远离缓蚀剂入口的管内液相体积分量小于0.5%，在缓蚀剂入口的对向管壁体积分量最大，同向管壁体积分量最小，分布呈扇形。随着管柱高度增加，液相体积分量逐渐降低，但分布形状保持不变。而且，在缓蚀剂入口的对向管壁液相体积分量随着缓蚀剂的注入过程基本不变，当缓蚀剂注入时间超过900s后，管壁液相体积分量基本保持稳定，沿管柱长度逐渐减小。

管柱内壁预膜质量流量随时间的变化关系见图6.27所示。由于气相速度大，体积分数大，使得注入管柱内的缓蚀剂大部分被气相带走，液相在900s后管内净质量流量基本保持在0.029kg/s，管壁上液相保持稳定。

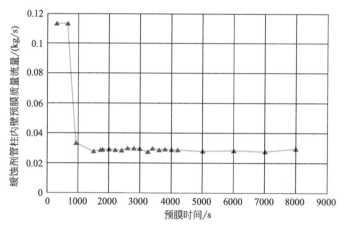

图6.27 1型缓蚀剂管柱内壁预膜质量流量随时间的变化关系

6.4.2.2 1型缓蚀剂注入过程管壁预膜效果分析

1型缓蚀剂注入后，被气体迅速加速，随着注入时间的增加，部分缓蚀剂在管壁上预膜，管壁上的液膜厚度在不同时刻分布不均匀，首先在近缓蚀剂入口部分管柱内部预膜，液膜厚度在2mm左右。近出口管柱段液膜厚度不均匀，但在此基础上液膜不断上移，直到液膜注入6000s后，出口管柱段液膜变得比较均匀，液膜厚度基本保持为2.5mm，见图6.28。说明缓蚀剂预膜需要足够的时间，且离入口越远，要形成均匀液膜时间越久，但若保持缓蚀剂持续注入，基本能够实现管柱成功预膜。

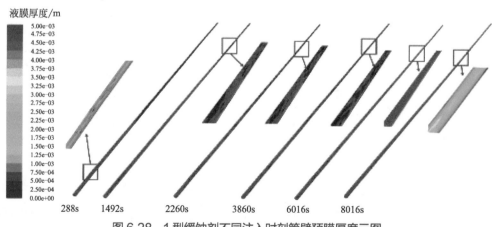

图6.28 1型缓蚀剂不同注入时刻管壁预膜厚度云图

为了解不同时刻管壁液膜厚度分布，沿管柱长度取出不同时刻的液膜厚度曲线，见图6.29所示。随着时间推移，管壁液膜逐渐向模型出口端发展，6000s后液膜厚度基本为2.5mm，8000s后液膜厚度变化基本相同，说明管壁已经形成较稳定液膜，厚度和分布基本相同。液膜稳定后，不同截面圆周的液膜厚度分布比较均匀。

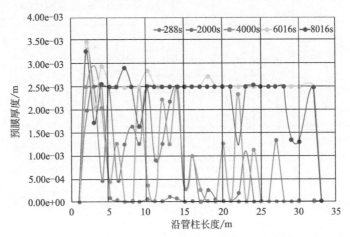

图6.29　1型缓蚀剂不同注入时刻预膜厚度沿管柱长度变化曲线

6.4.2.3　管壁预膜后气相流动冲刷影响分析

当缓蚀剂长时间注入后，管壁预膜基本稳定，缓蚀剂注入结束，管内液相的体积分量逐渐降低，并趋于0，此时管内基本只有气相在持续注入。持续流动的气相由于存在黏度，对管壁面和液膜有一定的作用力，随着气相的冲刷时间增加，管壁上出现了液膜厚度不均匀的斑点，在液膜厚度增加的区域，气相可能破坏液滴并携带液滴到出口，见图6.30所示。

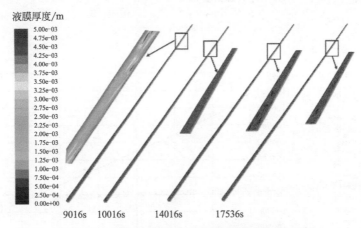

图6.30　1型缓蚀剂停注后管壁液膜厚度变化云图

从管柱入口到出口，随着气相持续的作用，出现了较多的液膜厚度增加的区域，但在近出口端管壁上的液膜厚度有降低的趋势，并随着时间的增加，液膜厚度降低的管段长度越长，如图6.31所示。为此，取出停注缓蚀剂8000s的管壁不同截面上的液膜厚度云图分析，可知，管壁圆周上的液膜厚度变得不均匀，出现了较多的液膜厚度增大区域，同时液膜厚度降低的区域也更多，说明气体对管壁液膜产生了较明显的冲刷作用，液膜将不断破坏和减薄。

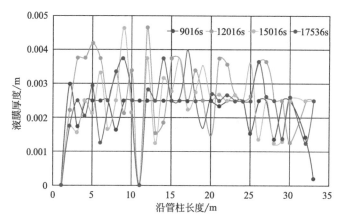

图 6.31　1 型缓蚀剂停注后不同时刻管壁液膜厚度沿管柱长度变化曲线

6.4.3　室内缓蚀剂（2 型）流动及预膜效果分析

6.4.3.1　2 型缓蚀剂注入流动状态分析

针对 2 型缓蚀剂的室内预膜效果评价，采用同 1 型缓蚀剂一样的研究方法和模型尺寸，建立 2 型缓蚀剂注入过程的 CFD 模型，设定模型中 2 型缓蚀剂性能参数。2 型缓蚀剂的密度为 $860kg/m^3$，黏度为 $12mPa \cdot s$，注入缓蚀剂时其余参数见表 6.11 所示。实验工况下，2 型缓蚀剂注入管内流体压力分布见图 6.32 所示。同样在缓蚀剂注入口的压力存在较明显的压降，总压最大值在模型入口，为 106800Pa。

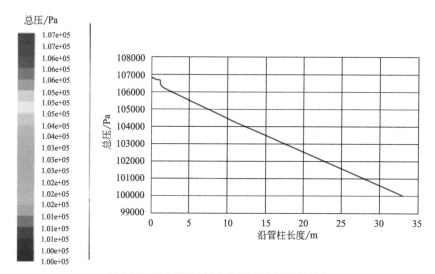

图 6.32　2 型缓蚀剂注入管内流体压力分布

2型缓蚀剂横向冲入管内，使得管内气相和液相体积分数发生变化，而且液相的黏度较气相大得多，在缓蚀剂注入口发生更明显的气体体积变化，导致气相通过"缩颈"段而出现速度增加，而液相分散于气相后，又被气体携带速度迅速增加，远离入口区域的气相和液相速度基本相同，见图6.33所示。

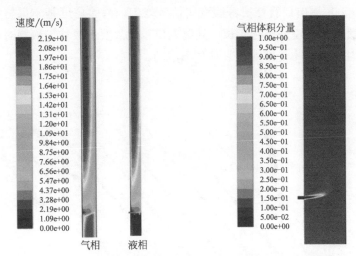

图6.33　2型缓蚀剂流动速度及气体体积分量分布云图

　　2型缓蚀剂横向注入管内，液相非均匀分布于管内气相中，管内液相的体积分量很低，在远离缓蚀剂入口的管内液相体积分量约为0.6%，而且随着管柱高度增加，液相体积分量逐渐减小，分布基本呈扇形，但越到出口端，相对低体积分量的区域越大。

　　通过分析缓蚀剂入口对向管壁液相体积分量可知，随着缓蚀剂的注入过程基本保持不变，当缓蚀剂注入时间超过1000s后，管壁液相体积分量基本保持稳定，沿管柱长度逐渐减小。

　　由于气相速度大，体积分数大，使得注入管柱内壁的缓蚀剂大部分被气相带走，液相在1000s后管内净质量流量基本保持在0.027kg/s，管壁上液相保持稳定，如图6.34所示。

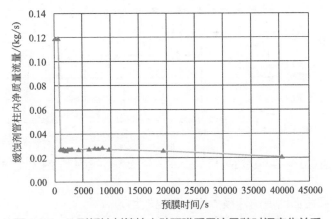

图6.34　2型缓蚀剂管柱内壁预膜质量流量随时间变化关系

6.4.3.2　2型缓蚀剂注入过程管壁预膜效果分析

2型缓蚀剂注入后，被气体迅速加速，大部分缓蚀剂被带到出口，而小部分缓蚀剂在管壁上预膜，管壁上的液膜厚度在不同时刻分布不均匀，首先在近缓蚀剂入口部分管柱内部预膜，液膜厚度在2mm左右。在此基础上液膜不断上移，近出口管柱段液膜厚度不均匀，直到液膜注入19000s后出口管柱段液膜变得比较均匀，液膜厚度基本保持为2.5mm，见图6.35。说明2型缓蚀剂预膜需要时间长，且离入口越远，要形成均匀液膜时间越久，但如果保持缓蚀剂持续注入，基本能够实现管柱预膜成功。

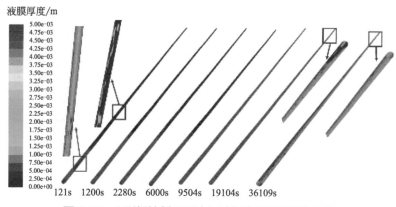

图6.35　2型缓蚀剂不同注入时刻管壁预膜厚度云图

从图6.36所示的不同时刻管壁液膜厚度分布可知，随着时间推移，管壁液膜逐渐向模型出口端发展，19000s后液膜厚度基本为2.5mm，36000s后液膜厚度变化基本相同，说明管壁已经形成较稳定液膜，厚度和分布基本相同。

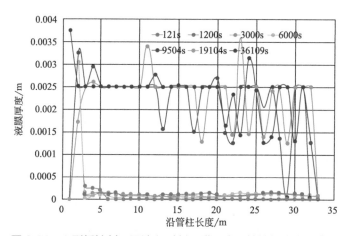

图6.36　2型缓蚀剂不同注入时刻预膜厚度沿管柱长度变化曲线

液膜稳定后不同截面圆周的液膜厚度分布比较均匀。

6.4.3.3　管壁预膜后气相流动冲刷影响分析

当缓蚀剂长时间注入后，管壁预膜基本稳定，缓蚀剂注入结束，管内液相的体积分数逐渐降低，并趋于 0，此时管内基本只有气相在持续注入。持续流动的气相对管壁面和液膜有一定的作用力，但是 2 型缓蚀剂的黏度相对气相大得多，2 型缓蚀剂与管柱壁面的黏着力大于气相对液膜的作用力，使得管壁上液膜厚度不均匀的斑点较少，气相破坏液滴并携带液滴到出口的概率减少，管柱内部在长时间的气相冲刷作用下还保持了较好的液膜厚度和均匀分布，见图 6.37 所示。

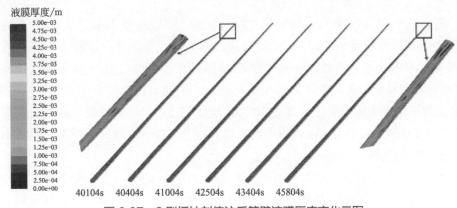

图 6.37　2 型缓蚀剂停注后管壁液膜厚度变化云图

随着气相持续的作用，管柱上部分区域液膜厚度增加，但变化幅度不是很大，而且液相的黏度比较大，在气相作用出现液滴破裂的概率小，使得气相长时间冲刷后液膜厚度变化围绕平均厚度波动，如图 6.38 所示。通过取出停注缓蚀剂 28000s 后管壁不同截面上的液膜厚度云图可知，管壁圆周上的液膜厚度比较均匀，说明气体对 2 型缓蚀剂已形成的液膜没有产生明显的冲刷作用，液膜分布和厚度保持较好。

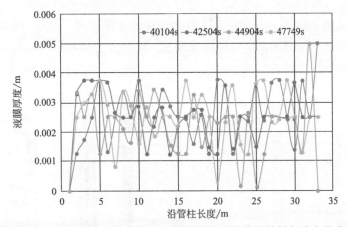

图 6.38　2 型缓蚀剂停注后不同时刻管壁液膜厚度沿管柱长度变化曲线

6.4.4　两种缓蚀剂室内预膜效果对比

通过 1 型缓蚀剂和 2 型缓蚀剂在相同结构尺寸和注入气量的流动状态和预膜效果仿真模拟可看出，在实验工况下，两种缓蚀剂注入过程的压力、速度流场分布基本相同；液相体积分量都很小，在管内的横截面分布形状相似；两种缓蚀剂都能较好地形成液膜，并在持续注入过程中保持稳定的液膜厚度和均匀分布。但是由于2型缓蚀剂比1型缓蚀剂黏度更大，对管壁的黏附作用更大，在相同长度管柱内预膜速度更慢。当预膜结束后，气相对2型缓蚀剂的液膜破坏作用更小，2型缓蚀剂保持更加稳定的预膜厚度和分布，能够更长时间存在于管壁上。

6.4.5 井下缓蚀剂（1型）流动及预膜效果分析

川西超高压气藏井深4811m，井底压力56MPa，井底温度426K，此时的天然气为可压缩性气体，其压缩系数为1.225，密度为202.83kg/m³。实际生产过程中，缓蚀剂注入口在井下4800m左右，油管内径76mm，预膜油管总长约4800m。由于整个管柱长径比超过63000，井下环境复杂，全井段压力温度变化较大，不能实现有效合理的全井段模型建立，为此，建立井下生产工况模型总长 H 为100m，缓蚀剂注入口位于模型10m高处，缓蚀剂入口与天然气入口高差 H_{down} 为10m，缓蚀剂入口到模型出口 H_{up} 为90m模型。模型中缓蚀剂为液相，天然气为气相。

开展井下工况1型缓蚀剂注入及预膜效果分析，高温高压下1型缓蚀剂参数性能存在一定变化，密度约为950kg/m³，黏度约为0.2mPa·s，为不可压缩流体。在CFD模型中设定井下工况参数、缓蚀剂和天然气参数后，通过大量计算得到1型缓蚀剂注入过程流动状态和预膜效果结果。

6.4.5.1 1型缓蚀剂注入流动状态分析

井下高温高压工况下，缓蚀剂和天然气在100m长模型中流动，在管内交汇于缓蚀剂入口附近，井下流体压力分布如图6.39所示，压降约为0.2MPa。天然气气相为可压缩性气体，其井下密度最大为203kg/m³，模型出口天然气密度为200kg/m³，相对常温常压下的天然气或空气密度大得多。缓蚀剂横向注入后，与井下较高密度的天然气气相汇合，缓蚀剂穿透气相的能力降低，从图6.39可知，缓蚀剂仅穿透气相很小的区域，气相以最高为3.88m/s速度携带缓蚀剂液相流动，使缓蚀剂的速度快速增加，但仅在管内部分区域存在且可以明显看出具有气液分层现象。

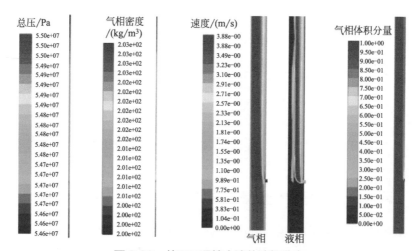

图6.39　井下工况管内流体流场分布

取出不同高度截面的 1 型缓蚀剂液相体积分量可以看出，缓蚀剂以较大体积分数分布于管内较小区域，20m 高度缓蚀剂最大体积分量超过 18%，相对室内实验工况环境，缓蚀剂的最大体积分量提高了 36 倍，但分布区域却更小，分布形状约为"偏心光束"，而且随着高度变化，形状基本不变，体积分量最大数值基本保持稳定。

通过分析缓蚀剂入口对向管壁的液相体积分量沿管柱长度变化曲线，可知，缓蚀剂入口对向管壁液相体积分量非常小，为 10^{-6} 数量级。随着注入时间的增加，液相体积分量从井底开始逐渐增加，并向上推移，缓蚀剂注入 3000s 后，管壁上的液相体积分量稳定在 4×10^{-6} 水平，从井底到模型出口大小基本相同。

由于井下工况天然气气相密度大，大部分注入缓蚀剂液相被天然气气相带出模型出口，在 3000s 后管内缓蚀剂净质量流量基本保持在 0.013kg/s，也就是说，只有 10% 的注入缓蚀剂在管壁上形成液膜，并在模型 100m 长井段保持稳定，见图 6.40 所示。

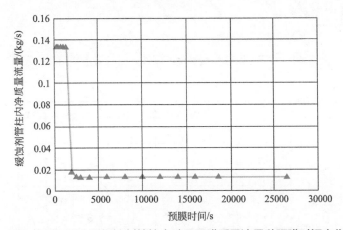

图 6.40　井下工况 1 型缓蚀剂管柱内壁面预膜质量流量随预膜时间变化曲线

6.4.5.2　1 型缓蚀剂注入过程管壁预膜效果分析

缓蚀剂注入后，被气体迅速加速，随着注入时间的增加，部分缓蚀剂在管壁上预膜，管壁上的液膜厚度在不同时刻分布不均匀，首先在近缓蚀剂入口部分管柱内部预膜，液膜厚度在 2mm 左右。在此基础上液膜不断上移，近出口管柱段液膜厚度不均匀，直到液膜注入 26000s 后出口管柱段液膜变得比较均匀，液膜厚度基本保持为 2mm，见图 6.41。说明缓蚀剂预膜需要足够的时间，且离入口越远，要形成均匀液膜时间越久，但保持缓蚀剂持续注入，基本能够实现管柱预膜成功。

沿管柱长度取出不同时刻的液膜厚度曲线，见图 6.42 所示，管壁液膜随着时间逐渐向模型出口端发展，液膜厚度越来越稳定，26000s 后液膜平均厚度约为 2mm，说明管壁已经形成较稳定液膜，厚度和分布基本相同。液膜稳定后不同截面圆周的液膜厚度分布比较均匀，总体上井底管段分布更好。

6.4.5.3　管壁预膜后气相流动冲刷影响分析

当缓蚀剂长时间注入后，管壁预膜基本稳定，缓蚀剂注入结束，管内液相的体积分数可以忽略不计，此时管内基本只有天然气气相在持续注入。持续流动的天然气气相由于对管壁面和液膜有一定的作用力，而且随着气相的冲刷时间增加，使得管壁上出现了液膜厚度不均匀的斑点，局部部分液膜增厚，局部部分液膜减薄，在液膜厚度增加的区域，气相可能破坏液滴并携带液滴到出口，见图 6.43 所示。

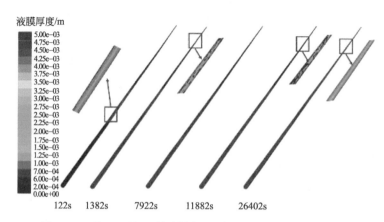

图 6.41　井下工况 1 型缓蚀剂不同注入时刻管壁预膜厚度云图

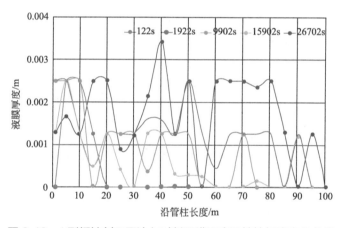

图 6.42　1 型缓蚀剂不同注入时刻预膜厚度沿管柱长度变化曲线

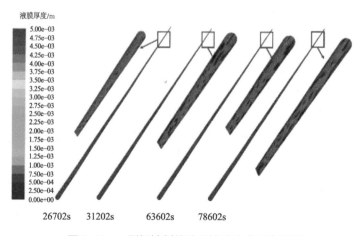

图 6.43　1 型缓蚀剂停注后管壁液膜厚度变化云图

沿管柱长度上，随着气相持续的作用，出现了较多的液膜厚度增加的区域，但在近出口端管壁上的液膜厚度有降低的趋势，并随着时间的增加，液膜厚度降低的管段长度越长，如图 6.44 所示。

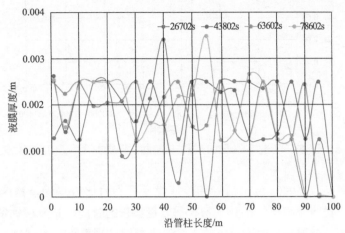

图6.44 1型缓蚀剂停注后不同时刻液膜厚度沿管柱长度变化曲线

通过分析停注缓蚀剂 52000s 后管壁不同截面上的液膜厚度云图，可知，管壁圆周上的液膜厚度变得不均匀，出现了较多的液膜厚度增大区域，同时液膜厚度降低的区域也更多，说明气体对管壁液膜产生了较明显的冲刷作用，在模型出口端较明显，管壁液膜将不断被破坏和减薄。

6.4.6 井下缓蚀剂（2型）流动及预膜效果分析

6.4.6.1 2型缓蚀剂注入流动状态分析

当井下工况注入 2 型缓蚀剂时，密度更低、黏度更大的 2 型缓蚀剂与高温高压井下天然气汇合后，管内流体压力、气体密度分布与 1 型缓蚀剂注入工况基本相同，而液相速度的分布更加分明，2 型缓蚀剂在管内体积分量也很小。

与 1 型缓蚀剂流动状态相似，缓蚀剂以较大体积分数分布于管内较小区域，20m 高度缓蚀剂最大体积分量也超过 18%，而且随着高度变化，形状和数值变化较小。

随着注入时间的增加，液相体积分量从井底开始逐渐增加，并向上推移，缓蚀剂注入 13000s 后，管壁上的液相体积分量稳定在 4.5×10^{-6} 水平，从井底到模型出口大小基本相同。

同样的，由于井下工况天然气气相密度大，大部分注入缓蚀剂液相被天然气气相带出模型出口，在 13000s 后管内缓蚀剂净质量流量基本保持在 0.015kg/s，见图 6.45 所示。

6.4.6.2 2型缓蚀剂注入过程管壁预膜效果分析

缓蚀剂注入后，随着注入时间的增加，部分缓蚀剂在管壁上预膜，管壁上的液膜厚度在不同时刻分布不均匀，首先在近缓蚀剂入口部分管柱内部预膜，液膜厚度在 2mm 左右。由于 2 型缓蚀剂黏度大，管壁推移速度更慢，在此基础上液膜不断上移，并能够看到比较明显的分隔带，液膜形成稳定厚度所需时间更长。不同时刻，近出口管柱段液膜厚度不均匀，

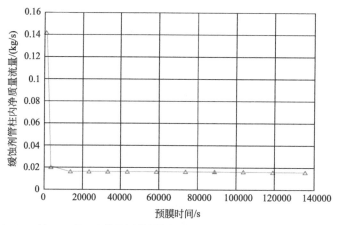

图 6.45　井下工况 2 型缓蚀剂管柱内壁面预膜质量流量随时间变化关系

直到 2 型缓蚀剂注入 135000s 后出口管柱段液膜变得相对比较均匀，液膜厚度基本保持为 2mm，见图 6.46。说明 2 型缓蚀剂井下预膜需要足够长的时间，且离缓蚀剂入口越远，形成均匀液膜时间越久，但保持缓蚀剂持续注入，基本能够实现管柱预膜成功。

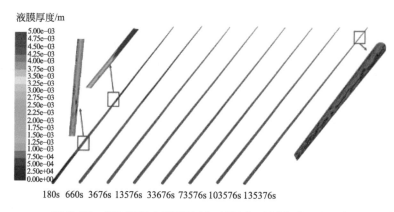

180s　660s　3676s　13576s　33676s　73576s　103576s　135376s

图 6.46　井下工况 2 型缓蚀剂不同注入时刻管壁预膜厚度云图

沿管柱长度取出不同时刻的液膜厚度曲线，见图 6.47 所示，随着时间推移，管壁液膜逐渐向模型出口端发展，135000s 后液膜平均厚度约为 2mm，但还存在较大波动，说明管壁已经形成相对稳定液膜，但需要更长时间的预膜。135000s 后液膜不同截面的液膜厚度分布比较均匀，总体上井底管段分布更好。

6.4.6.3　管壁预膜后气相流动冲刷影响分析

当 2 型缓蚀剂长时间注入后，停止缓蚀剂注入，管内 2 型缓蚀剂液相的体积分数可以忽略不计，此时管内基本只有天然气气相在持续注入。持续流动的天然气气相对管壁面和液膜有一定的作用力，但是 2 型缓蚀剂的黏度相对气相大得多，2 型缓蚀剂与管柱壁面的黏着力大于气相对液膜的作用力，使得管壁上出现液膜厚度不均匀的斑点较少，气相破坏液滴并携带液滴到出口的概率减少，管柱内部在长时间的气相冲刷作用下还保持了较好的液膜厚度和均匀分布，见图 6.48 所示。

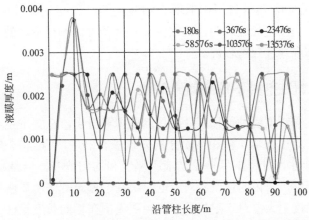

图 6.47 井下工况 2 型缓蚀剂不同注入时刻预膜厚度沿管柱长度变化曲线

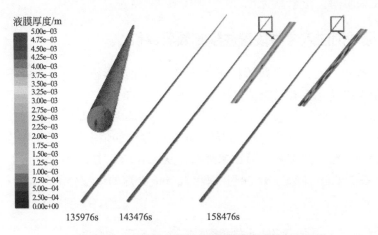

图 6.48 2 型缓蚀剂停注后管壁液膜厚度变化云图

随着气相持续的作用，管柱上部分区域液膜厚度减小，但变化幅度不是很大，由于液相的黏度比较大，气相作用导致液滴破裂的概率小，使得气相长时间冲刷后液膜厚度变化围绕平均厚度波动，在出口端管段更加明显，如图 6.49 所示。

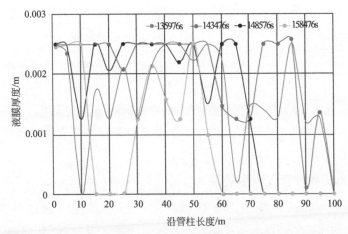

图 6.49 2 型缓蚀剂停注后不同时刻液膜厚度沿管柱长度变化曲线

对停注缓蚀剂 52000s 后管壁不同截面上的液膜厚度云图分析可知,除了出口端管柱,整个管壁圆周上的液膜厚度比较均匀,说明气体对 2 型缓蚀剂已形成的液膜没有产生明显的冲刷作用,液膜分布和厚度保持较好。

6.4.7 两种缓蚀剂井下预膜效果对比

通过 1 型缓蚀剂和 2 型缓蚀剂预膜效果仿真模拟可看出,在井下生产工况下,两种缓蚀剂注入过程的压力、速度流场、液相体积分量分布基本相同。1 型和 2 型缓蚀剂都能较好地形成液膜,并在持续注入过程中保持稳定液膜厚度和均匀分布,但是由于井下高温高压环境,天然气气相被压缩,管内的速度相对较低,缓蚀剂预膜时间明显增加。而且由于 2 型缓蚀剂比 1 型缓蚀剂黏度更大,对管壁的黏附作用更大,在相同长度管柱内预膜速度更慢。当预膜结束后,气相对 2 型缓蚀剂的液膜破坏作用更小,2 型缓蚀剂保持更加稳定的预膜厚度和分布,能够更长时间存在于管壁上。

6.4.8 缓蚀剂注入全井段管柱预膜效果评价

通过多相流理论,建立全井段管柱缓蚀剂注入过程数学模型,考虑井下天然气可压缩性,计算得到表 6.18 所示全井段缓蚀剂流动状态。在标准大气压情况下产量为 $40 \times 10^4 \mathrm{m}^3/\mathrm{d}$,井下压力温度随井深变化,越到井口越小,天然气黏度和密度减小,但天然气的体积膨胀,天然气速度增大。井下缓蚀剂注入速度和注入量保持稳定的情况下,缓蚀剂在管柱内流体体积分数随着天然气膨胀和井深减小而迅速降低,从表 6.18 可知,在 4000m 井深缓蚀剂体积分量为 0.0079,在 3000m 井深、2000m 井深和 1000m 井深的体积分量分别为 0.0062、0.0038 和 0.001。

表 6.18 全井段缓蚀剂注入井下工况参数表

序号	井深 /m	压力 /MPa	温度 /℃	天然气黏度 /mPa·s	天然气密度 /(kg/m³)	标况产量 /(m³/d)	折算流速 /(m/s)	缓蚀剂体积分量
1	4781	55.8	152	0.069	206.32	400000	3.36	0.009
2	4000	51.6	130	0.066	200.93	400000	3.45	0.0079
3	3000	46.2	102	0.062	193.12	400000	3.59	0.0062
4	2000	40.8	75	0.058	184.07	400000	3.77	0.0038
5	1000	35.4	47	0.054	173.46	400000	4.00	0.001

由于井下高温高压天然气可压缩性工况,全井段管柱缓蚀剂预膜过程只能通过不同井深井段模拟,因此,建立 30m 井段模型进行 4 个不同井深缓蚀剂预膜效果评价。天然气为气相,缓蚀剂为液相。

6.4.8.1 4000m 井段管柱预膜效果

首先建立井下 4000m 井深的 30m 缓蚀剂注入预膜模型,通过计算,井下总压为 51.5MPa,天然气和缓蚀剂的速度基本相同,井筒中间速度约为 4m/s,见图 6.50 所示。

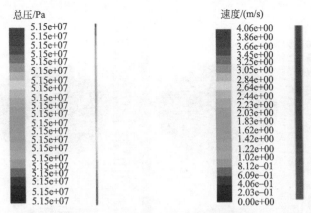

图 6.50　缓蚀剂 4000m 井深压力和速度分布云图

在井深 4000m 管柱内缓蚀剂液相体积分量约为 0.0079，随着天然气向上移动管柱内壁液相体积分量逐渐降低，比管柱内液相体积分量小，而且越向井口移动，液相体积分量减小得越多。

在缓蚀剂注入过程中，4000m 井段管柱内壁缓蚀剂液膜厚度为 1～2mm，在管柱内壁基本均匀覆盖液膜，在局部区域液膜厚度超过 2mm 或者低于 1mm，沿管柱轴向厚度不断变化，见图 6.51。取井深 4000m 附近管柱，管柱液膜厚度变化曲线见图 6.52 所示，不同井深周向液膜厚度云图见图 6.53 所示。

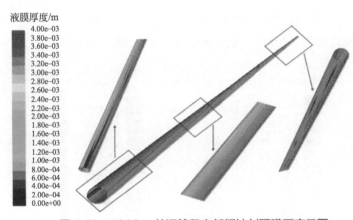

图 6.51　4000m 井深管段内部缓蚀剂预膜厚度云图

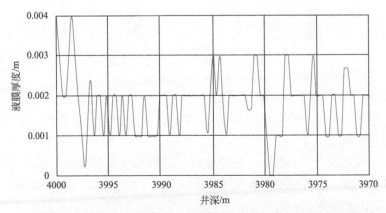

图 6.52　4000m 井深管段内部缓蚀剂预膜厚度随井深变化曲线

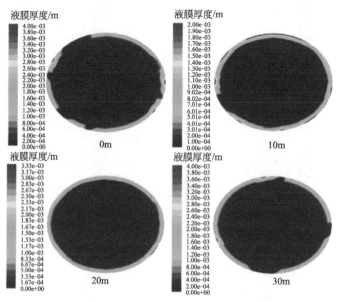

图 6.53　4000m 井深管段内部不同位置缓蚀剂预膜厚度云图

6.4.8.2　3000m 井段管柱预膜效果

同样建立 3000m 井段管柱 30m 模型，井下压力为 46.2MPa，气相和液相速度分布基本相同，井筒内平均速度约为 3.45m/s，最大速度约为 4.22m/s，见图 6.54 所示。

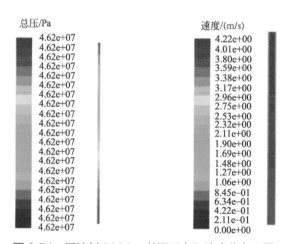

图 6.54　缓蚀剂 3000m 井深压力和速度分布云图

在井深 3000m 管柱内缓蚀剂液相体积分量约为 0.0062，随着天然气向上移动管柱内壁液相体积分量逐渐降低，比管柱内液相体积分量小，而且越向井口移动，液相体积分量减小得越多，见图 6.55 所示。

在缓蚀剂注入过程中，3000m 井段管柱内壁缓蚀剂液膜厚度在 1.5mm 左右，在管柱内壁基本均匀覆盖液膜，沿管柱轴向液膜厚度不断变化，见图 6.56。取井深 3000m 附近管柱，管柱液膜厚度变化曲线见图 6.57 所示，不同井深周向液膜厚度云图见图 6.58 所示。

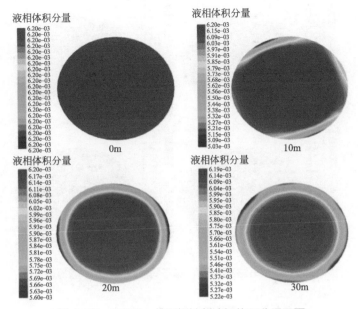

图 6.55　3000m 井深缓蚀剂液相体积分量云图

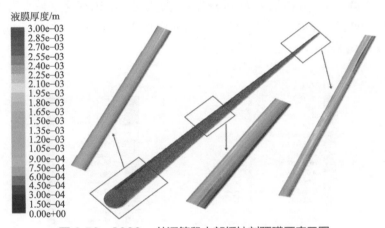

图 6.56　3000m 井深管段内部缓蚀剂预膜厚度云图

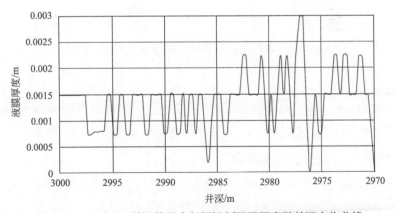

图 6.57　3000m 井深管段内部缓蚀剂预膜厚度随井深变化曲线

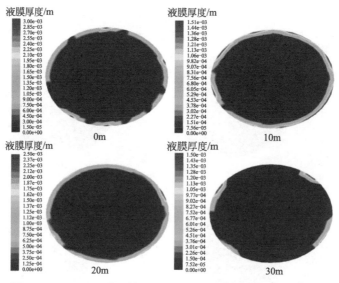

图 6.58　3000m 井深管段内部不同位置缓蚀剂预膜厚度云图

6.4.8.3　2000m 井段管柱预膜效果

当井深为 2000m 时，井内压力为 40.8MPa，天然气和缓蚀剂速度最大为 4.43m/s，见图 6.59 所示。在 2000m 井深处，缓蚀剂液相体积分量平均为 0.0038，而且管壁液相越向井口移动，液相体积分量越小，见图 6.60 所示。

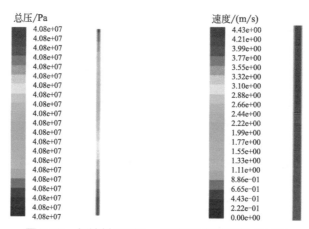

图 6.59　缓蚀剂 2000m 井深压力和速度分布云图

在缓蚀剂注入过程中，2000m 井段管柱内壁缓蚀剂液膜厚度在 1mm 左右，在管柱内壁基本均匀覆盖液膜，沿管柱轴向液膜厚度不断变化，见图 6.61。取井深 2000m 附近管柱，管柱液膜厚度变化曲线见图 6.62 所示，不同井深周向液膜厚度云图见图 6.63 所示。

6.4.8.4　1000m 井段管柱预膜效果

当井深为 1000m 时，井内压力为 35.5MPa，天然气和缓蚀剂速度最大为 4.7m/s，见图 6.64 所示。在 1000m 井深处，缓蚀剂液相体积分量平均为 0.001，而且管壁液相越向井口移动，液相体积分量越小，见图 6.65 所示。

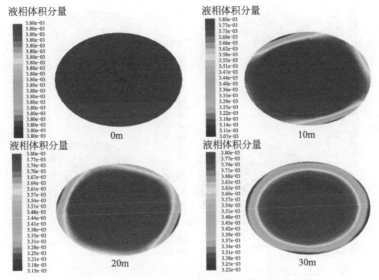

图 6.60　2000m 井深缓蚀剂液相体积分量云图

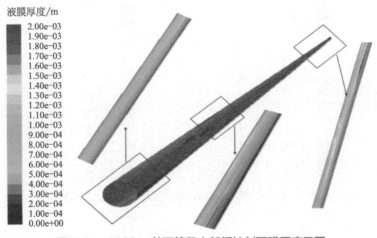

图 6.61　2000m 井深管段内部缓蚀剂预膜厚度云图

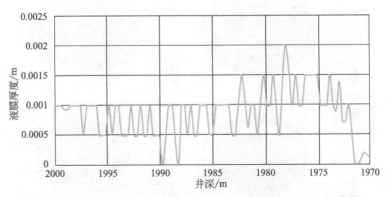

图 6.62　2000m 井深管段内部缓蚀剂预膜厚度随井深变化曲线

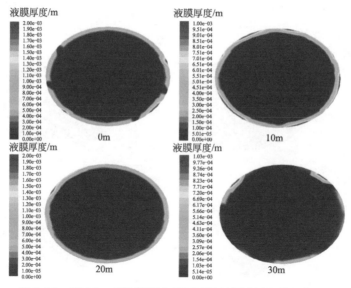

图 6.63　2000m 井深管段内部不同位置缓蚀剂预膜厚度云图

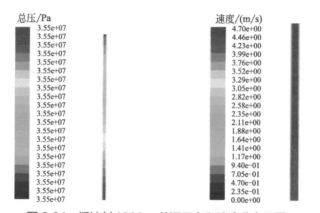

图 6.64　缓蚀剂 1000m 井深压力和速度分布云图

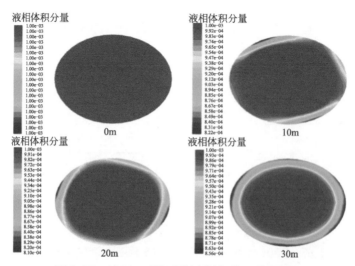

图 6.65　1000m 井深缓蚀剂液相体积分量云图

在缓蚀剂注入过程中，1000m井段管柱内壁缓蚀剂液膜厚度在0.5mm左右，在管柱内壁基本均匀覆盖液膜，沿管柱轴向液膜厚度不断变化，见图6.66。取井深1000m附近管柱，管柱液膜厚度变化曲线见图6.67所示，不同井深周向液膜厚度云图见图6.68所示。

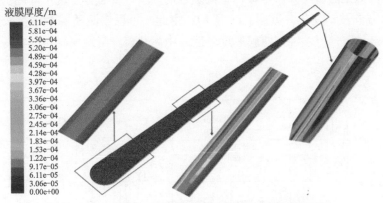

图6.66　1000m井深管段内部缓蚀剂预膜厚度云图

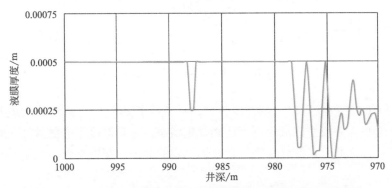

图6.67　1000m井深管段内部缓蚀剂预膜厚度随井深变化曲线

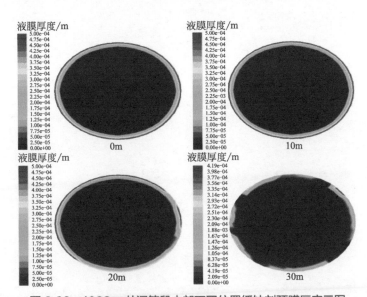

图6.68　1000m井深管段内部不同位置缓蚀剂预膜厚度云图

6.4.8.5 全井段管柱预膜效果对比分析

将前面井深分别为 4000m、3000m、2000m、1000m 位置的管柱缓蚀剂注入预膜厚度进行汇总观察，取出沿 30m 管柱长度方向的液膜厚度曲线可知，全井段管柱内部基本均可产生缓蚀剂液膜，但是随着向井口推移，管柱缓蚀剂预膜厚度总体呈现下降趋势，而且液膜厚度沿管柱出口方向波动变化，见图 6.69 所示。由此，可以推断随着缓蚀剂长期注入，管柱能够实现缓蚀剂预膜，但缓蚀剂覆膜厚度可能在距离井口一定距离变得非常薄，降低了缓蚀剂保护管壁的能力。

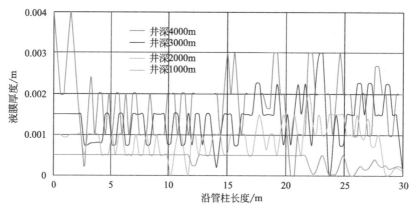

图 6.69 全井段管段内部缓蚀剂预膜厚度变化曲线

而且从图 6.69 还可以看出，全井段管柱内壁液膜是趋于稳定流动的成膜效果，说明缓蚀剂长期注入会使全井段管柱液膜厚度达到稳定状态，液膜厚度不会随着注入时间的增加而出现明显的变化，因此，在管柱和产气量较为稳定的井中，缓蚀剂预膜在足够长时间注入后会达到稳定。

第7章

油气井结垢影响因素分析

油气井油套管及井下工具的腐蚀，称为油气井的腐蚀。油气井油套管及地面管线在含 CO_2、H_2S、Cl^- 等多种腐蚀介质的井下高温高压多相环境下，容易产生腐蚀穿孔现象，导致管柱掉井、油气泄漏，使得油田安全生产受到严重的威胁并承受极大的经济损失。另外，金属在油田水中的腐蚀过程并不是独立进行的，腐蚀过程、结垢过程、细菌繁殖和沉积物形成过程既密切相关又互相影响。当水中矿化度较高，并含有溶解氧、二氧化碳、硫化氢气体时，对金属腐蚀有很大影响，水中存在的硫酸盐还原菌、铁细菌等微生物，也会导致严重腐蚀。此外，油井、加热炉等处易产生碳酸钙、碳酸镁沉积，形成垢下腐蚀。

目前针对东部某油田井筒出现严重腐蚀结垢的问题，现场已采取化学防护＋清管除垢的治理模式，并在多条注水系统实施了治理工作。本章对东部某油田某区块采出液进行组分分析，研究温度、压力、pH 值等因素对无机垢的影响，并进行阻垢剂的筛选，为找到合适的最大程度控制现场腐蚀结垢的方法提供依据。

7.1　无机垢形成机理

国内外多位学者已经对油田结垢问题进行了广泛的研究，但是由于流体结垢体系中结晶动力学的复杂性，致使人们对结垢机理的认识仍未完全清晰。目前总结出的结垢机理主要包含以下三种理论。

（1）热力学条件变化论　在油气生产过程中，由于温度、压力等热力学条件的变化，或注入流速变化，水中原有的溶解平衡被打破，溶液就会发生结垢现象。

（2）不相容论　两种化学不相容的液体混合，如地层水与地表水混合，因为所含离子种类或浓度有差异，便可能产生沉淀。

（3）吸附论　垢物是晶体结构，结垢过程可分为析出晶体、晶体长大和晶体沉积三个阶段。凹凸不平的管线设备表面，为垢晶核的附着提供了有利条件。垢晶核将以此为结晶中心不断聚集、长大，最终形成致密坚实的垢层。此外，温度的变化会影响这些难溶或微溶盐的溶解度，温度越高，某些无机盐类溶解度越小，从而有更多的垢晶体析出。同一温度下，不同种类的垢物具有不同的溶度积（K_{sp}），溶度积越小，垢物越难溶。常见无机垢的溶度积如表 7.1 所示。

表 7.1 常见无机垢的溶度积（25℃）

垢物	溶度积	垢物	溶度积
$CaCO_3$	2.8×10^{-9}	$FeCO_3$	3.2×10^{-11}
$MgCO_3$	3.5×10^{-8}	$Fe(OH)_2$	8.0×10^{-13}
$BaSO_4$	1.1×10^{-10}	FeS	8.3×10^{-13}
$CaSO_4$	9.1×10^{-8}	$Mg(OH)_2$	2.0×10^{-11}
$SrSO_4$	3.2×10^{-7}	$CaSiO_3$	2.5×10^{-8}

7.1.1 碳酸钙结垢机理

碳酸钙（$CaCO_3$）垢是由于钙离子与碳酸根或碳酸氢根结合而生成的，反应如下：

$$Ca^{2+} + CO_3^{2-} = CaCO_3 \downarrow \tag{7.1}$$

$$Ca^{2+} + 2HCO_3^- = CaCO_3 \downarrow + CO_2 \uparrow + H_2O \tag{7.2}$$

注入水与地层水在各自单独的体系中，Ca^{2+}、HCO_3^-、$Ca(HCO_3)_2$ 等均处于平衡时的游离状态，混合过程中，就注入水体系而言，由于地层水的介入，其离子平衡的状态被破坏，Ca^{2+}、HCO_3^-、$Ca(HCO_3)_2$ 等增加，达到过饱和状态，该物质就会在温度、压力不变的情况下析出沉淀。

影响碳酸钙结垢的因素包括温度、二氧化碳分压和 pH 值等。

7.1.1.1 温度的影响

绝大部分盐类在水中的溶解度都随温度升高而增大。但碳酸钙的溶解度却在温度升高时反而下降，即水温较高时就会析出更多的碳酸钙垢。

7.1.1.2 二氧化碳分压的影响

根据碳酸钙结垢机理可知，二氧化碳分压减小，水中的二氧化碳减少，溶液 pH 值增大，碳酸钙在水中的溶解度减小，结垢量增加，反之亦然。所以在系统内的任何部位，二氧化碳分压降低都可能产生碳酸钙沉淀。

7.1.1.3 pH 值的影响

地下水或地表水一般均含有不同浓度的碳酸，三种形态的碳酸（$H_2CO_3+CO_2$、HCO_3^-、CO_3^{2-}）在平衡时的浓度比例取决于 pH 值，见图 7.1 所示。在 pH 值较低时，水中只含有

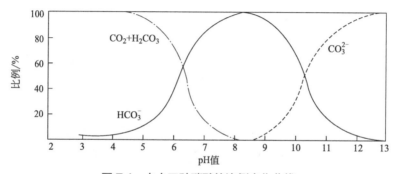

图 7.1 水中三种碳酸的比例变化曲线

CO_2、H_2CO_3；在高 pH 值范围内，溶液中只有 CO_3^{2-}；在中等 pH 值范围内，HCO_3^- 占绝对优势。因此，体系的 pH 值较高时就会产生更多的碳酸钙沉淀；反之，当体系的 pH 值较低时，则碳酸钙不易产生沉淀。

7.1.2 碳酸镁结垢机理

碳酸镁是另一种形成水垢的物质，碳酸镁的溶解反应如下：

$$MgCO_3+CO_2+H_2O \longrightarrow Mg(HCO_3)_2 \tag{7.3}$$

从以上方程式可知，碳酸镁在水中的溶解度随水面上二氧化碳分压的增大而增大，随着温度增大而减小。同时碳酸镁的溶解度大于碳酸钙，因此对于大多数既含有碳酸镁同时也含有碳酸钙的水来说，任何使碳酸镁和碳酸钙溶解度减小的条件出现，都会形成碳酸钙垢。

7.1.3 硫酸钙结垢机理

硫酸钙晶体形态有三种：$CaSO_4 \cdot 1/2H_2O$、$CaSO_4$ 和 $CaSO_4 \cdot 2H_2O$（石膏）。在上述三种形态中，石膏 $CaSO_4 \cdot 2H_2O$ 是最常见的晶型，它会在 $25 \sim 80℃$ 这一较低的温度范围内析出；在 $80 \sim 100℃$ 这一较高的温度范围内析出的晶型是 $CaSO_4$；在温度为 $100 \sim 180℃$ 范围内，尤其是在离子强度较大的静态体系中，$CaSO_4 \cdot 1/2H_2O$ 是较稳定的晶型。硫酸钙垢反应机理如下：

$$Ca^{2+}+SO_4^{2-}=CaSO_4 \downarrow \tag{7.4}$$

目前硫酸钙晶体的生长机制主要有三种：扩散控制机制、表面多核生长控制机制和表面单核生长控制机制。

7.1.4 硫酸钡结垢机理

硫酸钡是油田水中最难溶解的一种物质，硫酸盐结垢的难易程度与化学溶度积原理相一致，$BaSO_4$ 结垢最快，其次是 $SrSO_4$，最慢的是 $CaSO_4$。当温度上升时，$BaSO_4$ 的结垢趋势减弱，当压力上升时，三种硫酸盐的溶解性增大，结垢减少。

在地层中，只要 Ba^{2+} 和 SO_4^{2-} 同时存在并且相遇就会产生硫酸钡垢。Ba^{2+} 的来源主要有以下三种：①来源于储层岩石；②来源于原油、地层水；③来源于初生水。SO_4^{2-} 主要有以下四种来源：①注入水中含有的 SO_4^{2-}；②注入水中溶有氧气，岩石中的硫化物被氧化产生 SO_4^{2-}；③注入水和油藏内封存水发生化学反应，形成高含量的硫酸盐水混合物；④岩石孔隙表面脱吸附作用导致大量的 SO_4^{2-} 生成。硫酸钡垢形成反应为：

$$Ba^{2+}+SO_4^{2-}=BaSO_4 \downarrow \tag{7.5}$$

7.2 结垢影响因素分析

油气田注水作业过程中，注入水和地层水的不配伍容易产生硫酸盐垢，而碳酸盐垢的形成与注水过程中热力学以及动力学状态的变化有关。同时结垢的影响因素较多，温度、压力、pH 值等都会对现场结垢产生较大影响，下面将分别对这几方面进行讨论。

7.2.1 采出液水质分析

根据实验需求，对取自现场的 2 口井的采出液进行了水质分析，分析结果如下。

7.2.1.1 G11-33 井采出液

G11-33 井采出液水质分析结果见表 7.2 所示。由水样分析结果可知，G11-33 井采出液中含有 Ca^{2+}、Mg^{2+}、Ba^{2+}、Sr^{2+} 成垢阳离子，及 SO_4^{2-}、HCO_3^- 成垢阴离子，阳离子浓度为 12394.40mg/L，阴离子浓度为 20987.65mg/L，总矿化度为 33382.05mg/L，pH 值为 6.95。当井筒内环境发生变化时，主要是温度、压力、pH 值的变化，有可能产生硫酸盐垢或碳酸盐垢，造成井筒堵塞。

表 7.2　G11-33 井采出液水质分析结果

分析项目		浓度 /（mg/L）	分析项目		浓度 /（mg/L）
阳离子	K^+	126.52	阴离子	Cl^-	20313.13
	Na^+	11632.00		SO_4^{2-}	98.54
	Ca^{2+}	470.00		HCO_3^-	575.98
	Mg^{2+}	83.28		CO_3^{2-}	0
	Ba^{2+}	2.16		Br^-	—
	Sr^{2+}	80.44		F^-	—
合计		12394.40	合计		20987.65

7.2.1.2 W26-1 井采出液

W26-1 井采出液水质分析结果见表 7.3 所示。由水样分析结果可知，W26-1 井采出液中含有 Ca^{2+}、Mg^{2+}、Ba^{2+}、Sr^{2+} 成垢阳离子，及 SO_4^{2-}、HCO_3^- 成垢阴离子，阳离子浓度为 12650.56mg/L，阴离子浓度为 18015.19mg/L，总矿化度为 30665.75mg/L，pH 值为 6.70。当井筒内环境发生变化时，主要是温度、压力、pH 值的变化，有可能产生硫酸盐垢或碳酸盐垢，造成井筒堵塞。

表 7.3　W26-1 井采出液水质分析结果

分析项目		浓度 /（mg/L）	分析项目		浓度 /（mg/L）
阳离子	K^+	133.86	阴离子	Cl^-	16492.31
	Na^+	11816.00		SO_4^{2-}	1034.55
	Ca^{2+}	597.40		HCO_3^-	488.33
	Mg^{2+}	51.60		CO_3^{2-}	—
	Ba^{2+}	0.60		Br^-	—
	Sr^{2+}	51.10		F^-	—
合计		12650.56	合计		18015.19

7.2.2　混合比对结垢的影响

油气田采出液与注入水混合比对腐蚀结垢有较大的影响，因此需开展不同混合比对结垢量影响的研究，结果如下。

7.2.2.1　G11-33 井采出液结垢分析

在温度为 75℃，研究 G11-33 井采出液与注入水混合比例对结垢量的影响，结果见表 7.4 所示。

表 7.4　混合比对 G11-33 井采出液结垢影响

混合比例	$BaSO_4$/（mg/L）	$CaCO_3$/（mg/L）	总量/（mg/L）
1：9	1.14	239.09	240.23
2：8	1.96	248.22	250.18
3：7	2.68	257.13	259.81
4：6	3.33	265.81	269.14
5：5	3.93	274.22	278.15
6：4	4.49	282.32	286.81
7：3	5.02	290.06	295.08
8：2	5.53	297.41	302.94
9：1	6.02	304.31	310.33

从以上实验结果可知，随着混合比例的增加，$BaSO_4$ 垢和 $CaCO_3$ 垢的含量都增加，说明采出液含量对结垢影响较大，这可能是由于采出液中成垢离子含量较大的原因。

7.2.2.2　W26-1 井采出液结垢分析

在温度为 75℃，研究 W26-1 井采出液与注入水混合比例对结垢量的影响，结果见表 7.5 所示。

表 7.5　混合比对 W26-1 井采出液结垢影响

混合比例	$BaSO_4$/（mg/L）	$CaCO_3$/（mg/L）	总量/（mg/L）
1：9	1.29	216.29	217.58
2：8	1.91	229.73	231.64
3：7	2.53	242.74	245.27
4：6	3.15	255.22	258.37
5：5	3.76	267.07	270.83
6：4	4.35	278.13	282.48
7：3	4.94	288.25	293.19
8：2	5.50	297.22	302.72
9：1	6.03	304.80	310.83

从以上实验结果可知，W26-1 井情况与 G11-33 井类似，结垢量也是随着混合比例的增加，BaSO₄ 垢和 CaCO₃ 垢的含量都增加。

7.2.3 温度对结垢的影响

硫酸盐垢、碳酸盐垢的溶解度随温度变化而变化，为讨论温度对其的影响，确定注入比为 9 : 1，且在 1atm（1atm=101325Pa）下，对不同温度时的结垢量进行研究，结果如下。

7.2.3.1 温度对 G11-33 井采出液结垢影响

在温度分别为 55℃、65℃、75℃、85℃ 和 95℃ 时，研究 G11-33 井采出液结垢量，结果见表 7.6 所示。

表 7.6　温度对 G11-33 井采出液结垢影响

温度 /℃	BaSO₄/（mg/L）	CaCO₃/（mg/L）	总量 /（mg/L）
55	6.39	239.29	245.68
65	6.21	271.97	278.18
75	6.02	304.31	310.33
85	5.84	335.52	341.36
95	5.70	426.91	432.61

由以上实验结果可知，当温度从 55℃ 升高至 95℃ 时，G11-33 井的 BaSO₄ 垢量呈减小趋势，而 CaCO₃ 垢量逐渐增加，但总的结垢量从 245.68mg/L 上升到 432.61mg/L。结垢物以碳酸钙垢为主且含有少量硫酸钡垢。

7.2.3.2 温度对 W26-1 井采出液结垢影响

在温度分别为 55℃、65℃、75℃、85℃ 和 95℃ 时，研究 W26-1 井采出液结垢量，结果见表 7.7 所示。

表 7.7　温度对 W26-1 井采出液结垢影响

温度 /℃	BaSO₄/（mg/L）	CaCO₃/（mg/L）	总量 /（mg/L）
55	6.32	240.28	246.60
65	6.18	272.73	278.91
75	6.03	304.80	310.83
85	5.89	335.70	341.59
95	5.78	425.84	431.62

从以上实验结果可知，随着温度升高，W26-1 井中 BaSO₄、CaCO₃ 垢量变化趋势与 G11-33 井相似，结垢物仍然以碳酸钙垢为主，同时含有少量硫酸钡垢。

7.2.4　压力对结垢的影响

为讨论压力对结垢的影响，确定注入比为 9 ∶ 1，温度为 95℃时，对不同压力时的结垢量进行研究，结果如下。

7.2.4.1　压力对 G11-33 井采出液结垢影响

在压力分别为 2MPa、4MPa、6MPa、8MPa 和 10MPa 时，研究 G11-33 井采出液结垢量，结果见表 7.8 所示。

表 7.8　压力对 G11-33 井采出液结垢影响

压力 /MPa	$BaSO_4$/（mg/L）	$CaCO_3$/（mg/L）	总量 /（mg/L）
2	5.65	362.30	367.95
4	5.62	359.57	365.19
6	5.59	356.81	362.40
8	5.56	354.04	359.60
10	5.53	351.25	356.78

从以上实验结果可知，当压力从 2MPa 升高至 10MPa 时，G11-33 井的 $BaSO_4$ 垢量从 5.65mg/L 减小至 5.53mg/L，而 $CaCO_3$ 垢量从 362.30mg/L 减小至 351.25mg/L。

7.2.4.2　压力对 W26-1 井采出液结垢影响

在压力分别为 2MPa、4MPa、6MPa、8MPa 和 10MPa 时，研究 W26-1 井采出液结垢量，结果见表 7.9 所示。

表 7.9　压力对 W26-1 井采出液结垢影响

压力 /MPa	$BaSO_4$/（mg/L）	$CaCO_3$/（mg/L）	总量 /（mg/L）
2	5.74	362.13	367.87
4	5.72	359.42	365.14
6	5.70	356.69	362.39
8	5.67	353.94	359.61
10	5.65	351.18	356.83

从以上实验结果可知，当压力从 2MPa 升高至 10MPa 时，W26-1 的 $BaSO_4$、$CaCO_3$ 垢量变化趋势与 G11-33 井的垢量变化一致。

7.2.5　pH 值对结垢的影响

为讨论 pH 值对结垢的影响，确定注入比为 9 ∶ 1，温度为 95℃，压力为 1atm 时，对不同 pH 值时的结垢量进行研究，结果如下。

7.2.5.1 pH 值对 G11-33 井采出液结垢影响

在 pH 值分别为 5.5、6.5、7.5、8.5 和 9.5 时，研究 G11-33 井采出液结垢量，结果见表 7.10 所示。

表 7.10 pH 值对 G11-33 井采出液结垢影响

pH 值	BaSO$_4$/（mg/L）	CaCO$_3$/（mg/L）	总量 /（mg/L）
5.5	5.44	101.84	107.28
6.5	5.71	426.09	431.80
7.5	5.71	440.97	446.68
8.5	6.20	448.84	455.04
9.5	5.73	484.96	490.69

从以上数据分析可知，当 pH 值为 5.5 时，CaCO$_3$ 垢的量为 101.84mg/L，当 pH 值增加到 6.5 时，CaCO$_3$ 垢的量急剧增加到 426.09mg/L，这是由于在弱酸性环境下，CaCO$_3$ 的溶解度较大。之后随着 pH 值继续增大，CaCO$_3$ 垢的量逐渐增加，而 BaSO$_4$ 垢的量变化不大。

7.2.5.2 pH 值对 W26-1 井采出液结垢影响

在 pH 值分别为 5.5、6.5、7.5、8.5 和 9.5 时，研究 W26-1 井采出液结垢量，结果见表 7.11 所示。

表 7.11 pH 值对 W26-1 井采出液结垢影响

pH 值	BaSO$_4$/（mg/L）	CaCO$_3$/（mg/L）	总量 /（mg/L）
5.5	5.53	98.17	103.70
6.5	5.78	425.04	430.82
7.5	5.78	439.89	445.67
8.5	5.78	458.15	463.93
9.5	5.79	482.07	487.86

从以上数据分析可知，当 pH 值为 5.5 时，CaCO$_3$ 垢的量为 98.17mg/L，当 pH 值增加到 6.5 时，CaCO$_3$ 垢的量急剧增加到 425.04mg/L，与 G11-33 井变化趋势类似。

7.3 阻垢剂筛选

7.3.1 阻垢剂类型筛选

以 G80-26 井、G78-56 井为介质，选择了 TH-607B、GY-405、EDTMPS、DTPMPA 和

PAPE 五种阻垢剂来进行阻垢性能的考察。结果见表 7.12 和表 7.13 所示。

表 7.12　阻垢剂对 G80-26 井阻垢效果影响实验数据

温度 /℃	阻垢剂浓度 / (mg/L)	阻垢剂类型	阻垢率 /%
85	60	GY-405	92.11
85	60	TH-607B	90.01
85	60	EDTMPS	88.05
85	60	DTPMPA	85.10
85	60	PAPE	80.61

表 7.13　阻垢剂对 G78-56 井阻垢效果影响实验数据

温度 /℃	阻垢剂浓度 / (mg/L)	阻垢剂类型	阻垢率 /%
85	100	GY-405	92.31
85	100	TH-607B	85.58
85	100	EDTMPS	84.13
85	100	DTPMPA	89.90
85	100	PAPE	81.46

从以上结果可知，在 85℃、常压、阻垢剂浓度 60mg/L 时，阻垢剂 GY-405 对 G80-26 注水井井筒垢的阻垢效果最好，阻垢率为 92.11%；在 85℃、常压、阻垢剂浓度 100mg/L 时，阻垢剂 GY-405 对 G78-56 注水井井筒垢的阻垢效果最好，阻垢率为 92.31%。

7.3.2　阻垢剂浓度筛选

阻垢剂 GY-405 在浓度分别为 40mg/L、60mg/L、80mg/L、100mg/L 和 120mg/L 时，研究阻垢剂浓度对 G78-56 井和 G80-26 井阻垢效果影响，结果见表 7.14 和表 7.15 所示。

表 7.14　阻垢剂浓度对 G78-56 井阻垢效果影响

温度 /℃	阻垢剂浓度 / (mg/L)	阻垢剂类型	阻垢率 /%
85	40	GY-405	66.83
85	60	GY-405	77.40
85	80	GY-405	83.65
85	100	GY-405	92.31
85	120	GY-405	90.94

表 7.15　阻垢剂浓度对 G80-26 井阻垢效果影响

温度 /℃	阻垢剂浓度 / (mg/L)	阻垢剂类型	阻垢率 /%
85	40	GY-405	85.06
85	60	GY-405	92.11
85	80	GY-405	79.52
85	100	GY-405	72.06
85	120	GY-405	66.98

从实验结果可以看出，在 85℃、常压下，当阻垢剂 GY-405 浓度为 100mg/L 时，对 G78-56 井井筒垢阻垢率达到 92.31%；当阻垢剂 GY-405 浓度为 60mg/L 时，对 G80-26 井井筒垢阻垢率达到 92.11%。

第8章

硫酸钡溶垢剂的研制及性能评价

在钻井过程中，由于地层压力系数高，采用大量重晶石（硫酸钡）加重，当储层裂缝宽度大于 $100\mu m$ 时，裂缝性漏失造成的固相伤害成为储层损害的主要方式，钻完井液侵入天然裂缝，液相部分渗入地层孔隙基质中，固相部分（重晶石等加重材料）残留在裂缝中，经过长时间老化，造成重晶石等固相堵塞，结果导致气井产量偏低或没有产出。而在开发过程中，我国各大油田目前常使用注水开发的方式，两种或者两种以上的不相容的水混合，结垢离子混合发生反应，极易形成硫酸钡垢，而由于硫酸钡垢体坚硬、附着牢固，又难以用常规酸碱类物质清除，是油田结垢控制中遇到的最难解决的问题。

在多种油田除垢技术中，化学溶垢剂溶垢具有效率高、费用低的明显优点，能够有效地清除硫酸钡垢，是目前各大油田进行除硫酸钡垢作业的主要手段。在多种溶垢剂中，螯合型溶垢剂性能最好，并且多种螯合剂进行复配会提高其溶垢效果。从国内外无机垢治理情况来看，硫酸钡溶垢剂的研究虽然已有多年，但生产出的溶垢剂仍然存在着腐蚀性强、对环境危害大、无法防止二次结垢等缺点，并且溶垢剂的溶垢剂机理不够明确。因此，通过选择不同的螯合剂以及添加剂复配出溶垢效果良好、综合性能强的溶垢剂，明确溶垢剂的溶垢机理及其影响因素，对油田溶解硫酸钡固相堵塞、解除储层损害、提高产能具有重要的意义。

8.1 硫酸钡溶垢剂主剂的筛选与复配

单一的螯合剂作为溶垢剂使用时，存在费用高、利用率低的特点。本章从螯合剂协同作用出发，筛选了溶垢效果良好的螯合剂单体，进行复配并评价其溶垢效果。

8.1.1 溶垢效果评价实验步骤

参照中石油企业标准 Q/SY 148—2014《油田集输系统化学清垢剂技术规范》，溶垢剂溶解硫酸钡垢的效果评价步骤如下：

① 按照浓度要求将溶垢剂配制成 100mL 溶液，放入 250mL 锥形瓶中；

② 准确称量 1g 硫酸钡，放入配制好的溶垢剂溶液中，密封后放入恒温水浴锅中；

③ 特定时间后取出锥形瓶，冷却、过滤，放入 150℃恒温箱烘干；

④ 一段时间后取出烘干的样品，迅速冷却至室温；

⑤ 快速称量冷却后的样品，并记录剩余硫酸钡和滤纸的总质量。

8.1.2 溶垢剂单剂筛选

对常用的四种溶垢剂二乙基三胺五乙酸（DTPA）、乙二胺四乙酸（EDTA）、二乙烯三胺五亚甲基膦酸（DTPMP）、乙二胺四亚甲基膦酸（EDTMPS）进行溶垢效果实验研究。在溶垢剂质量分数分别为2%、4%、6%、8%、10%的100mL溶液中加入1g的硫酸钡，放入80℃水浴锅中恒温加热24h，每组实验做2个平行样，研究各类螯合剂单剂的类型及浓度对硫酸钡溶垢效果的影响。

8.1.2.1 DTPA单剂对硫酸钡溶垢率的影响

在DTPA溶垢剂质量分数分别为2%、4%、6%、8%、10%时，测试其溶垢率，结果见表8.1所示。

表8.1 DTPA单剂对硫酸钡溶垢率的影响

溶垢剂质量分数 /%	NaOH/%	时间 /h	温度 /℃	溶垢率 /%		
				1	2	平均值
2	5	24	80	36.42	36.51	36.46
4	5	24	80	40.03	39.87	39.95
6	5	24	80	42.31	42.47	42.39
8	5	24	80	41.88	41.65	41.76
10	5	24	80	41.12	40.77	40.94

由表8.1可知，DTPA单剂对硫酸钡的溶垢率会随着DTPA浓度的升高，先升高后降低，在DTPA的浓度为6%时，溶垢率最高为42.39%。

8.1.2.2 EDTA单剂对硫酸钡溶垢率的影响

在EDTA溶垢剂质量分数分别为2%、4%、6%、8%、10%时，测试其溶垢率，结果见表8.2所示。

表8.2 EDTA单剂对硫酸钡溶垢率的影响

溶垢剂质量分数 /%	NaOH/%	时间 /h	温度 /℃	溶垢率 /%		
				1	2	平均值
2	5	24	80	19.95	19.91	19.93
4	5	24	80	23.74	23.87	23.80
6	5	24	80	25.41	25.49	25.45
8	5	24	80	26.57	26.45	26.51
10	5	24	80	24.23	24.30	24.26

由表 8.2 可知，EDTA 单剂对硫酸钡的溶垢率会随着 EDTA 浓度的升高，先升高后降低，在 EDTA 的浓度为 8% 时，溶垢率最高为 26.51%。

8.1.2.3 DTPMP 单剂对硫酸钡溶垢率的影响

在 DTPMP 溶垢剂质量分数分别为 2%、4%、6%、8%、10% 时，测试其溶垢率，结果见表 8.3 所示。

表 8.3　DTPMP 单剂对硫酸钡溶垢率的影响

溶垢剂质量分数 /%	NaOH/%	时间 /h	温度 /℃	溶垢率 /%		
				1	2	平均值
2	5	24	80	35.63	35.55	35.59
4	5	24	80	38.39	38.38	38.38
6	5	24	80	40.11	40.04	40.07
8	5	24	80	40.63	40.66	40.64
10	5	24	80	39.62	39.49	39.55

由表 8.3 可知，DTPMP 单剂对硫酸钡的溶垢率会随着 DTPMP 浓度的升高，先升高后降低，在 DTPMP 的浓度为 8% 时，溶垢率最高为 40.64%。

8.1.2.4 EDTMPS 单剂对硫酸钡溶垢率的影响

在 EDTMPS 溶垢剂质量分数分别为 2%、4%、6%、8%、10% 时，测试其溶垢率，结果见表 8.4 所示。

表 8.4　EDTMPS 单剂对硫酸钡溶垢率的影响

溶垢剂质量分数 /%	NaOH/%	时间 /h	温度 /℃	溶垢率 /%		
				1	2	平均值
2	5	24	80	25.50	25.51	25.50
4	5	24	80	28.81	28.92	28.86
6	5	24	80	32.39	32.27	32.33
8	5	24	80	30.92	31.03	30.97
10	5	24	80	28.1	28.17	28.13

由表 8.4 可知，EDTMPS 单剂对硫酸钡的溶垢率会随着 EDTMPS 浓度的升高先升高后降低，在 EDTMPS 的浓度为 6% 时，溶垢率最高为 32.33%。

8.1.2.5 四种单剂对硫酸钡溶垢率的比较

比较 DTPA、EDTA、DTPMP 和 EDTMPS 四种不同类型的螯合剂的溶垢效果，结果见图 8.1 所示。

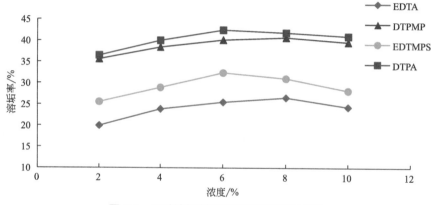

图 8.1　四种溶垢剂对硫酸钡溶垢率的影响

由图 8.1 可知，随着溶垢剂浓度的增加，溶垢率先增大后缓慢降低。分析认为，钡离子反应的配体的浓度会随着溶垢剂浓度的增加而增加，从而促进了螯合反应，加快了硫酸钡的溶解速率。当溶垢剂的浓度持续升高到一定程度后，在反应前，过量的螯合剂会吸附在硫酸钡晶体的表面，形成致密的保护膜，硫酸钡的溶解受到阻碍，大大提高了螯合的难度，降低了溶解率。相同浓度下，对硫酸钡的溶垢率为 DTPA ＞ DTPMP ＞ EDTMPS ＞ EDTA。DTPA 在浓度为 6% 的时候溶垢率最大，为 42.39%；EDTA 在浓度为 8% 的时候溶垢率最大，为 26.51%；DTPMP 在浓度为 8% 的时候溶垢率最大，为 40.64%；EDTMPS 在浓度为 6% 的时候溶垢率最大，为 32.33%。因此，在后续的实验里，考虑将 DTPA 分别与其它三种螯合剂进行复配。

8.1.3　溶垢剂复配

将 DTPA 分别与 EDTA、EDTMPS 和 DTPMP 按照 1∶4、1∶2、1∶1、2∶1、4∶1 的浓度比例进行复配，配成总质量分数为 10%、12% 和 14% 的溶垢剂 100mL，每个比例混合溶液中加入 5% 的 NaOH 增加其溶解度。在溶垢剂中加入 1g 的硫酸钡，在温度为 80℃、溶垢时间为 24h 条件下研究螯合剂复配比例及浓度对硫酸钡溶垢效果的影响。

8.1.3.1　DTPA 与 DTPMP 复配

将 DTPA 与 DTPMP 复配，测试其溶垢率，结果见表 8.5。

表 8.5　DTPA 与 DTPMP 复配溶垢效果

DTPA∶DTPMP	溶垢剂总浓度 /%	NaOH/%	温度 /℃	时间 /h	硫酸钡 /g	溶垢率 /%
1∶4	10	5	80	24	1	55.67
	12	5	80	24	1	60.39
	14	5	80	24	1	57.74
1∶2	10	5	80	24	1	58.41
	12	5	80	24	1	64.02
	14	5	80	24	1	65.34

续表

DTPA：DTPMP	溶垢剂总浓度/%	NaOH/%	温度/℃	时间/h	硫酸钡/g	溶垢率/%
1：1	10	5	80	24	1	61.14
	12	5	80	24	1	66.39
	14	5	80	24	1	66.70
2：1	10	5	80	24	1	62.37
	12	5	80	24	1	68.55
	14	5	80	24	1	66.61
4：1	10	5	80	24	1	63.35
	12	5	80	24	1	62.53
	14	5	80	24	1	58.84

当DTPA与DTPMP按照相同总浓度、不同比例混合，溶垢率会随着DTPA所占比例的增大先增大后减小；当DTPA与DTPMP按照不同总浓度、相同比例混合，溶垢率会随着DTPA浓度的增大先增大后减小。DTPA：DTPMP为2：1，总浓度为12%的混合溶垢剂溶垢率最高，为68.55%。

8.1.3.2　DTPA与EDTMPS复配

将DTPA与EDTMPS复配成总质量分数为10%、12%、14%的溶垢剂，测试其溶垢率，结果见图8.2所示。

当DTPA与EDTMPS按照相同总浓度、不同比例混合，溶垢率会随着DTPA所占比例的增大先增大后减小；当DTPA与EDTMPS按照不同总浓度、相同比例混合，溶垢率会随着DTPA浓度的增大先增大后减小。DTPA：EDTMPS为2：1，总浓度为14%的混合溶垢剂溶垢率最高，为59.34%。

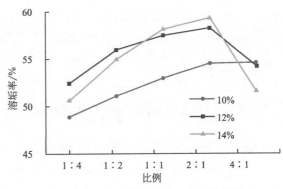

图8.2　DTPA与EDTMPS复配溶垢效果

8.1.3.3　DTPA与EDTA复配

将DTPA与EDTA复配，测试其溶垢率，结果见图8.3。

当DTPA与EDTA按照相同总浓度、不同比例混合，溶垢率会随着DTPA所占比例的增大逐渐增大；当DTPA与EDTA按照不同总浓度、相同比例混合，溶垢率会随着DTPA浓度的增大先增大后减小。DTPA：EDTA为4：1，总浓度为12%

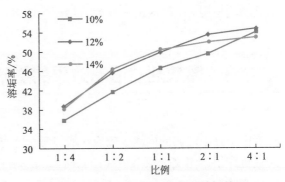

图8.3　DTPA与EDTA复配溶垢效果

的混合溶垢剂溶垢率最高，为 54.86%。

从以上 DTPA 分别与 EDTA、EDTMPS 和 DTPMP 复配实验结果可知：DTPA 在与其它三种螯合剂混合使用后，溶垢效果比螯合剂单剂的溶垢效果要好，在一定程度上可能发生了协同反应，从而促进了硫酸钡垢的溶解，导致溶垢率增加。上述三组实验中，DTPA ：DTPMP 为 2 ：1，总浓度为 12% 的混合溶垢剂溶垢率最高，为 68.55%。

8.2　增溶剂对溶垢效果的影响

适当的酸碱度是金属离子螯合剂工作的必要条件，通过添加增溶剂调节溶液酸碱度可以促进反应进行，具体表现为优化螯合剂本身的作用效能，同时也让其与垢体结合更加牢固，达到理想目的。螯合剂 DTPA 溶解硫酸钡垢时是以水溶液的形式进行作业，需要添加增溶剂使 DTPA 的水溶液达到较高的浓度。可选择通过添加 NaOH、KOH 以及氨水作为增溶剂的方法来提高溶垢剂溶垢能力。

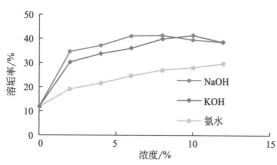

图 8.4　增溶剂对溶垢剂溶垢效果的影响

准备 6 个锥形瓶，配制质量分数为 6% DTPA 以及浓度分别为 2%、4%、6%、8%、10% 和 12% 的增溶剂混合溶液 100mL。向溶垢剂中加入 1g 的硫酸钡，放入 80℃水浴锅中恒温加热 24h，研究不同增溶剂对 DTPA 的增溶效果，结果见图 8.4 所示。

从实验结果来看，几种增溶剂对溶垢剂溶垢效果都有较为明显的影响，其中加入 KOH 和 NaOH 的溶垢率比加入氨水的溶垢率高，是由于氨水的碱度较 KOH 和 NaOH 低。加入增溶剂的溶垢剂对硫酸钡的溶垢效果比未加入增溶剂的溶垢效果明显增强。

随着 NaOH 和 KOH 浓度的增加，溶垢剂溶解硫酸钡的效果先增加后略减小，当 NaOH 和 KOH 的浓度分别为 8%、10% 时，溶垢率最高，分别为 43.41% 和 43.38%。随着氨水浓度的增加，溶垢剂溶解硫酸钡的效果逐渐增强，当氨水浓度为 12% 时，溶垢率最高为 24.73%。加入 NaOH 和 KOH 作为增溶剂的最大溶垢率基本一致，但考虑到加入药品的量，后续实验使用 8% 的 NaOH 作为溶垢剂的增溶剂。

8.3　增效剂对溶垢效果的影响

由于分子之间的同离子效应，有机酸分子结构中的羧基与氨基可以对螯合作用起到一定的促进作用。本文选取草酸（乙二酸）、水杨酸、肉桂酸、丙烯酸等 4 种有机酸进行增效剂筛选实验。

准备 6 个锥形瓶，配制 6% 的 DTPA、8% 的 NaOH 以及浓度分别为 0.1%、0.2%、0.3%、0.4% 和 0.5% 的增效剂混合溶液 100mL。向混合溶液中加入 1g 的硫酸钡，放入 80℃水浴锅中恒温加热 24h，研究不同增效剂对 DTPA 的增效效果，实验结果见图 8.5。

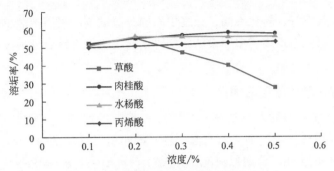

图 8.5　增效剂对溶垢剂溶垢效果的影响

由图 8.5 可知：随着肉桂酸、水杨酸、丙烯酸（AA）浓度的增大，溶垢剂溶解硫酸钡的效果增大，但随着浓度增大到一定程度，溶垢率基本不变。肉桂酸、水杨酸、丙烯酸在浓度分别为 0.4%、0.3% 和 0.5% 时，溶垢剂溶垢效果达到最大，分别为 58.59%、56.31% 和 53.56%。草酸在一定浓度范围内可以增加溶垢剂溶解硫酸钡的效果，溶解度最高为 55.62%，但浓度不合适时，溶垢率反而比未使用增效剂时要低。综合考虑，选取肉桂酸为增效剂。

8.4　分散剂 FS-1 合成及阻垢性能评价

分散剂可以吸附在硫酸钡成垢晶粒上，通过改变硫酸钡成垢晶粒的带电情况，使得晶粒表面带负电，相互排斥，达到分散硫酸钡晶粒的目的。本章采用溶液聚合的方法，选用丙烯类单体，合成分散剂 FS-1，优化分散剂 FS-1 的合成条件，并对 FS-1 的阻垢性能进行评价。

8.4.1　合成方法

结合分散剂 FS-1 基本性能要求及结构设计要求，以及 FS-1 合成的原料与方法，通过实验研究优化反应条件和反应主要步骤。图 8.6 所示为反应装置图。

向装有温度计、搅拌器、恒压滴液漏斗的三颈烧瓶中加入 2- 丙烯酰胺 -2- 甲基丙磺酸（AMPS），加入适量乙醇，并加入异丙醇，充分搅拌，加热至 30 ～ 40℃恒温 30min。将丙烯酸、丙烯酸丁酯（AB）加入适量乙醇中配制成一定浓度的溶液，再加入引发剂偶氮二异丁腈混合搅拌，搅拌后的溶液通过滴液漏斗在 1.5h 内逐滴加入三颈烧瓶中。升温至一定温度，保温反应 3h。待溶液冷却至 30℃，将反应溶液中的乙醇蒸干，加入适量

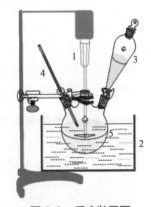

图 8.6　反应装置图

1—DJ1C 型磁力电动搅拌器；2—HH-21-4 型数显恒温水浴锅；3—滴液漏斗；4—温度计；5—500mL 三颈圆底烧瓶

去离子水，滴加质量分数 30% 的氢氧化钠溶液，将 pH 值调节到 7 ～ 8，将溶液过滤后，置于 50 ～ 60℃干燥可得到分散剂 FS-1。

8.4.2　合成条件优选

为了获得阻垢效率好、转化率高、纯度更高的分散试剂，采用溶液单体聚合的方式进行合成，因此，实验研究中运用"单因素法"和"正交实验法"综合分析，对分散剂合成工艺参数进行优化。

8.4.2.1　AMPS 单体浓度的确定

由前期预实验基础得知，分散剂产生"冻胶"状的产物与 AMPS 单体的含量密切相关，所以对 AMPS 单体含量的研究具有必要性。固定引发剂加量为 3.5%，合成反应温度为 60℃，设定反应时间为 4h，合成原料配比 $n(AA) : n(AB) : n(AMPS)=3 : 2 : 1$，在有机物 AMPS 单体质量分数为 4% ～ 30% 时，合成分散剂的阻垢效率和转化率之间的关系，见图 8.7 所示。

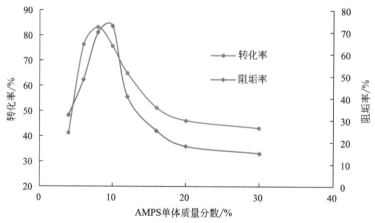

图 8.7　不同质量分数 AMPS 与阻垢率、转化率间的关系

由图 8.7 可知，随着 AMPS 单体浓度增加，分散剂的转化率和阻垢率先增高后降低。当 AMPS 单体浓度在 8% ～ 12% 时，分散剂转化率达到 76% ～ 83%，阻垢率达到 69.8% ～ 72.6%。由于 AMPS 单体浓度间接或直接影响其他合成单体官能团的协同作用，AMPS 单体浓度过高使得合成反应过快而产生爆聚，浓度过低反应速率过低，分子成型率较低，因此，分散剂的转化率和阻垢率都相对较低。综上分析，AMPS 单体浓度确定为 8%。

8.4.2.2　原料配比的确定

固定 AMPS 单体的浓度为 8%，引发剂量为 3.5%，聚合反应温度设定为 60℃，聚合反应时间设定为 3h，改变原料配比，分散剂 FS-1 的转化率和阻垢率与原料配比关系见图 8.8。

在聚合反应过程中，不同原料的配比会对合成产物的分子结构及分子成型产生一定程度的影响，从而影响到合成产物的转化率和阻垢率。合成分散剂的转化率和阻垢率会随着丙烯酸单体和丙烯酸丁酯单体的比例升高而升高，当 $n(AA) : n(AB) : n(AMPS)$ 为 4 : 3 : 1 时，合成分散剂的转化率最高为 86.14%，阻垢率最高为 74.31%。在后续的实验里，会选择

$n(\text{AA}) ： n(\text{AB}) ： n(\text{AMPS})=4 ： 3 ： 1$ 作为合成分散剂的原料配比。

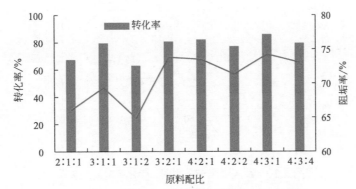

图 8.8　不同原料配比的分散剂的转化率和阻垢率

8.4.2.3　引发剂浓度的确定

在反应过程中，引发剂浓度对分散剂的分子结构及分子成形有一定程度的影响。固定 AMPS 单体质量分数为 8%，聚合温度为 60℃，聚合时间为 4h，三种单体配比为 $n(\text{AA}) ： n(\text{AB}) ： n(\text{AMPS})=4 ： 3 ： 1$ 时，改变引发剂质量分数，合成分散剂 FS-1 的阻垢率和转化率与引发剂浓度之间的关系，见图 8.9 所示。

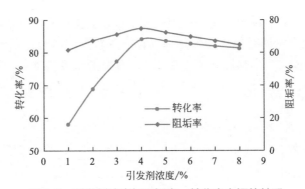

图 8.9　引发剂浓度与阻垢率、转化率之间的关系

由图 8.9 可知，分散剂的合成随着引发剂浓度增加，转化率先增高后略微降低，阻垢率先增高后降低。当引发剂浓度为 4%～5% 时，分散剂转化率达到 83%～85%，阻垢率达到 72.2%～75.0%，由于引发剂浓度的增加促进了合成的进行，此时分散剂的转化率逐渐升高，但是由于引发剂浓度过高，自由基数量过多，反应剧烈，容易发生爆聚，生成透明纤维状棱形晶体的副反应产物，极大降低分散剂的转化率。综上分析，引发剂的浓度控制为 4%。

8.4.2.4　反应温度的确定

不同的聚合温度会对引发剂的引发速率产生不同的影响，影响分散剂生产效率及其分子量。反应聚合时间设定为 4h，引发剂量为 4%，单体配比为 $n(\text{AA}) ： n(\text{AB}) ： n(\text{AMPS})=4 ： 3 ： 1$，聚合温度依次设定为 30℃、40℃、50℃、60℃、70℃、80℃和 90℃。如图 8.10 所示为合成分散剂 FS-1 的阻垢率和转化率与反应温度之间的关系。

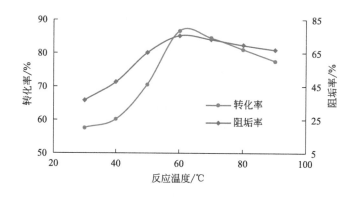

图 8.10 反应温度与阻垢率、转化率之间的关系

由图 8.10 可知，分散剂的合成随着聚合温度的增加，转化率和阻垢率变化趋势基本一致，先增高后降低，但降低的趋势有所减缓。当聚合温度处于 60～70℃时，分散剂转化率达到 84%～86%，阻垢率达到 73.0%～75.3%，由于聚合温度的升高，聚合反应活度快速升高，目标合成产量也逐步增加，阻垢效率随之增加，同样聚合反应过程中温度过高、过低都会影响目标产物的分子结构及性能，且温度过大，容易产生爆聚。综上分析，聚合温度设定为 60℃。

8.4.2.5　反应时间的确定

在适宜的温度下，聚合反应在引发剂的引发下快速发生反应，产物的聚合度在较短时间内达到数以万计，聚合时间对单体的转化率同样产生较大的影响。聚合温度为 60℃，单体配比为 $n(AA)：n(AB)：n(AMPS)=4：3：1$，引发剂浓度为 4%，聚合时间依次设定为 2h、3h、4h、5h、6h、7h 和 8h。如图 8.11 所示为合成分散剂 FS-1 的阻垢率和转化率与反应时间之间的关系。

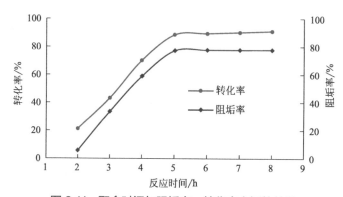

图 8.11　聚合时间与阻垢率、转化率之间的关系

由图 8.11 可知，分散剂的合成随着聚合时间的增加，转化率和阻垢率均先增高后趋于平缓。当聚合时间处于 5～6h 时，分散剂转化率达到 88.4%～89.3%，阻垢率达到 77.0%～77.3%，由于聚合时间的增加促进了合成的进行，聚合时间过短的情况下，聚合反应不够充分，此时分散剂中所含的有效官能团较少，阻垢率过低。综上分析，分散剂合成的

聚合时间为 6h。

8.4.3 正交实验

通过单因素影响实验确定了影响聚合反应的单因素：AMPS 单体浓度、原料配比、引发剂浓度、聚合反应温度、聚合反应时间。因此设计了以 A（原料配比）、B（引发剂浓度）、C（聚合反应温度）、D（聚合反应时间）为四个因素，固定 AMPS 原料的浓度为 8%，设计了四因素四水平 L_{16}（4^4）正交实验，如表 8.6 所示。考察原料配比、引发剂浓度、聚合反应温度、聚合反应时间四个因素之间的相互影响，筛选出综合最佳分散剂 FS-1 合成条件，通过转化率和阻垢率评价方法，筛选最佳合成条件。

表 8.6　四因素四水平 L_{16}（4^4）正交实验

水平	原料配比 n(AA)∶n(AB)∶n(AMPS)	引发剂浓度 /%	聚合反应温度 /℃	聚合反应时间 /h
1	3∶2∶1	3	50	4
2	4∶2∶1	4	60	5
3	4∶3∶1	5	70	6
4	4∶3∶2	6	80	7

以合成分散剂的阻垢率为实验指标，通过正交实验的实验数据计算各因素水平目标值的和，即 $K_1 = \sum_{i=1}^{n} Y_1$、$K_2 = \sum_{i=1}^{n} Y_2$、$K_3 = \sum_{i=1}^{n} Y_3$ 和 $K_4 = \sum_{i=1}^{n} Y_4$，其中 n 值为因素的个数，Y_1、Y_2、Y_3 和 Y_4 依次为水平 1、水平 2、水平 3 和水平 4 的目标值；其次求解各水平、各因素的极差，即 $R = |K_{max}| - |K_{min}|$，$K_{max}$ 为各因素水平目标值和的最大值，K_{min} 为各因素水平目标值和的最小值。R 值的大小表征各因素间的重要程度，依据因素水平表所设计的正交实验表见表 8.7。

表 8.7　分散剂 FS-1 合成条件正交实验表

实验编号及其他	因素				阻垢率 /%
	A	B	C	D	
1	1	1	1	1	69.17
2	1	2	2	2	77.31
3	1	3	3	3	75.42
4	1	4	4	4	74.76
5	2	1	2	4	75.64
6	2	2	3	1	76.06
7	2	3	4	2	78.60
8	2	4	1	3	77.87
9	3	1	3	3	76.98

实验编号及其他	因素				阻垢率 /%
	A	B	C	D	
10	3	2	4	4	81.87
11	3	3	1	1	75.58
12	3	4	2	2	83.02
13	4	1	4	2	77.58
14	4	2	1	3	78.63
15	4	3	2	4	80.89
16	4	4	3	1	75.51
K_1	296.66	299.37	301.25	296.32	—
K_2	308.17	313.87	316.86	316.51	—
K_3	317.45	310.49	303.97	308.9	—
K_4	312.61	311.16	312.81	313.16	—
R	20.79	14.5	15.61	20.19	
影响程度	A＞D＞C＞B				
最优水平	A_3	B_2	C_2	D_2	
最优组合	$A_3B_2C_2D_2$				

由表 8.7 合成分散剂正交实验 [L_{16} (4^4)] 可知，根据极差分析，上述 4 种因素对分散剂合成性能的影响程度依次为：原料配比＞反应时间＞反应温度＞引发剂浓度，即 A＞D＞C＞B。正交实验表明，分散剂的最佳合成条件为单体配比为 n(AA)：n(AB)：n(AMPS)=4：3：1，反应时间为 5h，反应温度为 60℃，引发剂浓度为 4%，此时合成分散剂的阻垢率达到 83.02%。按照最佳合成条件进行分散剂 FS-1 的合成，原料的转化率为 93.19%。

8.4.4 分散剂红外光谱表征

对聚合而成的分散剂 FS-1 进行红外光谱分析，首先将其研磨至粉末制备成压片，取少量烘干后的 KBr 制备成压片，用滴管取 1mL 分散剂溶液滴在制备的压片上烘干，进行红外光谱分析验证共聚物分子是否为预期产物。

图 8.12 所示为分散剂 FS-1 的红外光谱特征吸收峰，"1"处 3314cm^{-1} 为较强吸收特征峰，此处峰形为 AMPS 单体中的—NH—（酰胺）伸缩振动和羧酸二聚体—OH 伸缩振动；"2"处波数为 1722cm^{-1}，此处峰形为 AMPS 单体中的 C═O（酰胺）峰和羧酯基 C═O 伸缩振动峰；"3"处特征峰波数为 1417cm^{-1}，该处峰为 AA 单体中的—COOH 基团；"4"处和"5"处特征峰波数为 1260cm^{-1} 和 1220cm^{-1}，该处峰为（CH$_3$）$_3$—C—R 的 C—C 伸缩；"6"特征峰波数为 989cm^{-1}，该处的峰为 AMPS 单体中的—SO$_3$ 基团；此外，在 1700～1610cm^{-1} 处为—C═C—伸缩振动，在本实验谱图中未发现其特征峰，由此可知，三种单体—C═C—（碳碳双键）打开，合成产物中无未参与反应单体。

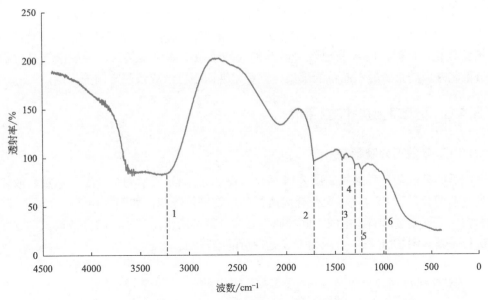

图 8.12　合成分散剂红外光谱分析图

8.4.5　分散剂阻垢机理

在碱性水溶液中，聚合物分散剂 FS-1 能够电离出带负电荷的离子，吸附在成垢颗粒上，使得成垢颗粒之间因负电荷的影响而产生斥力。带相同电荷的成垢离子在水中扩散开来，形成带电粒子扩散层，溶液中正电荷的离子分散在外面，即双电子理论。FS-1 作用于硫酸钡成垢颗粒的示意图如图 8.13 所示。

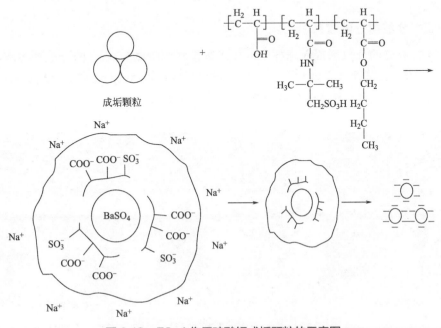

图 8.13　FS-1 作用硫酸钡成垢颗粒的示意图

阴离子型的聚合物FS-1吸附在硫酸钡垢的晶粒上，改变硫酸钡晶粒表面原来的电荷状况，因带负电的粒子相互排斥，使垢颗粒分散，增加溶垢剂中螯合剂与垢表面的接触面积，提高溶解效果。同时，FS-1将已经分散开的硫酸钡微晶体包裹起来，使硫酸钡晶粒稳定地处在分散状态，防止硫酸钡晶粒的聚集、沉积，继而不再形成致密牢固的垢层。

8.4.6　分散剂阻垢性能评价

8.4.6.1　分散剂外观形貌

合成后的分散剂外观形貌如图8.14所示。图8.14（a）所示为合成后的棕黄色液体，为冷却处理前的分散剂FS-1。将聚合合成所得的产物进行冷却，如图8.14（b）所示，锥形瓶底部有白色不规则棱形晶体生成，此物质为合成分散剂所得副产物，将分散剂试剂进行过滤后再进行干燥，图8.14（c）所示为干燥处理后的副产物。

(a) 分散剂冷却前　　　　　(b) 分散剂冷却后　　　　　(c) 干燥后的副产物

图8.14　合成产物外观形貌

8.4.6.2　分散剂分散效果

取10g合成好的分散剂置入烧杯中，加入蒸馏水配制成100mL的分散剂溶液，另取一只烧杯加入100mL蒸馏水作为对照组。分别对两只烧杯加入1g硫酸钡，充分搅拌，静置，对比分析合成分散剂对硫酸钡的分散效果，如图8.15所示。

(a) 静置5min　　　　　　(b) 静置20min　　　　　　(c) 静置60min

图8.15　分散剂分散硫酸钡效果图

由图 8.15 可见，加入分散剂 FS-1 可以有效地使硫酸钡分散在溶液中。未加入分散剂的溶液里，硫酸钡会迅速地下降，聚集在锥形瓶底。合成的分散剂 FS-1 能够在水溶液中分散硫酸钡，这样可以有利于螯合剂对硫酸钡进行溶解作用。

8.4.6.3 分散剂与 DTPA 复配溶垢效果评价

分别配制浓度为 0、2%、4%、6%、8%、10%、12% 和 14% 的分散剂溶液置于锥形瓶中，向每只锥形瓶中加入 6% 的 DTPA 与 8% 的 NaOH，配制成 100mL 溶液。向锥形瓶中加入 1g 硫酸钡，在温度为 80℃，溶垢时间为 24h 的条件下，评价不同浓度分散剂 FS-1 与 DTPA 复配溶解硫酸钡的效果，结果见表 8.8 所示。

表 8.8　不同浓度分散剂与 DTPA 复配效果

分散剂浓度 /%	DTPA 浓度 /%	NaOH 浓度 /%	温度 /℃	时间 /h	硫酸钡 /g	溶垢率 /%
0	6	8	80	24	1	43.13
2	6	8	80	24	1	44.74
4	6	8	80	24	1	50.78
6	6	8	80	24	1	54.69
8	6	8	80	24	1	58.67
10	6	8	80	24	1	61.34
12	6	8	80	24	1	61.87
14	6	8	80	24	1	60.76

分散剂与 DTPA 复配溶解硫酸钡具有更好的溶垢效果。随着加入分散剂的浓度提高，分散剂的阻垢效果先增大后减小。当分散剂的浓度为 10% ～ 12% 时，复配溶液溶垢效果最佳，为 61.34% ～ 61.87%。综上所述，按照最优条件合成出的分散剂 FS-1 与 DTPA 复配具有良好的效果。

8.5　硫酸钡溶垢剂配方确定及性能评价

溶垢剂与阻垢剂复配可以阻止溶解后的难溶盐离子再次结合，促进溶垢效果。一些阻垢剂可以吸附在晶体的活性增长点，使晶体的内部应力增大，甚至导致晶体破裂，这会给溶垢剂螯合垢的阳离子提供更大的接触面积和更多的接触机会。本章从各溶剂的协同效应出发，将合成的聚合物分散剂 FS-1 与前文中初步筛选的溶垢剂主剂、增溶剂以及增效剂进行复配，确定溶垢剂 JH-RG 的配方，研究溶垢剂溶垢效率的影响因素，完善和建立硫酸钡溶垢剂溶垢体系，并对体系进行性能评价。

8.5.1　硫酸钡溶垢剂配方的确定

通过前文确定了溶垢剂 JH-RG 的主螯合剂为 DTPA，副螯合剂为 DTPMP，增溶剂为 NaOH，增效剂为肉桂酸，分散剂为聚合物分散剂 FS-1。设计了以 A（DTPA 浓度）、B（DTPMP 浓度）、C（NaOH 浓度）、D（肉桂酸浓度）和 E（FS-1 浓度）为因素，固定溶垢温度为 80℃，溶垢时间为 24h，固定复配溶垢剂的浓度，设计了五因素四水平 $L_{16}(4^5)$ 正交实验，如表 8.9 所示。考察主螯合剂、副螯合剂、增效剂、增溶剂、分散剂五个因素之间的相互影响，筛选出溶垢剂溶垢效果最优的溶垢配方。

表 8.9　五因素四水平 $L_{16}(4^5)$ 正交实验表

水平	DTPA 浓度 /%	DTPMP 浓度 /%	NaOH 浓度 /%	肉桂酸浓度 /%	FS-1 浓度 /%
1	4	4	6	0.2	8
2	6	6	8	0.3	10
3	8	8	10	0.4	12
4	10	10	12	0.5	14

以溶垢剂的溶垢率为实验指标，通过正交实验数据计算各因素水平目标值的和，即 $K_1 = \sum_{i=1}^{n} Y_1$、$K_2 = \sum_{i=1}^{n} Y_2$、$K_3 = \sum_{i=1}^{n} Y_3$ 和 $K_4 = \sum_{i=1}^{n} Y_4$，其中 n 值为因素的个数，Y_1、Y_2、Y_3 和 Y_4 依次为水平1、水平2、水平3、和水平4的目标值；其次求解各水平、各因素的极差，即 $R = |K_{max}| - |K_{min}|$，$K_{max}$ 为各因素水平目标值和的最大值，K_{min} 为各因素水平目标值和的最小值。R 值的大小表征各因素间的重要程度，依据因素水平表所设计的正交实验表见表 8.10。

表 8.10　硫酸钡溶垢剂溶垢效果正交实验表

实验编号及其他	因素					溶垢率 /%
	A	B	C	D	E	
1	1	1	1	1	1	62.24
2	1	2	2	2	2	66.25
3	1	3	3	3	3	67.54
4	1	4	4	4	4	66.89
5	2	1	1	3	2	87.19
6	2	2	1	4	3	84.31
7	2	3	4	1	2	84.12
8	2	4	3	2	1	82.03
9	3	1	3	4	2	79.63
10	3	2	1	3	1	76.78
11	3	3	4	2	4	82.32
12	3	4	2	1	3	74.41
13	4	1	1	2	3	77.20
14	4	2	3	1	4	76.98
15	4	3	2	4	1	69.80

实验编号及其他	因素					溶垢率/%
	A	B	C	D	E	
16	4	4	1	3	2	71.54
K_1	262.92	306.26	294.87	297.75	290.85	—
K_2	337.65	304.32	297.65	307.8	301.54	—
K_3	313.14	303.78	306.18	303.05	303.46	—
K_4	295.52	294.87	310.53	300.63	313.38	—
R	74.73	11.39	15.66	10.05	22.53	—
主次顺序	A＞E＞C＞B＞D					
最优水平	A_2	B_1	C_4	D_2	E_4	
最优组合	$A_2B_1C_4D_2E_4$					

由表 8.10 正交实验 $[L_{16}(4^5)]$ 可知，根据极差分析，上述 5 种因素对溶垢剂溶垢率的影响程度依次为：DTPA 浓度＞FS-1 浓度＞NaOH 浓度＞DTPMP 浓度＞肉桂酸浓度，即 A＞E＞C＞B＞D。正交实验表明，溶垢剂 JH-RG 的最优配方为 6%DTPA+4%DTPMP+8%NaOH+0.4% 肉桂酸 +14%FS-1，该溶垢剂的溶垢率最高为 87.19%。

8.5.2 硫酸钡溶垢剂性能评价

8.5.2.1 溶垢剂抗温性评价

油田地层温度较高，研究溶垢剂在较大温度范围内能否发挥有效的溶垢能力具有重要意义。在 6 个锥形瓶中配置 100mL 溶垢剂 JH-RG，分别置于 50℃、60℃、70℃、80℃、90℃ 和 100℃ 的水浴锅中恒温加热 24h，观察其形貌变化。待溶垢剂 JH-RG 冷却后，进行溶垢效果测试，在温度为 80℃，溶垢时间为 24h 的条件下测定其在加热后的溶垢率，结果如表 8.11 所示。

表 8.11　溶垢剂抗温性能数据

温度/℃	时间/h	有无变色	有无沉淀	溶垢率/%
50	24	无	无	85.15
60	24	无	无	85.97
70	24	无	无	84.72
80	24	无	无	86.67
90	24	无	无	86.09
100	24	无	无	85.31

由表 8.11 可知，溶垢剂 JH-RG 在各个温度下均无变色以及沉淀产生，加热 24h 的溶垢率无明显差异，表明溶垢剂 JH-RG 均有良好的抗温性能。

8.5.2.2 溶垢剂配伍性评价

溶垢剂应用于油田现场，需要考察该试剂体系与地层水的配伍性，防止溶垢剂体系破坏井筒及地层的固有离子平衡。溶垢剂有机成分可能与地层流体间产生化学反应，多相流体体系间不配伍产生沉淀造成井筒二次堵塞，严重影响井筒溶垢作业。将不同浓度的溶垢剂与模拟地层水及注入水在不同时间下开展配伍性实验研究。

按照表 8.12 配制好模拟地层水和模拟注入水，将 100mL 溶垢剂加入 100mL 地层水和 100mL 注入水中，在 80℃ 水浴锅中恒温加热 48h，每隔一段时间观察是否有沉淀产生，如有沉淀产生，则说明溶垢剂与地层水或注入水不配伍。实验结果如表 8.13 所示。

表 8.12　模拟地层水和注入水离子浓度

井号	水类	离子浓度 /（mg/L）							总矿化度 /（mg/L）
		$Na^+ + K^+$	Ca^{2+}	Mg^{2+}	Cl^-	SO_4^{2-}	HCO_3^-	CO_3^{2-}	
A1	地层水	12112	6311	2112	37598	—			58133
	注入水	1172	278	135	761	2351	1120	2517	8334
A2	地层水	13113	42900	1730	106000	622	2460	—	166825
	注入水	1135	51	158	416	1542	198	1476	4976

表 8.13　溶垢剂配伍性数据

井号	水样	12h	24h	36h	48h
A1	地层水	无沉淀	无沉淀	无沉淀	无沉淀
	注入水	无沉淀	无沉淀	无沉淀	无沉淀
A2	地层水	无沉淀	无沉淀	无沉淀	无沉淀
	注入水	无沉淀	无沉淀	无沉淀	无沉淀

由表 8.13 可知，溶垢剂 JH-RG 与地层水和注入水的配伍性均较好，48h 内均无沉淀产生，满足后续实验要求。

8.5.2.3 溶垢剂阻垢性能评价

根据 SY/T 5673—2020《油田用防垢剂通用技术条件》，将定量的溶垢剂 JH-RG 加入蒸馏水中，稀释成体积分数为 40%、50%、60%、70%、80%、90% 和 100% 的溶垢剂溶液，配制 C 液。分别配制 F 液、G 液各 50mL，在 F 液和 G 液中分别加入一定量的 C 液，充分混合溶液后置入 70℃ 恒温水浴中预热 0.5h。待预热完成，将 F 液和 G 液充分混合均匀，置入 70℃ 恒温水浴中加热 16h，溶液冷却后过滤。根据硫酸钡垢阻垢能力评价方法评价溶垢剂对硫酸钡的阻垢能力，结果见图 8.16 所示。

由图 8.16 可知，随着溶垢剂 JH-RG 的浓度增加，其对硫酸钡垢阻垢能力增大。在体积分数为 90% 时，阻垢率达到 85%，此后，随着体积分数的增大，阻垢率基本不变。因此，溶垢剂 JH-RG 具有良好阻垢性能，能起到阻垢溶垢的双效作用。

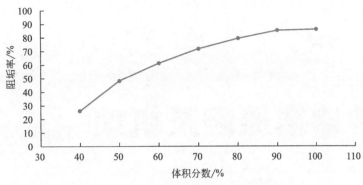

图 8.16　溶垢剂阻垢率与体积分数的关系

8.5.2.4　溶垢剂腐蚀性评价

根据标准 Q/SY 148—2014《油田集输系统化学清垢剂技术规范》，对溶垢剂 JH-RG 腐蚀 20 号钢的腐蚀速率进行评价。先配制好 500mL 溶垢剂 JH-RG，将制备好并已称量的金属试片分别浸入溶垢剂中，在常压、25℃下进行实验，12h 后取出试片，将试片进行清洗并烘干，称量试片的质量，并记录试片的尺寸，根据试片的腐蚀前后质量变化计算溶垢剂的腐蚀速率。溶垢剂对 20 号钢的腐蚀速率见表 8.14。

表 8.14　溶垢剂腐蚀速率

试片编号	试片尺寸 /mm			失重 /g	腐蚀速率 / [g/ (m² · h)]	平均腐蚀速率 /[g/ (m² · h)]
	长度	宽度	厚度			
1	39.92	9.86	2.94	0.8055	0.6216	
2	39.88	9.88	2.96	0.7901	0.6082	0.6241
3	39.94	9.96	2.92	0.8241	0.6318	
4	39.86	9.94	2.88	0.8221	0.6348	

经过测定，溶垢剂 JH-RG 对 20 号钢的腐蚀速率为 0.6241g/（m² · h），小于标准中规定的油田用清垢剂的腐蚀速率 3g/（m² · h），满足行业标准。

第9章
油气井堵塞原因及机理

近年来，随着元坝气田不断投入开发，部分气井相继在生产测井、修井及压裂酸化作业过程中出现井筒堵塞的棘手问题，甚至元坝气田某些开发不久的新井，也会出现同类井筒堵塞现象，造成修井作业不能正常起下油管，对气井正常生产和各类增产作业带来较大的影响。此外，气井井筒堵塞致使生产异常，阻碍气井产能的有效发挥。

自2014～2020年投产期间，研究人员发现元坝气田震旦系-下古生界古油藏产水气井的地层水矿化度较高，部分气井管柱存在严重的腐蚀及结垢现象。经现场调研发现，该地区井筒长期周期性加注缓蚀剂进行井筒防腐。随着元坝地区气井不断投产，缓蚀剂及入井液中各类添加剂发生高温降解，分裂后的小分子有机质与无机混合物（井筒管柱腐蚀产物、井壁岩屑及硫酸钡）发生团聚、凝结，在井筒管柱中生成有机-无机复合堵塞物（如图9.1所示），致使气井无法正常生产，严重制约单井产能，甚至造成关井停产。

(a) 气井井筒管柱堵塞物　　　　　　　　　(b) 较大粒径堵塞物

图 9.1　气井管柱堵塞物外观

鉴于上述情形，对国内外井筒堵塞原因及解堵工艺技术进行调研，对于已发生堵塞的气井，主要的解堵作业手段是机械清理方式。但是对于堵塞较为严重的气井，由于刮蜡片无法下放，作业有效期短，已无法满足现场生产需求。结合元坝气田特征与地质特征，开展井筒内高效有机解堵工艺技术，为元坝地区高含硫气井稳定生产提供技术支撑，为国内各油田增效增产提供指导意义，由此可知，井筒堵塞问题已成为国内各油田高效开发亟须解决的难题。

9.1 堵塞物成分分析

元坝地区气井在投入生产前，经历钻井、完井、固井、酸化压裂等生产作业工序，在生产作业环节中，由于压力、温度等因素的改变，井筒残留物中部分组分，发生沉积或高温降解，黏附在井筒，例如元坝 27-3H 井、元坝 102-1H 井、元坝 1-1H 井、元坝 103H、元坝 103-1H 等在生产过程中经常出现井筒堵塞，导致井筒气压和天然气产量急剧降低，阻碍了元坝地区气井安全生产。通过室内测试手段对元坝气田某井堵塞物开展化学组分分析，可为进一步了解气井井筒堵塞原因及机理提供依据。

9.1.1 分析方法

元坝地区气井堵塞物是一种有机-无机复合堵塞物，成分复杂。文献调研和相关化学仪器分析结果相互印证，为后续气井堵塞原因、堵塞机理分析、有机解堵剂及复合解堵剂研制提供有力保障。采取的室内分析实验方法如下：

① 采用德国进口体视显微镜以及数码相机对堵塞物样品进行宏观照相和粒径分析；

② 将室内堵塞物加热热失重分析与瑞士生产热失重分析仪实验结果相结合，分析堵塞物样品热失重情况；

③ 将堵塞物样品进行 SEM+EDS 分析，无机成分选用 X 射线衍射（XRD）分析，有机成分选用傅里叶变换红外光谱（FT-IR）分析；

④ 将堵塞物进行蒸馏水浸泡，将其浸泡液通过离子色谱仪和原子吸收分光光度计分别对阴离子和阳离子进行检测，在一定程度上有助于认知堵塞物的赋存环境。

9.1.2 堵塞物物性分析

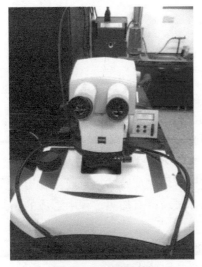

图 9.2 体视显微镜

9.1.2.1 堵塞物粒径统计

采用德国进口 Stereo Discovery V20 体视显微镜（图 9.2）以及德国 JENOPTIK ProgRes C5 数码相机对堵塞物进行宏观照相和粒径分析。如图 9.3 所示为元坝 X-H 井堵塞物外观形貌，堵塞物是连续油管下至井深 6380m 遇阻所采出的黑色物质，堵塞物形状极不规则，圆球度较差，呈黑色炭渣状固体颗粒，且其中夹杂有微量晶体颗粒，用手触摸质地较硬，含有淡淡的原油气味。

粒径统计结果见图 9.4 所示。粒径统计结果表明：颗粒粒径分布在 80~280μm 范围之内，主要分布在 120~220μm，粒径中值为 170.14μm。堵塞物粒径较大，且粒径分布不均匀，堵塞物为非均质体，堵塞物所含有机-无机成分较为复杂。

(a) 数码相机样品形貌

(b) 较大颗粒堵塞物形貌

图 9.3　堵塞物粒径大小

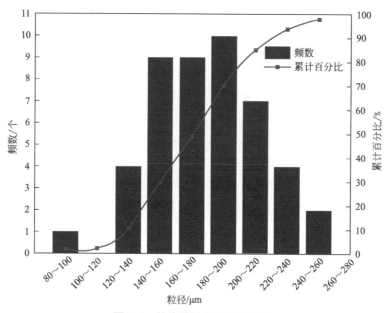

图 9.4　堵塞物粒径累计分布图

9.1.2.2　不同温度时堵塞物外观

用电子天平称取 5.0602g 堵塞物样品，在温度依次为室温（20℃）、40℃、60℃、80℃、100℃、120℃、140℃、160℃和 180℃条件下，加热 2h，取出样品观察样品外观形貌，然后冷却称重，考察温度对堵塞物外观和失重的影响。不同温度时堵塞物外观形貌见图 9.5 所示。

从图 9.5 可以发现：堵塞物样品加热到 40℃后，开始在瓷坩埚底部胶结，且胶结物用小刀不易划离，瓷坩埚内开始形成粒径大小不均的黑色坚硬固体颗粒，有加热过程中形成的小气孔，且气孔大小不均。

堵塞物样品加热到 60℃后，瓷坩埚底部形成大量黑色胶结物，用小刀很难剥离，且样品逐渐开始融解，胶结物中形成明显的气孔，气孔周围有融解的固体小颗粒。

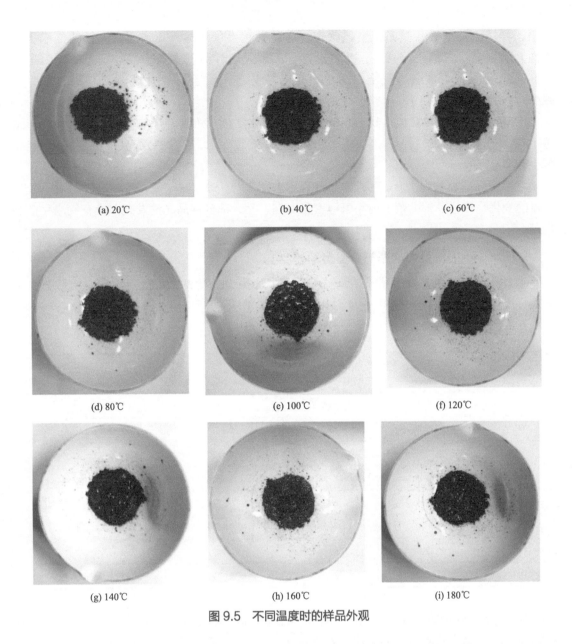

(a) 20℃　　　　　　　(b) 40℃　　　　　　　(c) 60℃

(d) 80℃　　　　　　　(e) 100℃　　　　　　　(f) 120℃

(g) 140℃　　　　　　　(h) 160℃　　　　　　　(i) 180℃

图9.5　不同温度时的样品外观

堵塞物样品加热到80℃后，样品呈整块完全胶结于坩底，即使用小刀也不能完全将胶结物从坩底剥离，胶结物质地坚硬，不同粒径的堵塞物已开始大量融解，融解物表面气孔较多。

堵塞物样品加热到100℃后，样品几乎完全融解并黏附在坩埚底部，形成凹凸不平、光滑发亮的黑色半固体物质，气孔较少。

堵塞物样品加热到120℃后，样品处于熔融状态，刚取出样品时，用镊子拨动，其质地柔软，呈流动性很差的黏稠状物质，表面有液化后形成的气孔。待样品冷却凝固后，其质地坚硬，且表面油黑发亮，气孔逐渐收缩，形成了大小不均的凹陷，胶结后的样品在瓷坩埚底成形基本规则，呈圆形。

堵塞物样品从120℃加热到140℃过程中，产生了极其难闻的烧焦气味。从干燥箱中取出该样品，发现样品呈完全熔融状态，为黏稠状黑色液体，其表面有少量的气泡，较前面几组实验，气泡明显减少。待样品冷却后，发现样品基本处于凝固状态，表面光滑发亮，且表面有少许空心气泡，用小刀可轻松划破，实验对比发现，气泡和凹陷明显减少。

堵塞物样品从140℃加热到160℃过程中，产生了极其难闻的烧焦气味，样品外观形态基本与140℃时一致。待样品冷却后，发现样品表面光滑，且发黑发亮，气泡和凹陷继续减少。

堵塞物样品加热到180℃后，样品外观形态基本与160℃时一致。待样品冷却后，较为明显的变化是该样品部分范围内小气泡密集存在，其余部分样品光滑发亮，没有气泡存在的痕迹。

9.1.2.3 不同温度时堵塞物失重分析

称取一定量的堵塞物样品，在恒温干燥箱中加热2h，冷却20min后称重，实验数据见表9.1所示。

表9.1 样品失重分析结果

温度/℃	加热前质量（坩埚＋样品）/g	加热后质量（坩埚＋样品）/g	样品失重量/g	样品失重率/%	备注
40	90.3909	89.9535	0.4374	8.64	
60	90.3909	89.9186	0.4723	9.33	
80	90.3909	89.8775	0.5134	10.15	
100	90.3909	89.6605	0.7304	14.43	坩埚质量 85.3307g
120	90.3909	89.5195	0.8714	17.22	
140	90.3909	89.4569	0.9340	18.46	
160	90.3909	89.4132	0.9777	19.32	
180	90.3909	89.3700	1.0209	20.17	

从表9.1可知：随着温度升高，堵塞物样品中的低沸点挥发性组分和自由水逐渐从样品中挥发，导致堵塞物重量不断减轻，在温度为80~120℃区间，样品重量变化最大。可以初步判断该堵塞物样品是无机物和有机物共存的混合物。

9.1.2.4 堵塞物失重分析

采用瑞士METTLER TOLEDO生产的热重分析仪DSC823 TGA/SDTA85/e（如图9.6所示）对堵塞物样品进行热重分析，其分析结果如图9.7所示。

由图9.7可知：在100~800℃测试温度范围

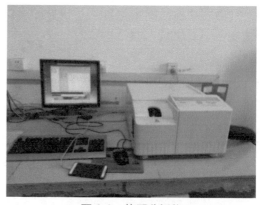

图9.6 热重分析仪

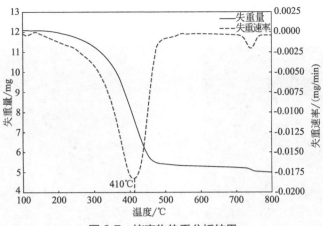

图 9.7　堵塞物热重分析结果

内，堵塞物最大失重速率发生在温度为 410℃ 附近，其中在 230~510℃ 温度范围内，堵塞物样品质量从 11.9955mg 降为 5.5611mg，堵塞物样品失重 6.4344mg，失重率为 53.64%，由此断定堵塞物中有机组分质量分数约为 53.64%。

9.1.2.5　堵塞物差热分析

采用瑞士 METTLER TOLEDO 生产的 DSC823e 差热分析仪对堵塞物样品进行差热分析，结果如图 9.8 所示。

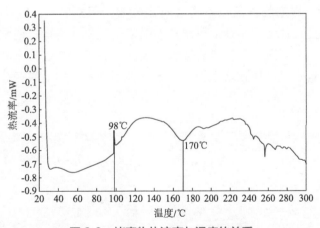

图 9.8　堵塞物热流率与温度的关系

由图 9.8 可知：在温度为 98℃ 附近，堵塞物中出现吸热峰，室内加热堵塞物时，观察到堵塞物由固体颗粒状向熔融状态转变；170℃ 附近堵塞物中出现放热峰，此时堵塞物中部分有机物开始出现氧化分解，室内加热过程中当堵塞物加热到 170℃ 左右时，有股沥青质类烧焦的气味产生，且随着温度的上升，沥青质烧焦气味变得更浓。

元坝 X-H 井堵塞物虽然在常温下呈黑色颗粒状固体，但在室内加热到 100℃ 以上时，则变成熔融状态的黏稠状物质，待其冷却凝固后，堵塞物变得质地坚硬，且表面油黑发亮，外观形貌如图 9.9 所示。与沥青类产品先加热然后冷却过程中的形貌变化极为类似，且加热过程中有股淡淡的类似硫化氢臭味产生，综上可知，室内宏观实验现象与堵塞物差热化学分析结果相吻合。

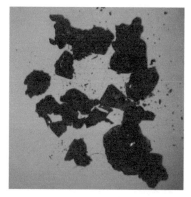 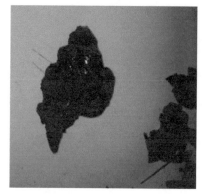

(a) 100℃形貌　　　　　　　　　　　　(b) 120℃形貌

图9.9　堵塞物加热冷却后外观形貌

9.1.3　堵塞物有机 – 无机成分分析

9.1.3.1　堵塞物 SEM 分析

采用美国 FEI 公司生产的 Quanta450 型环境扫描电子显微镜（SEM）［附带 X 射线能谱（EDS）仪，如图 9.10 所示］对堵塞物微观结构进行观察分析，其微观形态如图 9.11 ～图 9.13 所示。堵塞物样品以不紧密的颗粒堆积形式生长，颗粒表面多以片状单体赋存，有机体多呈集合体形式出现，以游离态吸附于无机质表面，通常以充填、嵌入或包裹方式共存，该样品主要通过无机碎屑边缘及表面与有机共体连接富集形成，由于其自身成分复杂、聚集因素多样，导致堵塞物样品形状极不规则，样品粒径分布不均匀，分选性较差。

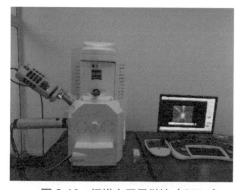 

图9.10　扫描电子显微镜（SEM）　　　　　图9.11　堵塞物 SEM 外观（50×）

9.1.3.2　堵塞物 EDS 分析

通过对堵塞物微观结构和形貌特征的分析，该样品所含化学成分存在较大差异，通过 EDS 分析（图 9.14）表明元素种类和含量存在差异得到证实，堵塞物主要由 C、S、Fe、O、

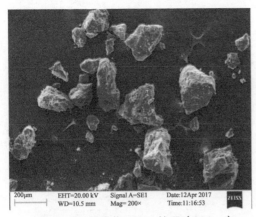

图 9.12　堵塞物 SEM 外观（200×）

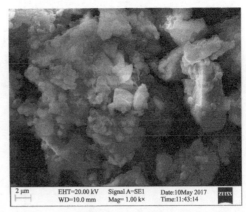

图 9.13　堵塞物 SEM 外观（1000×）

Na 和 Ba 等元素组成。其各元素含量及原子含量如表 9.2 所示。

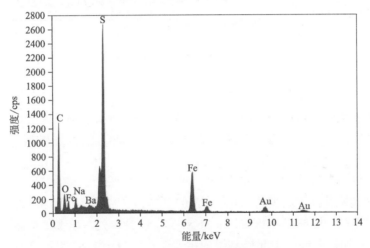

图 9.14　堵塞物 EDS 分析图谱

表 9.2　堵塞物 EDS 分析结果

项目	C	O	Na	S	Fe	Ba	总量
质量分数 /%	32.60	2.97	1.13	24.31	23.86	15.13	100
原子分数 /%	64.46	4.41	1.17	18.00	10.15	1.82	100

　　由表 9.2 可知，堵塞物元素 C 含量最多，元素 C 质量分数为 32.60%，且该堵塞物样品所含主族元素含量最高，该气井堵塞物有机质可能源于烃类有机质热演化、生产过程中缓蚀剂加注、添加剂等有机物质高温降解，同时生产过程中温度、压力的不稳定，造成气体分子吸附于无机载体，其中 S 和 Fe 元素为地层矿物组分或是 H_2S 与井下金属管材的腐蚀产物，其质量分数分别为 24.31%、23.86%。元素 Ba 和 Na 来源于钻井液添加材料与地层岩盐矿物，其质量分数分别为 15.13%、1.13%。

9.1.3.3 堵塞物无机成分 XRD 分析

采用荷兰帕纳科公司生产的 X' Pert PRO 粉末 X 射线衍射仪（XRD）对堵塞物样品烘干，经过标准分样筛分离，并选取适量堵塞物样品研磨至粉末（粒度 <2μm），对堵塞物无机成分进行 XRD 分析，得到堵塞物 XRD 光谱图如图 9.15 所示。

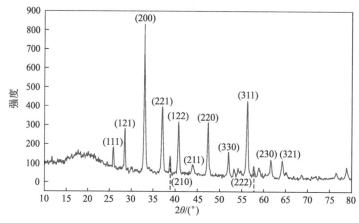

图 9.15　堵塞物 XRD 分析图谱

如图 9.15 所示的 XRD 图谱，通过检索主物相，对照黄铁矿（FeS_2）和重晶石（$BaSO_4$）晶体的标准衍射图谱（JCPDS：42-1340 和 JSCDX-1035）分析。该堵塞物含有黄铁矿（FeS_2）和重晶石（$BaSO_4$），其黄铁矿（FeS_2）和重晶石（$BaSO_4$）的衍射峰与标准衍射峰相吻合。

图中 2θ 为 33.98°、38.85°、43.28°、48.37°、56.82°、58.82°、62.24° 和 64.92° 处，分别出现了对应黄铁矿晶相的（200）、（210）、（211）、（220）、（311）、（222）、（230）和（321）晶面衍射峰。在 2θ 为 26.69°、28.52°、36.89°、51.28° 处，出现了重晶石（111）、（121）、（221）、（330）晶面衍射峰，因此样品中的主要无机组分为 FeS_2 和重晶石（$BaSO_4$），根据这些峰的强度和峰面积，得出 FeS_2 和 $BaSO_4$ 的相对质量分数分别为 86.53% 和 13.47%。其中 FeS_2 应为地层矿物组分或是 H_2S 与井下金属管材的腐蚀产物。$BaSO_4$ 来源于钻井液中添加的加重剂材料。此外，据以往经验，此样品中应该还含有地层矿物微粒（SiO_2），可能因其含量太低，没有检出。

9.1.3.4 堵塞物有机成分 FT-IR 分析

采用北京瑞利分析仪器有限公司生产的 WQF 520 型红外光谱仪（图 9.16）对堵塞物中的有机化合物进行 FT-IR 定性分析。其中，该堵塞物有机成分的 FT-IR 分析图谱如图 9.17 所示。

图 9.17 为堵塞物有机成分 FT-IR 分析图谱，根据图谱特征峰分布特征，以实线为界，将图谱分为 3 个区域（Ⅰ、Ⅱ、Ⅲ），部分特征峰用虚线标出，在Ⅰ区域内，在 3745cm^{-1} 和 3690cm^{-1} 处产生两个较强的特征峰，为 O—H 键，由此可得知，样品内存在不同程度的氢键；在 3562~3668cm^{-1} 范围内，峰形较弱，由于 N—H 键比 O—H 键要弱，所以存在 N—H 键；3678cm^{-1}、3653cm^{-1} 处，形成对称的伸缩振动；3600cm^{-1}、3562cm^{-1} 处形成不对称的伸缩振动，由此可知，此处特征峰为一级胺和酰胺的谱带。

(a) 堵塞物样品压制成片

(b) WQF 520型红外光谱仪

图 9.16　WQF 520 型红外光谱仪

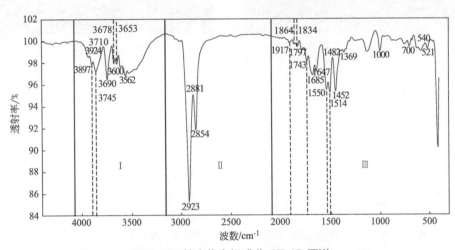

图 9.17　堵塞物有机成分 FT-IR 图谱

在Ⅱ区域内，特征峰为整个图谱中最强的特征峰，在 $2923cm^{-1}$、$2854cm^{-1}$ 处是烷烃的化合物，与 CH_3、CH_2 的伸缩振动频率相对应，且在Ⅲ区域 $1452cm^{-1}$、$1369cm^{-1}$ 处与 CH_3 吸收峰、CH_2 不对称变角振动频率相互验证，由于 CH_3 的对称变角振动频率具有特征性，很少受到其他振动频率的干扰。由此可知，该堵塞物中必含烷烃类有机化合物，可断定为沥青质混合烃类物质。

在Ⅲ区域内，特征峰峰形复杂、数目较多，在 $1900\sim1500cm^{-1}$ 范围内，主要为 $C=O$ 双键吸收谱带；在 $1864cm^{-1}$、$1834cm^{-1}$ 之间形成的弱特征峰为 $-CO-O-CO-$（酸酐类成分）；$1797cm^{-1}$、$1743cm^{-1}$ 处为 $-CO-O-O-CO-$（过氧酸类）；$1658cm^{-1}$、$1685cm^{-1}$、$1647cm^{-1}$ 处为 $CO-N-CO$（酰亚胺类）。

9.2　堵塞物赋存环境分析

因为没有地层水含量分析，考虑采用蒸馏水浸泡堵塞产物，然后使用瑞士万通公司生产的 Metrohm883 型离子色谱仪（图 9.18）和北京东西分析仪器有限公司生产的 AA-7020 型原子吸收分光光度计（图 9.19）对浸泡液的阴阳离子种类及含量进行分析检测，便于了解堵塞物可能赋存的环境，为后续分析气井井筒堵塞原因提供依据。

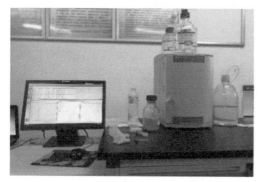
图 9.18　Metrohm883 型离子色谱仪

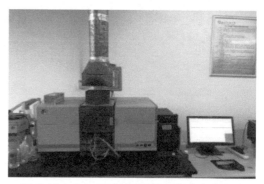
图 9.19　AA-7020 型原子吸收分光光度计

9.2.1　堵塞物浸泡液阴离子测试

称取一定量的堵塞物，将其放入 50mL 蒸馏水中浸泡 4h 后，用定量滤纸过滤，取过滤后的滤液进行阴阳离子种类及含量分析。堵塞物在蒸馏水中浸泡后水体颜色如图 9.20 所示。观察发现：堵塞物浸泡液在未过滤前颜色较深，透明度较低，呈黑色；用定量滤纸过滤后，堵塞物的浸泡液颜色呈灰色。

(a) 堵塞物浸泡液过滤前

(b) 堵塞物浸泡液过滤后

图 9.20　蒸馏水浸泡后水体颜色

堵塞物浸泡后滤液的阴离子色谱图及分析结果分别如图 9.21 和表 9.3 所示。从堵塞物浸泡液的阴离子分析结果可以看出，浸泡液中含有 SO_4^{2-}、Cl^- 以及 NO_3^-，且堵塞物中还含有 F^-，地层水中常见的其他阴离子，如 CO_3^{2-} 和 HCO_3^-，因设备无法检出，本次实验未进行测量。

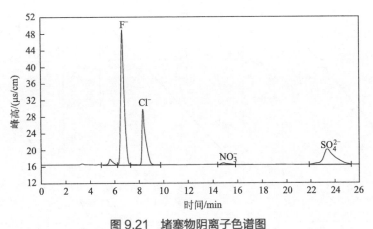

图 9.21　堵塞物阴离子色谱图

表 9.3　堵塞物阴离子色谱分析结果

组分名称	保留时间/min	面积/[(μs/cm)×min]	峰高/(μs/cm)	浓度/(mg/L)
F^-	6.627	10.6842	32.473	362.7
Cl^-	8.312	4.4158	13.332	187.6
NO_3^-	13.825	0.0651	0.068	51.8
SO_4^{2-}	23.328	3.3616	3.444	208.4

9.2.2　堵塞物浸泡液阳离子测试

通过配制各类阳离子标准溶液（由蒸馏水配制而成）（其配制情况如图 9.22 所示），检测堵塞物浸泡后滤液的阳离子原子吸收分析结果见表 9.4 所示。

表 9.4　阳离子原子吸收分析结果

组分名称	阳离子浓度/(mg/L)
Ca^{2+}	99.7932
Fe^{2+}	942.5096
K^+	73.9151
Mg^{2+}	0.5321
Na^+	14641.639
Ba^{2+}	未检出
Sr^{2+}	未检出

以配制好的标准溶液阳离子为计算依据，对堵塞物浸泡后滤液的阳离子含量进行计算。由表 9.4 所示的原子吸收分析结果可知：浸泡液中所含部分阳离子有 Ca^{2+}、Mg^{2+}、Na^+、K^+ 及 Fe^{2+}，其中 Na^+、Fe^{2+} 含量较高，可能由于处于解离状态的 Ba^{2+} 和 Sr^{2+} 含量相对较小，未能检出 Ba^{2+} 和 Sr^{2+}。

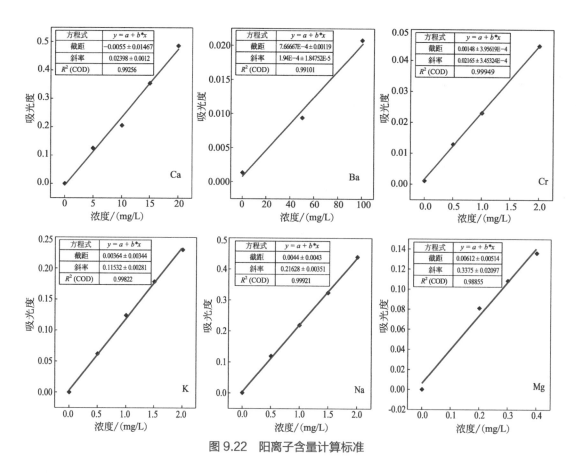

图 9.22　阳离子含量计算标准

表 9.5 为元坝地区气井水样离子含量分析结果。

表 9.5　元坝气井水样离子含量

井号	pH 值	离子浓度 / （mg/L）							总矿化度 / （mg/L）	水型
		$Na^+ + K^+$	Ca^{2+}	Mg^{2+}	Cl^-	SO_4^{2-}	HCO_3^-	CO_3^{2-}		
YB-X1	6	12112	6311	2112	37598	—	—	—	58133	$CaCl_2$
YB-X2	6	13113	42900	1730	106000	622	2460	—	170000	$CaCl_2$
YB-X3	5.7	15978	769.4	309.9	24260	184	—	—	53520	$CaCl_2$
YB-X4	8.6	999.3	57.7	13.8	1010	—	124	—	2210	$CaCl_2$
YB-X5	6.99	90.8	47.0	4.95	154	26.6	101	—	426	$CaCl_2$
YB-X6	6.86	6042	865	158	10448	927	294	—	18734	$CaCl_2$
YB-X7	—	37060	16900	8730	10400	—	455	—	167000	$CaCl_2$
YB-X8	5.85	23282	13758	4822	73943	—	595	—	116400	$CaCl_2$
YB-X9	—	26802	20125	2568	83425	972	1850	—	136750	$CaCl_2$
YB-X10	7.54	8643	469	76	11050	1325	1600	—	21700	$CaCl_2$
YB-X11	5.98	5925	55225	2783	11675	569	—	—	182500	$CaCl_2$
YB-X12	6.39	15923	6683	1328	36645	3037	2325	—	65941	$CaCl_2$
YB-X13	8.12	18795	5411	984	39693	—	2959	—	67842	$CaCl_2$

将表 9.5 地层水样与堵塞物浸泡液阴阳离子检测对比分析可知：由于浸泡液中其它离子的干扰与堵塞物自身成分的干扰，虽然离子含量存在较大差异，但阴阳离子成分基本一致，表明堵塞物成分来源与地层水相关，或者堵塞物中的某些成分来源于地层水样，堵塞物可能赋存在与地层水类似的环境。

9.3 堵塞原因及机理

依据上述元坝地区气井堵塞物成分及其赋存环境分析，明确堵塞物成分类型及其来源，从而有针对性地分析元坝地区气井堵塞机理及其堵塞原因，为后续开展气井高效解堵作业增加气井产能提供理论依据。

9.3.1 元坝地区气井基本特征

9.3.1.1 天然气成因分析

元坝气田特有的成烃、成岩和成藏造就了自身的独特性。根据 C 和 S 的同位素等地质和地球化学证据，很多学者认为天然气中的 H_2S 大量聚集在储层中是热化学还原反应的缘故，即 TSR（热化学硫酸盐还原，thermochemical sulfate reduction）的蚀变和改造，部分有机质和烃类与硫酸盐发生热化学反应，产生 H_2S 和 CO_2。此外，朱光有先生通过对川东北天然气体系 C 和 S 的同位素分馏过程研究，更进一步证实元坝气田飞仙关组 - 长兴组 H_2S 属于 TSR 成因。

四川盆地元坝气田长兴组储层埋藏深度为 6200~7100m，温度约为 165℃，气体干燥度为 99.73%~99.99%，且甲烷和乙烷的 $\delta^{13}C$ 值为 -31.0‰ ~-28.9‰ 和 -29.9‰ ~-25.6‰。戴金星研究表明，乙烷的 $\delta^{13}C$ 值小于 -28.8‰，天然气源于有机物腐质泥。然而，元坝气田某些长兴组天然气乙烷 $\delta^{13}C$ 值高于 -28.8‰，这与元坝气田长兴组天然气源于有机物腐质泥的研究似乎不相符合。郝芳和刘全有研究论述表明：随着第 II 类型干酪根的演变趋势，乙烷的 $\delta^{13}C$ 值高于 -28.8‰ 是由于未含 H_2S，乙烷的 $\delta^{13}C$ 值未受 TSR 作用影响，可能来源于邻近的腐质型气源岩。元坝地区长兴组气层埋深达到近 7100m，晚侏罗纪地温可能达到 160℃ 以上，在早白垩世初地温将近达到 200℃，而且持续的地质时期较长，造成该地区天然气热演化程度很高。所以天然气甲烷、乙烷的 $\delta^{13}C$ 值相对较高，H_2S 浓度为 3.0%~10.0%，气体酸性指数（GSI）为 0.03~0.11，上述表明元坝气田之前发生过热化学硫酸盐还原作用。

元坝地区由于有机烃类物质或有机质与硫酸盐发生高温化学还原反应，生成 H_2S，其反应机理可表述为：

$$nCaSO_4+C_nH_{2n+2} = nCaCO_3（或 CO_2）+H_2S+（n-1）S+nH_2O \tag{9.1}$$

$$\sum CH（油气）+CaSO_4 \longrightarrow CaCO_3+H_2S+CO_2 \tag{9.2}$$

式（9.1）中 C 为生烃源岩中的有机质碳，式（9.2）中 $\sum CH$ 为元坝地区油气，Machel 认为发生 TSR 作用所需的温度条件为 100~140℃，国内学者蔡春芳也研究认为发生 TSR 作用所需的温度高于 120℃。因此，元坝地区在超深地层温度高于 120℃ 的条件下发生反应，使得元坝地区气井（元坝1井）H_2S含量从0.20%（T_1f_2）到13.33%（P_3ch_2）分布，且元坝地区飞仙关组和长兴组气藏地层温度相对较高，其地层温度依次为149.9℃和139.9~150.3℃。综上可知：元坝地区天然气在相对较高的地层温度（120℃以上）下，与有机质通过复杂的地质作用及TSR作用，造成该地区气井含有不同含量的H_2S气体。

元坝地区气藏成因除了TSR作用外，该地区飞仙关组和长兴组气藏的探井中发现有大量沥青存在，国内外相关学者对这种沥青已做过大量研究，此种沥青是古油藏原油经高温热降解演化的残留物，属焦沥青类。

9.3.1.2　天然气基本组成

研究资料表明：中国大部分盆地中，储集层油气源于干酪根的高温热演化，然而，四川盆地海相气藏表现出多元、多期的生供烃和多期调整改造成藏的复杂过程。

对元坝气田完成测试的YB-1、YB-101、YB-102等34口井不同层位（长兴组、自流井组和须家河组）的50个天然气气样组分进行分析。资料显示：长兴组和飞仙关组储层中的天然气基本组成成分基本相同，主要成分为CH_4、C_2H_6、C_3H_8、H_2S、CO_2和N_2。长兴组天然气主要以烃类气体为主，27组长兴组气样中烃类气体占80.83%以上，非烃类气体CO_2和N_2平均含量占11.59%，H_2S平均含量保持在6.78%；自流井组9组气样烃类气体平均含量占比为94.47%，非烃类气体CO_2和N_2平均含量占3.79%，H_2S平均含量占1.52%；须家河组14组气样烃类气体含量占95.5%，非烃类气体CO_2和N_2平均含量占3.80%，该组段未检测到H_2S存在。

将元坝气田已完成测试的34口井的50组气样各组分绘制成散点图，如图9.23所示。元坝气田天然气主要成分以烃类气体为主，烃类气体中CH_4相对含量较高，绝大部分气样保持在80%~90%之间，C_2H_6相对含量次之，绝大部分气样保持在0.01%~2%之间，C_3H_8相对含量较小，绝大部分气样保持在0~1%之间，同时该气田气样中含有部分非烃类气体，如H_2S、CO_2和N_2。非烃类气体中H_2S和CO_2相对含量较高，绝大多数气样H_2S相对含量保持在1.2%~12.94%之间，CO_2的相对含量保持在0.13%~15.65%之间。综上表明：元坝地区天然气各组分具有一定差异性，但差异不大。依据《天然气藏分类》（GB/T 26979—2011）划分，元坝气田长兴组气藏属于中含CO_2、高含H_2S气藏。

图9.23中每一组分图的前27组气样取自长兴组，中间9组气样取自自流井组，余下14组气样取自须家河组。长兴组、自流井组、须家河组所对应的每一种组分的相对含量基本保持一致。通过观察H_2S和CO_2的相对含量发现，长兴组、自流井组、须家河组不同地层处相对应的两种非烃类气体含量基本一致，满足式（9.1）和式（9.2）表示的H_2S和CO_2含量关系，从侧面证明了元坝气田早期发生过热化学硫酸盐还原作用。

9.3.2　硫沉积影响因素

9.3.2.1　硫单质的基本物性

在井筒压力和温度条件下所形成的硫微粒为淡黄色的晶体，硫单质有多种晶型。主要是斜方硫［又名菱形硫（α硫）］和单斜硫（β硫）。α硫呈淡黄色，密度为2.07g/cm³，熔点为112.65℃，在室温条件下基本稳定，β硫为针状黄色晶体，密度为1.96g/cm³，熔点为118.85℃，在低于95.55℃条件下，β硫可以缓慢转换为斜方硫。处于液态的硫通常是由8个

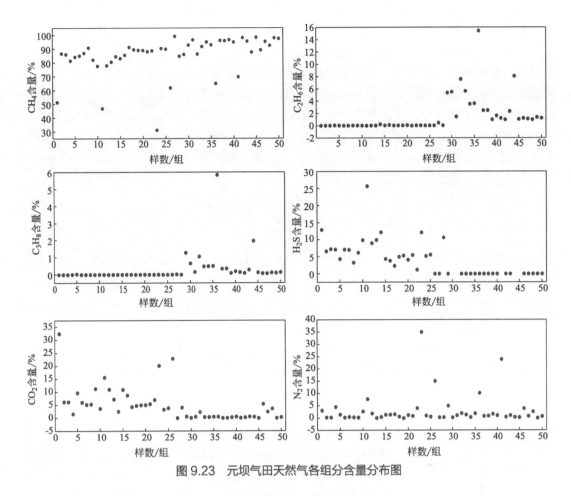

图 9.23 元坝气田天然气各组分含量分布图

硫原子形成封闭的环状结构。硫的基本物理性质见表 9.6。

表 9.6 硫的基本物理性质

形态	颜色	摩尔质量 / (g/mol)	密度 / (g/cm³)	熔点 /℃	沸点 /℃	在水中溶解度	标准生成焓 / (kJ/mol)	标准自由焓 / (kJ/mol)	摩尔定压热容 [J/ (mol·K)]
α 硫	淡黄	32.1	2.07	112.65	—	不溶	—	—	23
β 硫	黄	32.1	1.96	118.85	444.6	不溶	—	—	24
气体	—	—	—	—	—	—	279	168	24
S_8	—	256	—	—	—	—	102	431	156

元坝地区井筒温度随着深度的变化而变化，硫单质的分子量和分子结构会发生明显的变化。硫分子的环状结构随着温度（157.05℃以上）上升，环状分子链发生断裂形成一条高分子硫长链，颜色逐渐加深为暗红色。在压力为 0.1MPa、温度为 444.6℃（沸点）条件下，硫分子被气化，高分子硫长链发生断裂，形成 S_2、S_4、S_6 和 S_8 等多样的分子结构形式。其中 S_8 分子数居多。如图 9.24 所示是 S_8 分子的 3D 结构式。

9.3.2.2 硫单质的产生

四川盆地元坝地区高含硫气藏属于非常规气藏的重要组成部分。在元坝地区超深层酸性气井中，元素硫在储层压力和温度条件下溶解于烃类气相中。随着气藏不断被开采，地层中可采储量不断降低，造成地层压力逐渐降低，硫在天然气中的溶解度伴随地层压力的降低而急剧降低，相位降低到其热力学饱和点以下，气相体系内部诱导硫单体产生，载硫气源中元素硫以单体的形式离析，最终固态硫在适当的温度条件下沉积在井筒管件内壁或者残留在地层孔隙喉道，逐步堵塞天然气渗流通道，降低天然气气流有效渗流空间，严重制约气井产能。

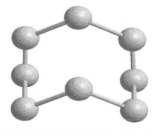

图 9.24　硫分子（S_8）3D 环状结构模式图

（1）化学反应分析　1980 年 J.B.Hyne 提出气相中的硫在地层高压、高温条件下与 H_2S 结合生成多硫化氢，其反应关系如下式（9.3）所示：

$$H_2S+S_x \xrightleftharpoons[P\downarrow T\downarrow]{P\uparrow T\uparrow} H_2S_{x+1} \qquad (9.3)$$

式（9.3）化学反应在一定的温度、压力条件下属于可逆反应。元素硫被含 H_2S 及 CO_2 酸性天然气所运载，化学反应的方向由元坝地区气井井筒内原始流体组成和井筒管柱内温度及压力梯度决定。

此外，B.E.Roberts、J.J.Smith、E.Brunner 和 Bojes 等相继研究了元素硫的来源及含硫化合物在管柱中可能发生的复杂化学反应机制。其基本反应化学式如式（9.4）～式（9.8）所示：

$$2H_2S+SO_2 \longrightarrow 3S+2H_2O \qquad (9.4)$$

$$2H_2S+O_2 \longrightarrow 2S+2H_2O \qquad (9.5)$$

$$Fe_2O_3+3H_2S \longrightarrow 2FeS+3H_2O+3S \qquad (9.6)$$

$$Fe_3O_4+4H_2S \longrightarrow 3FeS+4H_2O+S \qquad (9.7)$$

$$FeS+1.5MnO_2+1.5H_2 \longrightarrow Fe（OH）_3+1.5Mn+S \qquad (9.8)$$

由上式（9.4）至式（9.8）可知，从一系列化学反应角度分析，H_2S 是产生硫单体的重要物质来源。元坝地区气井储层具有超深、高温高压的特征，H_2S 在高温高压条件下发生氧化生成硫单体；同时铁的化合物（氧化产物 Fe_2O_3、Fe_3O_4，腐蚀产物 FeS）参与化学反应生成硫单体。

（2）物理性质分析　由于元坝地区天然气中含有有机烃类（CH_4、C_2H_6 和 C_3H_8）和无机化合物（CO_2、H_2S 和 N_2）等组分，天然气气样组分复杂，致使该地区含硫气体的物性性质、相态变化较为复杂。查阅 E.Brunner 等的研究，得出如图 9.25 所示的高含硫气体 P-T 相图。

由图 9.25 可知，该三相图具有"一点""四区"和"四线"的基本特点。"一点"为 Q 点，即为固相硫、液相 H_2S 以及气液两相硫的集合点。"四区"即为 SL_1 区、SG 区、L_2G 区和 L_1L_2 区，依次为固液两相区、气固两相区、气液两相区、液相区。"四线"即为 SL_1L_2、SL_1G、SL_2G 和 L_1L_2G，依次为液固平衡线、H_2S 的气液固三相平衡线、硫的气液固三相平衡线和气液平衡线。

由图中所示三条曲线 CH_4、$25\%H_2S+75\%CH_4$ 及 H_2S 可知，随着 H_2S 含量增加，由液相区过渡到液固区，表明硫的溶解度逐渐在减小。

当 $25\%H_2S+75\%CH_4$ 混合介质在压力为 15MPa 以内，硫熔点随着井筒管柱内压力的升高而减小，到达最小值（110℃左右）后又随着井筒管柱内的压力增大而逐渐增大。以 CH_4

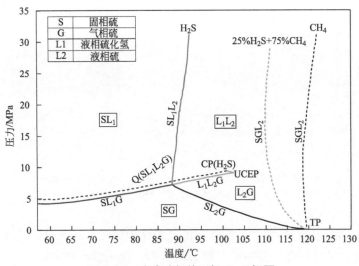

图 9.25　高含硫气体三相 P-T 相图

为介质时硫熔点变化趋势与上基本一致。因此可知,升高 H_2S 含量,降低了硫单体的熔点。天然气气流中的液硫更容易发生固化。当初始固化发生时,基于瞬间相态变化原理,已经发生固化的液硫将带动其周围的液硫加速固化,引起元素硫加速沉积。

综上从物理性质角度分析,硫单体的产生主要源于两个方面:

a. 地层中由于含硫组分物理性质的变化而析出硫单体,在高速气流的运载下,载至井筒近井口位置或地面节流管汇而产生沉积;

b. 完全溶解于含硫天然气中的硫组分由于开采因素和复杂工况的改变而使硫单体析出。

9.3.2.3　硫沉积的影响因素

（1）硫单体化学溶解机理　上述式（9.3）在高温高压环境下,向着正反应方向（吸热方向）进行,生成多硫化氢化合物,地层中的硫单体溶解在 H_2S 中,天然气中含硫量增加,硫单体含量降低。其正向反应产物多硫化氢分子结构如图 9.26（a）所示。因此,元坝地区气井中部分硫在天然气中以多硫化氢的形式存在。但是元坝地区随着气田的不断开发,地层能量逐渐降低,含多硫化氢化合物的天然气随着气流的推动,进入井筒压力、温度递减的流场中时,化学反应式的原有平衡发生改变,反应向着逆向进行,多硫化氢产物分解成 H_2S 和 S 单体。在分解过程中,天然气相溶解的硫达到临界饱和度时,地层压力逐步递减,S 单体从天然气气相中逐步析出。随着析出硫量的增大,井筒内天然气气流动力无法将硫颗粒携至井口或地面装置时,使得井筒管柱、井口装置及节流管汇元素硫发生沉积,沉积严重时,直至完全发生堵塞。将此由于化学反应平衡引起的沉积过程称为化学沉积。

（2）硫单体物理溶解机理　上述除化学反应机制引起硫沉积之外,多组分流体对硫单体的物理溶解与离析效应不容小觑。物理溶解就是硫单体在地层中由于分子热扩散作用而溶入高含硫天然气中。由于温度、压力条件的改变而单一地造成硫元素在含硫天然气中的溶解度降低的过程称为物理沉积。

如图 9.26（b）所示为硫单体物理溶解示意图。随着油气藏的不断开采,气井内温度、压力不断降低,引起硫单体的溶解度降低,若井筒管柱内压降低到硫单体析出的临界压力以

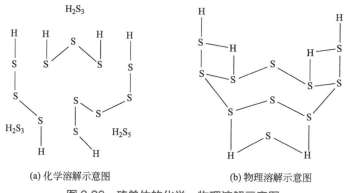

(a) 化学溶解示意图　　　　　(b) 物理溶解示意图

图 9.26　硫单体的化学、物理溶解示意图

下，硫单体则会大量析出。当气井井筒管柱内硫单体聚集较多，多组分流体无法将其携带至井口及井口分离装置时，就会沉积在井筒管柱内壁，随着累积量的增加，造成气井产量下降、井筒堵塞。

J.B.Hyne、B.E.Roberts、E.Brunner 的研究表明，如图 9.27 所示为硫在 H_2S 气体中的溶解机理，如果以物理溶解方式为主，在 103.5~138MPa 高压的区域内，硫溶解度变化范围不大，若高压区内以化学溶解多硫化产物为主，则硫溶解度对压力因素的敏感性较强。地层高压条件下主要以化学溶解为主，低压条件下主要以物理溶解为主，而且认为含硫气井的硫沉积主要是物理沉积。

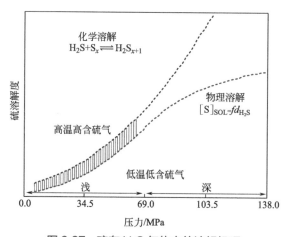

图 9.27　硫在 H_2S 气体中的溶解机理

由此可知，元坝地区气井投产至今，硫单质主要发生在压降最大、天然气流速较大及硫单体溶解度下降最大的近井口管柱以及地面节流管汇、节流阀处，上述条件都符合物理沉积原理。同时气流的流速较化学反应速率快，则化学反应生成的硫单体在沉积之前就已被气流携至井外，因此硫单体没有足够的时间在井筒沉积。

综上所述两种硫单体沉积原因：①硫单体化学溶解产生沉积；②硫单体物理溶解产生沉积。文献资料表明，硫单体的沉积是两种原因共同作用的结果，很多学者认为相对较低温度、压力条件下物理溶解占主导作用。其中：① J.B.Hyne 提出当地层处于高温高压环境时，为多硫化氢产物化学溶解方式；②在1970年J.J.Smith将含饱和硫的液态H_2S升温至100℃时，未发现生成多硫化氢产物，说明低温环境下硫单体主要以物理溶解的形式沉积；③1980年E.Brunner认为硫单体随温度的升高其密度降低，却未因硫单体逸度增加而受到补偿，得出硫单体的溶解度随温度升高而减小的结论。

9.3.2.4　硫沉积堵塞机理

元坝地区气井由于高含H_2S的缘故，总会不可避免地生成硫单体。在高温高压的储层环境中，硫元素以物理溶解和化学溶解的方式稳定存在于气相中。高含硫天然气在井筒管柱中运移，当井筒管柱内温度和压力等条件发生改变时，气相中的硫单体浓度高于其在天然气中的饱和溶解度，气相中的硫单体分子就会析出，如图9.28所示。相继析出的硫分子和有机高分子以吸附、包裹的方式成核、聚结，并在气井井筒流场或井筒管柱内壁上继续吸附凝结、团聚其他分子，使得自身得到生长，最后生成宏观形态的硫微粒。将这一阶段定性地理解为硫微粒的物理生长阶段。

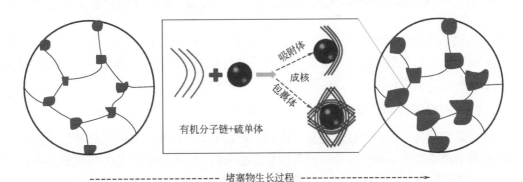

图9.28　硫沉积过程中堵塞物的物理生长过程

9.3.3　沥青质沉积影响机制

9.3.3.1　沥青存在的理论支撑

通过上述元坝地区天然气成因的描述发现，元坝地区天然气从化学组成特征判别，认为长兴组和飞仙关组气样属于原油裂解气，原油裂解气实际上由两部分组成：一是指古油藏原油裂解生成的气；二是烃源岩中残余沥青高温裂解而成的气。图9.29所示为元坝地区不同地层CH_4、C_2H_6、C_3H_8含量比值分布及生成途径的研究。

如图9.29所示，由于该研究地区的天然气较干，C_2以上的烃类很少，使得较多样品无法测定C_3H_8的碳同位素，因此，该地区无法运用（$\delta^{13}C_2 - \delta^{13}C_3$）与$\ln(C_2/C_3)$的方法判别是否为原油裂解气。选用$\ln(C_1/C_2)$和$\ln(C_2/C_3)$参数，从图中可以得出：元坝地区长兴组（$P_2c$）和川东北飞仙关组（$T_1f$）天然气$\ln(C_1/C_2)$的值大体上偏高，且其值变化不大，而$\ln(C_2/C_3)$的值变化范围较大，极为符合原油二次裂解气的特征。将元坝地区须家河组（T_3x）和自流井组（J_1z）的天然气气样加以对比，可以发现与长兴组和飞仙关组天然气不同。结合图9.29须家河和自流井组天然气含量对比分析，$\ln(C_1/C_2)$的值较低且变化较大，而$\ln(C_2/C_3)$的值较低且变化相对较小，由此可知该地层处天然气为干酪根初次裂解。综合上述对元

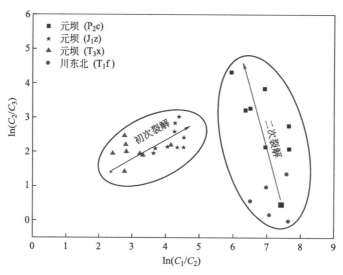

图 9.29 不同地层 CH_4、C_2H_6、C_3H_8 含量比值分布及生成途径图

坝地区天然气这两个参数的研究，可知长兴组和飞仙关组天然气源于原油二次裂解。因此，初步判断元坝地区长兴组地层中不乏有沥青和原油的存在，同时不能排除由于沥青或原油分子的热运动与其他物质相接触，造成该地区气井井筒频繁堵塞。

9.3.3.2 沥青存在的实验证实

通过前述元坝气田天然气成因的分析研究，提出元坝气田长兴组和飞仙关组储集层中存在固体沥青的理论依据。通过元坝气田各探井岩心分析，长兴组和飞仙关组气藏岩心存在沥青，国内学者研究认为是古油藏原油经高温热降解演化的残余物，属于焦沥青类。如图 9.30 所示，元坝气田长兴组采集的岩心被固体沥青所填充。

由图 9.30（a）～图 9.30（c）可以清晰发现岩心中含有固体沥青成分，且岩心中的沥青分布极不均匀。图 9.30（d）沥青分布呈斑块状、片状、孤岛状赋存。图 9.30（e）和图 9.30（f）是岩心铸体薄片，在铸体薄片中零星分布有固体沥青，即"沥青环"，呈包裹体，填充喉道。通过扫描电镜研究发现，储层孔隙发育条件好，沥青含量相对较高，基本沿裂隙周围分布，此种"沥青环"是原油裂解后自发收缩形成的。以上固体沥青填充岩心的事实，从侧面证实了储层油气主要来源于原油的高温热降解。

同时国内学者李平平等人将元坝气田长兴组和须家河组固体沥青样品研磨成粉状，通过化学检测仪器测定该地区沥青中元素类型及相对含量。如图 9.31 所示为不同地层、不同井、不同深度处沥青样品的元素组成。

由图 9.31 可知，元坝地区沥青样品主要含有 C、H、O、N、S 元素，且图中 YB-102、YB-2 和 YB-9 井是从长兴组所取沥青样品，而剩下的 YB-204、YB-4、YB-5、YB-10、YB-104、YB-122、YB-16 和 YB-271 井沥青样品取自须家河组。从图中可以看出，该沥青成分中 C 元素含量最高，元素 S 含量次之，元素 O、H、N 含量依次减少，总体来看 C、O 和 S 为主要元素。而须家河组沥青组分元素 S、O、H、N 相对含量较少，且变化范围不大。

综上所述：将堵塞物样品 EDS 分析结果与沥青所含组分综合分析可知，堵塞物中均含有沥青组分中的主要元素 C、O 和 S，且堵塞物加热冷却后外观上类似于沥青质，呈深褐色

(a) YB 9井(6928.6m)　　　　　　　　(b) YB 29井(6640.8m)

(c) YB 2井(6593.9m)　　　　　　　　(d) YB 224井(6650.1m)

(e) YB 27井(6291.1m)　　　　　　　　(f) YB 29井(6640.8m)

图 9.30　元坝气田长兴组固体沥青填充岩心图

固体颗粒状。结合元坝地区岩心中夹杂有固体沥青的事实，因此，堵塞物中沥青质来源于地层中原始赋存沥青。

9.3.3.3　沥青质堵塞井筒机理

元坝地区储层岩心中由于含有固体沥青的特殊性，在油气开采过程中经历钻井、完井、酸化压裂、生产作业和修井等各个环节。随着元坝地区气井的不断生产，沥青质经过复杂的位移迁移与其他入井添加剂和入井流体之间的复杂作用，造成气井井筒和产层附近出现有机-无机复合堵塞物，导致气井无法正常生产。

沥青质在分子结构上呈凝结和聚结状。固体沥青颗粒沿井筒内壁随气流运移，且极易与其他无机固体微粒发生凝聚而沉积，从而集聚成较大的固体颗粒。而且从微观分子力角度分析，沥青微粒分子之间通过氢键、范德华力、π-π 相互作用、静电作用和电荷转移的相互

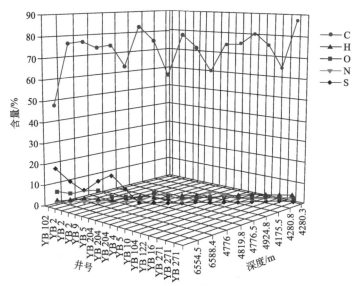

图 9.31　元坝气田长兴组和须家河组固体沥青的元素组成

作用等聚集、凝结在井筒内壁或管壁。沥青微粒分子在井筒管柱内壁黏附，同时受元坝地区开发过程中多种因素影响，比如入井流体组分、入井流体温度和井筒管柱压力、井筒管柱外界温度、流体流动速率和井筒管柱结构（缩径、接箍）等因素。

元坝地区气井储层岩心所含沥青主要成分为饱和烃、芳香烃、胶质以及沥青质，且主要以四环、五环芳烃化合物为主。元坝气田长兴组气藏在高温热演化降解阶段，低碳数的芳烃化合物以及含侧链烷基的芳香烃化合物可能发生开环或键断裂而逐渐减少，而较多的无侧链多环母体芳香烃化合物凭借较高的耐温性得以留存。

然而，随着开采制度的不断改变，高分子沥青体系原有的热力学平衡遭到外界干扰破坏，该体系温度、压力和组成成分等发生变化，经过一系列的气、液、固三相相态转变，最终沉积在井筒管柱内壁，造成气井井筒堵塞。其聚集、吸附、凝结机理如图 9.32 所示。

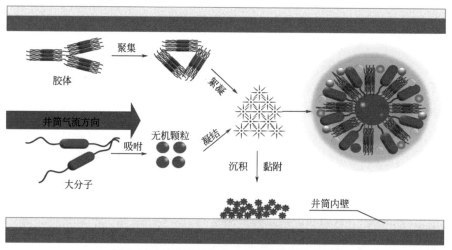

图 9.32　沥青分子聚集、吸附和凝结机理图

如图9.32所示，元坝地区储层中所含沥青体系在开采条件发生改变时，在井底高温、高压条件下，随着气流的冲蚀、推动，沥青组分发生分解离析，分解为絮状胶体体系和大分子沥青组分，沿着井筒内壁气流的方向运移，胶体体系由于极性分子作用发生自缔合，形成簇状、絮状胶体体系，同时大分子沥青组分与无机离子通过吸附作用，减少自身表面自由能。随着胶体体系和沥青分子与无机离子吸附，且胶体体系和沥青分子在运移过程中产生静电，具有一定的流动电势，伴随着分子之间的凝结，同时受自身分子重力的作用而沉积。上述种种因素都加剧了沥青质分子的沉积，黏附在井筒内壁。

9.3.4　天然气水合物堵塞影响机制

天然气水合物是由轻的碳氢化合物和水在一定温度和压力条件下形成的复杂的笼形晶体化合物，外观形貌类似于不干净的冰。理论上元坝地区气井井筒管柱浅井段井筒管柱内可生成水合物，随着水合物的不断沉积，逐渐堵塞井筒气流流通通道或地面节流管汇，制约气井正常生产。对元坝地区气井天然气水合物的产生和形成堵塞机理的研究，具有非常重要的实际意义。

9.3.4.1　天然气水合物基本特性

天然气水合物从微观结构分析，是由水分子与氢键结合而呈笼形结构，如图9.33所示，即客体分子（气体分子）通过范德华力填充在点阵的晶穴内。

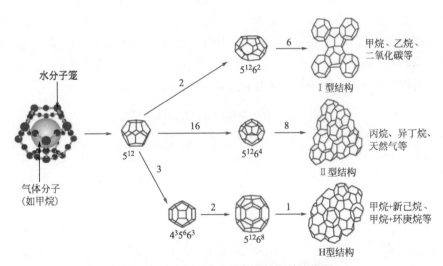

图9.33　三种水合物的经典笼形结构模型

如图9.33所示为水合物晶体普遍存在的三种晶体结构：Ⅰ型（体心立方晶体结构）、Ⅱ型（面心立方菱形晶体）和H型（简单六方晶体）。元坝气田井筒管柱内天然气水合物的形成过程是一个由流体相向固体相转变的过程，属于结晶动力学范畴，其生成过程属于放热过程。天然气水合物形成伴随着适宜的温度、压力条件以及足够的气源，因此水合物的稳定性受到温度、压力以及井筒环境的多因素影响。其拟化学反应如式（9.9）所示：

$$M（g）+n_wH_2O（l） \longrightarrow M\text{-}n_wH_2O（s） \tag{9.9}$$

式中　M——气体分子（客体分子）；

　　　n_w——水合数（客体分子与水分子的摩尔比）；

　M-n_wH$_2$O——天然气水合物表达式。

资料研究表明：天然气水合物可以视为一种特殊有机烃类气体的储集体，以Ⅰ型天然气水合物为例，标准状况下，1m^{3}的水合物发生完全分解将近得到0.8m^{3}H$_2$O（液态）和164m^{3}CH$_4$（气态），有机烃储存能力较大。

9.3.4.2　天然气水合物的产生条件

基于井筒管道输送介质间存在的差异性，不同管道内的天然气水合物产生的堵塞原因及其机理不相一致。查阅国内外相关文献，很多学者将水合物运载体系大致分为两种：①油基管柱运载体系（oil-dominated systems），$\varphi_o > 50\%$（注：φ_o为油相体积分数），水合物产生后以油相为载体；②水基管柱运载体系（water-dominated systems），含水率高于70%时，水合物基本存在于水的连续相中，水合物产生后以水相为运载体系。

通过查阅元坝气田YB-1、YB1-侧1、YB-2、YB-4、YB-5、YB-101和YB-12元坝地区气井资料可知，元坝地区大部分气井在白垩系、侏罗系及三叠系均未发现油层显示，但是每一层段（组）含有裂缝气、气层等。因此，元坝地区气井天然气水合物主要是以水基管柱运载体系为主。结合上述元坝气井的井史资料，该地区气井水合物的形成同时具备以下条件：①气井井筒管柱、节流管汇或其他井上装置处生成水合物需存在过饱和状态的水蒸气或液态水。②在井筒内具备一定压力条件时，井筒内的温度场低于相平衡温度，井筒内具备一定温度条件时，井筒内的压力高于相平衡压力。如表9.7所示为天然气各组分临界温度及特征值。③对于投产过程中的气井，因生产制度存在不合理性而压力产生波动。④气流处于紊流状态、酸性气体CO$_2$和H$_2$S的存在、井筒管柱及装置突变处，含有腐蚀产物、无机沉积物处，砂砾和自由水处等都是水合物成核的最佳位置。

表9.7　天然气各组分临界温度及特征值

主要参数	天然气各组分对应值						
	CH$_4$	C$_2$H$_6$	C$_3$H$_8$	i-C$_4$H$_{10}$	n-C$_4$H$_{10}$	CO$_2$	H$_2$S
临界温度 /℃	21.5	14.5	5.5	2.5	1.0	10.0	29.0
偏心因子	0.0126	0.0958	0.1547	0.185	0.2016	0.2668	0.0925
临界密度 / (kmol/m^3)	10.050	6.756	5.021	3.811	3.901	10.635	10.526
定压热容 / [kJ/ (m$^3 \cdot$ K)]	1.545	2.244	2.960	3.558	3.710	1.620	1.558

生成水合物全部过程中，水合物晶核生成较为关键。如图9.34所示，从动力学角度分析，最初由于水相中溶有气体分子水合物呈笼形结构，如图9.35所示，水合物笼形结构最初从气水界面开始，以此为水合物基本结构继续生长，水合物颗粒之间不断缔结、组合成较厚、密实的分子层结构，直至相互结合成致密的水合物层。气体分子基本开始快速成核结晶、骨架生长，此阶段所需时间为水合物形成的诱导时间。随着生长时间的推移，分子笼中气体分子不断扩散，水合物分子不断有选择性吸附密实填充骨架，水合物最终成形，这一阶

段所需时间为水合物成长时间。将水合物进行阶段性划分是为了理论研究的便捷性,其一,天然气在自由水中的溶解过程从未间断;其二,晶核诱导时间可衡量饱和系统亚稳态的能力,国内外学者对诱导时间的研究从未间断,还需更进一步的研究。

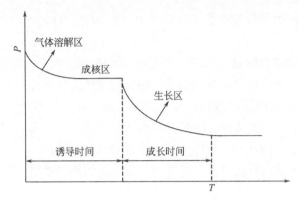

图 9.34 天然气水合物生成动力学示意图

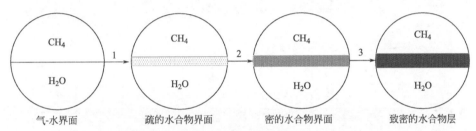

图 9.35 气水界面水合物笼形界面生长示意图

9.3.4.3 天然气水合物堵塞机理

虽然堵塞物中未能发现水合物,可能是由于在采集出地面的过程中由于外界的温度、压力因素而发生挥发。从上述水合物生成理论可知,不能完全排除井筒内水合物的产生,而造成井筒管柱堵塞。因此,本文将水合物堵塞同样作为一个重要的堵塞原因及机理进行分析研究,以便后期更好地开展解堵措施研究。

元坝地区气井井筒水合物是气-水相为主的水合物体系,Palermo 等在前面学者的基础上对水合物分子的聚集机理做出新的解释。水合物分子的聚集生长源于水合物分子与液滴之间的两相接触,如图 9.36 水合物生长过程示意图所示,水滴逐步开始转化成环向生长的水合物,液滴逐渐润湿水合物,液滴与水合物表面性质发生变化,液滴最终可完全转变为水合物。

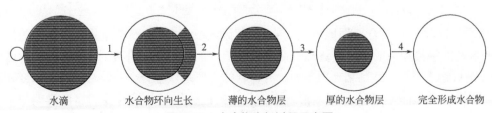

图 9.36 水合物生长过程示意图

基于 2013 年 Joshi 模拟气-水相为主体系的水合物堵塞环路实验研究，结合元坝地区气井井筒实际生产状况，对元坝地区气井井筒水合物堵塞原因及机理进行研究。Joshi 通过改变不同的环路压降状态，得出水基运载体系水合物，其井筒堵塞机理模型如图 9.37 所示，压降变化的 3 个阶段如下：

①使环路两端口压力缓慢且平稳持续地增加，水合物开始生成，水合物在气-水两相体系中均匀分散；

②环路两端口压降急剧增加，流态由均相流过渡到非均相流，当水合物生成量达到某临界体积分数时，管柱内水合物体系呈现出非均相移动成床的状态；

③当压降持续发生波动时，水合物分子快速增加，井筒管柱内含有一层较薄的液相薄膜，由于水合物的静置、固定效应在管道底部形成沉积床，从而形成水合物沉积层，管柱内压力不断波动，沉积层不断增厚，最终造成井筒管柱发生堵塞。

上述研究表明：元坝地区气井井筒管柱内一旦满足天然气水合物的生成条件，井筒中就可能会生成天然气水合物。

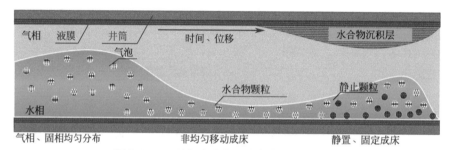

图 9.37　天然气水合物堵塞井筒管柱示意图

9.3.5　腐蚀因素

元坝地区气井属高温、高压、高含 H_2S、中含 CO_2 气藏。由于该地区气井产出气中含有 H_2S、CO_2 等酸性气体，且井筒管柱内存在积液，前述对堵塞物的 XRD 分析表明，确实存在腐蚀产物，因此，可以基本断定在气井生产过程中同样存在一定程度的油套管腐蚀现象。

元坝地区气井井筒内腐蚀介质由 H_2S、CO_2、O_2、S_8 和高矿化度的地层水组成，H_2S 是易溶于水的酸性气体，其溶解度达 $1.026 \times 10^{-3} mol/(L \cdot kPa)$。$H_2S$ 在水中的温度、压力条件下的溶解度趋势，如方程式（9.10）所示。

$$H_2S（g）\xrightleftharpoons{K_{H_2S}} H_2S（aq）\tag{9.10}$$

由图 9.38 所示，结合元坝地区气井生产实际情况可知，随着气井井筒内压力的逐渐升高，H_2S 在井筒液相中的溶解度逐渐升高，当井筒内的温度逐渐升高时，H_2S 的溶解度逐渐降低，最后趋于平缓，达到某一固定值。井筒管柱主要是铁基合金，溶液中酸的浓度和井筒温度、压力对腐蚀具有协同作用，溶解在液相中的硫化氢对井筒管柱的腐蚀机理如图 9.39 所示。

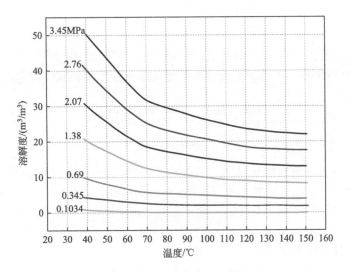

图 9.38 H₂S 在水中的溶解度

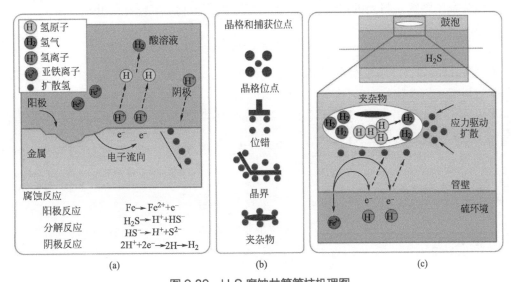

图 9.39 H₂S 腐蚀井筒管柱机理图

如图 9.39（a）所示：首先，井筒管柱中由于 H_2S 分子扩散到管柱内壁表面，在酸性溶液中发生氧化反应，即阳极反应方程式 [如式（9-11）所示]。

$$Fe \longrightarrow Fe^{2+}+2e^-$$ （9.11）

其中，阳极端也相应发生了一系列中间反应，形成了一些非晶形中间产物（FeSH⁻ 和 FeSH）吸附在井筒内壁，其反应方程式如式（9-12）~式（9-16）所示。

$$Fe+H_2S+H_2O \xrightleftharpoons{K_1} FeSH^-+H_3O^+$$ （9.12）

$$FeSH^- \xrightleftharpoons{K_2} Fe(SH)+e^-$$ （9.13）

$$Fe(SH) \xrightleftharpoons{K_3} FeSH^++e^-$$ （9.14）

$$FeSH^+ + H_3O^+ \xrightarrow{K_4} Fe^{2+} H_2S + H_2O \qquad (9.15)$$

$$2FeSH^+ \xrightarrow{K_5} FeS + SH^- + H^+ + Fe^{2+} \qquad (9.16)$$

其次，H_2S 在井筒液相中发生电离反应生成 HS^-、H^+、S^{2-} 等离子，即阴极反应。其中 H^+ 是一种强烈的去极化剂，从铁表面捕获电子被还原为氢原子，其电离方程式如下：

$$H_2S（aq）\xrightleftharpoons{K_1} H^+ + HS^- \qquad (9.17)$$

$$HS^- \xrightleftharpoons{K_2} H^+ + S^{2-} \qquad (9.18)$$

最后，依据上述 H_2S 对井筒管柱化学腐蚀研究，总结出如式（9.19）所示的方程式，生成产物为二硫化铁，与前面对堵塞物进行 XRD 分析的结果一致。

$$FeS + H_2S \longrightarrow FeS_2 + H_2 \qquad (9.19)$$

9.3.6　缓蚀剂加注因素

缓蚀剂自身是有机多组分体系，处于高温、高压的井筒管柱环境下，缓蚀剂中有机高分子有效组分发生降解，与无机物混合形成不溶性残渣沉积物，吸附在气井油管内壁上，气体有效通道变窄。

通过现场调研，由于缓蚀剂因素造成气井井筒管柱堵塞的原因如下：

① 缓蚀剂与气井中其它化学处理药剂、入井流体未经室内配伍性实验研究，造成缓蚀剂与其它药剂配伍性较差；

② 气井生产过程中，生产认识不足、缓蚀剂加注制度不合理同样对井筒造成堵塞有较大影响，例如缓蚀剂用量过大；

③ 可能存在缓蚀剂自身质量、适应性上的缺陷。

第10章

油气井解堵剂的研制及评价

油气井堵塞物一般为有机-无机复合的堵塞物，成分来源复杂。元坝地区气井现通过无机酸或连续油管作业解堵，虽然解堵作业有效可行，但是气井生产有效期较短，无法保证生产顺利进行。

基于前述堵塞物成分实验研究及堵塞成因分析，采取合成新型有机解堵剂的思路，有效解离、溶解和分散堵塞物中起胶结、凝聚作用的有机质，使堵塞物有机质分子失去黏附，然后通过室内实验，采用多组分体系协同效应，研究出有机解堵体系配方，解决油气井井筒堵塞问题。

10.1 解堵剂合成

解堵剂不仅要满足现场实际工艺的需求，而且要注重经济廉价。因此，解堵剂的合成实验遵循以下几条原则：

① 合成的解堵剂能有效降低堵塞物有机质分子间的附着力；

② 解堵剂中的主要官能团与金属离子形成螯合物，增强解堵功效；

③ 所合成的解堵剂具有较好的水溶性；

④ 该解堵剂与地层水及井筒内其他流体之间有较好的配伍性，在高温、高矿化度环境下，性能稳定良好；

⑤ 所合成的解堵剂具有低腐蚀性，且污染性低。

10.1.1 解堵剂分子设计构想

解堵剂合成实验中，需要遵循以下原则进行解堵剂分子设计：

① C—C 键能较大，其键能为 350kJ/mol，当温度达到 350~550℃时，才可激发裂解产生反应，所以有机解堵剂分子主链选择碳碳单键，以便提高分子耐温稳定性；

② 解堵剂合成原料选用乙烯基（—CH＝CH—）单体进行合成，此类单体可以有效吸附堵塞物中带正电微粒，且单体中部分官能团可通过氢键吸附大量水分，在井筒起润湿井筒内壁的作用，更有助于解堵；

③ 通过解堵剂分子的侧链设计，选择功能性官能团以达到良好的解堵性能，有机质通过相似相溶、协同原理溶解堵塞物中的有机物；

④ 堵塞物中所含金属阳离子与具有螯合性能的基团结合，通过螯合作用达到有效解堵。

表 10.1 所示为常见官能团及其功能。

表 10.1　常见官能团及其功能

官能团	化学式	主要功能
羧酸基团	—COOH	羧酸基团是亲水基团，具有良好的水溶性，能对水中的阳离子起螯合作用和晶格畸变作用；可分散井筒形成的堵塞物，破坏堵塞物的晶型。但在含量较高的无机盐条件下溶解性差，易生成凝胶
磺酸基团	—SO₃H	磺酸基团有强极性和强水溶性特征，且在极性溶剂中具有良好的润湿、乳化、分散和去污性，解堵剂分子中具有一定比例的磺酸基团，能够提高解堵剂抗温、抗盐的性能
含磷基团	—PO（OH）—	含磷基团可以螯合多种金属阳离子，具有优异的螯合能力。形成的磷酸酯盐含有磷元素，会对环境产生一定的污染
酯基	$\overset{\text{O}}{\underset{\|}{—\text{C}—\text{O}—}}$	酯基可防止聚合物遇活性基团产生凝胶（此外还有酰胺基、羟基、磺酸基等）。酯基有较高的电子密度，又有较好的吸附作用，通过吸附生成的晶粒改变其生长过程，达到防止堵塞的作用
醛基	—CHO	醛基性质活泼，可发生 Mannich 反应，生成的羟基部分含有孤对电子可以螯合金属阳离子
醇羟基	—OH	醇羟基含有孤对电子，具有亲水性，能够增加分子在水中的溶解性
氨基	—NH₂	含有孤对电子，具有亲水性，能够增加分子在水中的溶解性

由于解堵剂分子架构与此物质物理和化学性能紧密相关，因此，解堵剂分子设计基于表 10.1 所示的官能团，合成的解堵剂含有羧酸基团、磺酸基团、酯基及醇羟基。设计的解堵剂分子应具有上述官能团综合特性，并要求具有良好的配伍性。

10.1.2　解堵剂合成原料及方法的确定

通过上述有机解堵剂分子架构的认识与设想，解堵剂合成原料选用乙烯基（— CH ＝ CH —）单体进行合成，同时所合成的解堵剂分子侧链含有某些功能性基团，如羧酸基团、磺酸基团、酯基和醇羟基，有助于解堵剂高效解堵。因此，本文选取环氧琥珀酸（ESA）、2- 丙烯酰胺基 -2- 甲基丙磺酸（AMPS）、丙烯酸（AA）和 3- 烯丙氧基 -2- 羟基 -1- 丙烷磺酸钠盐（AHPSE）作为主剂，引发剂从偶氮二异丁腈、过氧化苯甲酰、过硫酸钾和过硫酸铵 4 种引发剂中选择。

高分子聚合物聚合方法一般有 4 种，分别为本体聚合反应、溶液聚合反应、乳液聚合反应和悬浮聚合反应，由于选取的 4 种单体为水溶性单体，其合成方法采用水溶液聚合法，其基本特征为实验简单可控、可有效排除聚合热、成本低廉。

10.1.3　聚合实验步骤及装置

解堵剂合成依据单体物化性质选用溶液聚合反应。实验过程基本分为两步，首先依据要求制备所需合成单体（ESA 和 AHPSE），单体制备均在溶液中进行，将制备好的单体置于锥形瓶密封保存在恒温水浴锅中，温度设为恒温 60℃，分别按照一定比例选取 ESA、AMPS 和 AA 进行反应，进而连接疏油基和亲油基；然后将所得产物与缩水甘油醚反应，增加解堵剂的疏油性，从而有效解决气井有机物解堵性能。

如图 10.1 所示为解堵剂聚合实验装置示意图。

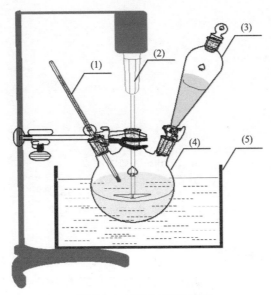

图 10.1　聚合实验装置图

（1）—温度计；（2）—DJ1C 型磁力电动搅拌器；（3）—滴液漏斗；（4）—1000mL 三颈圆底烧瓶；
（5）—HH-21-4 型数显恒温水浴锅

10.1.4　解堵剂合成步骤

结合解堵剂基本性能要求及结构设计要求，以及合成的原料与方法，通过实验研究优化反应条件和反应主要步骤。

10.1.4.1　主要反应单体性质

选取的 4 种聚合物单体性质如表 10.2 所示。

表 10.2　聚合物单体性质

化学名称	简称	理化性质
环氧琥珀酸	ESA	是一种顺丁烯二酸酐生成的中间产物，分子中的环氧基能与 $MgCl_2$ 等盐类生成相应的氯代醇，该反应可以在水、乙醇、乙醚等多种溶剂中进行，可以有效溶解堵塞物中的有机烃类
2-丙烯酰胺基-2-甲基丙磺酸	AMPS	是一种丙烯酰胺类阴离子单体，为白色结晶固体，酰胺基团一般具有良好的水解稳定性，抗酸、碱性及热稳定性；活度高的碳碳双键利于与各种烯类单体生成共聚物
丙烯酸	AA	是一种简单的不饱和酸，能与水和多种有机溶剂互溶，且与其他乙烯基单体很快发生聚合
3-烯丙氧基-2-羟基-1-丙烷磺酸钠	AHPSE	用于油田注水和石油化工工业阻垢缓蚀

选取的 4 种聚合物单体分子结构式如图 10.2 所示。

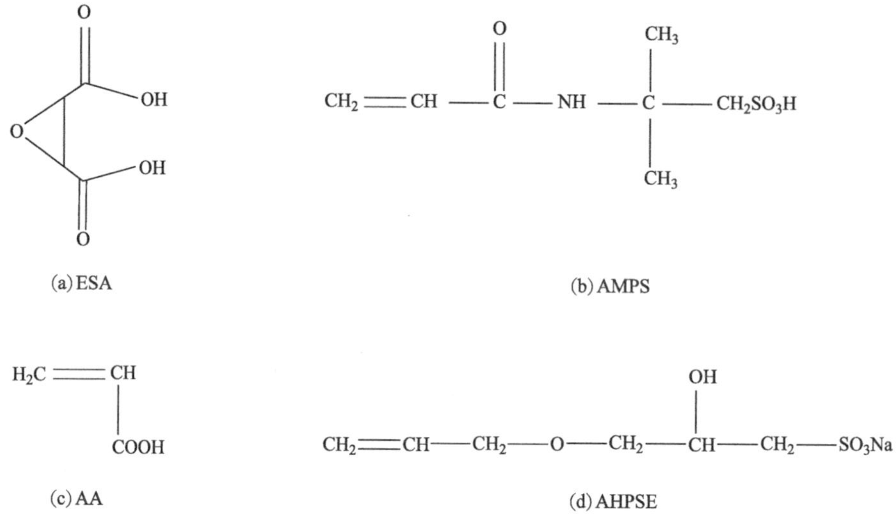

图 10.2 4 种聚合物单体分子结构式

10.1.4.2 聚合反应主要步骤

①环氧琥珀酸（ESA）的生成 如图 10.3 所示为环氧琥珀酸（ESA）的制备反应方程式。

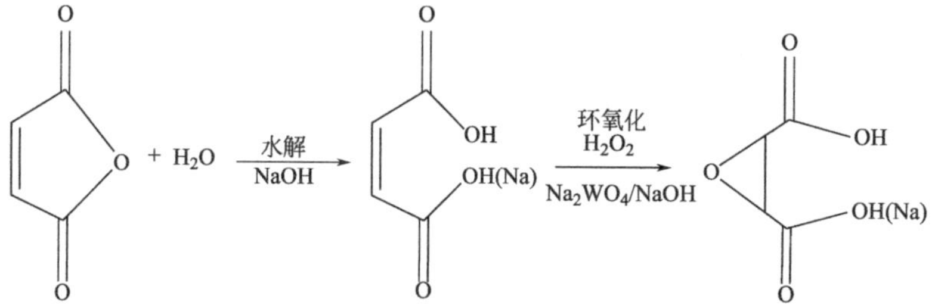

图 10.3 ESA 制备过程

环氧琥珀酸作为表面活性剂、水处理剂等的原料，具有良好的性能，首先将 24.5g 顺丁烯二酸酐（MA）加入三颈圆底烧瓶中，然后用 50mL 的氢氧化钠（10mol/L）溶液水解，用钨酸钠（Na$_2$WO$_4$·2H$_2$O）直接催化，之后匀速缓慢（约 0.5h）加入 30% 双氧水（H$_2$O$_2$），滴加过程温度控制在 55℃ 以下，且将 pH 值稳定在 5~7 之间，滴加完毕后，继续升温至 80℃，由于 MA 分子结构对称性相对较高，反应活性不高，所以要用催化剂打开 MA 分子中的双键，环氧化一定时间后，即得到中间产物 ESA，如图 10.4 所示。未提纯的 EAS 为淡黄色、透明度不高的液体。为了使后续聚合反应具备均匀、分散的液相环境，在此步骤内不对产物 ESA 进行提取，直接用于后续解堵剂的聚合。

对提纯后的 ESA 进行红外光谱分析，如图 10.5 所示。

对图 10.5 中 ESA 红外光谱分析，结果如下："1"峰在 3424cm^{-1} 处，为单峰，峰强且宽，为醇羟基 O—H 伸缩振动，缔合有－COOH 内的 C＝O 振动；"2"峰位于 1566cm^{-1} 处，峰形较强，为羧酸的羰基 C＝O 伸缩振动；"3"峰强度次之，位于 1434cm^{-1} 处，为

(a) 提纯前   (b) 提纯后

图 10.4　ESA 产物

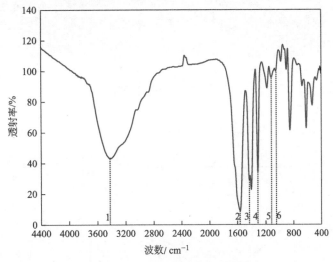

图 10.5　ESA 产物红外光谱图

羧酸根 COO 对称伸缩振动;"4"峰、"5"峰和"6"峰强度依次减弱,分别位于 1313cm⁻¹、1120cm⁻¹ 和 1051cm⁻¹ 处,相互印证存在 C—O—C 对称伸缩振动峰,从而证明所合成产物为 ESA。

　　② AHPSE 的制备　如图 10.6 所示为 3- 烯丙氧基 -2- 羟基 -1- 丙烷磺酸钠(AHPSE)的制备方程式。

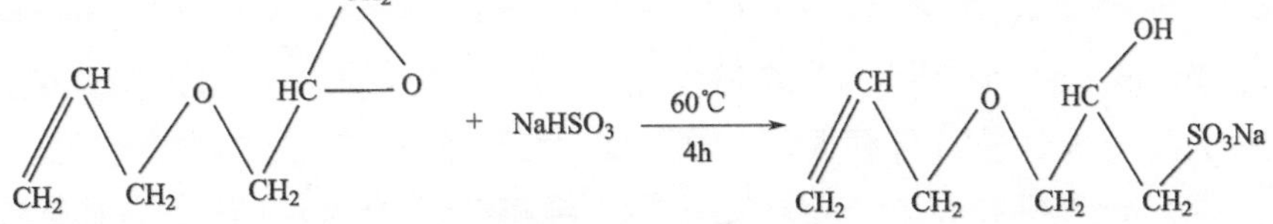

图 10.6　AHPSE 的制备

在 1000mL 三颈圆底烧瓶(有机械搅拌器和回流冷凝器)中加入定量的过饱和亚硫酸氢

钠溶液。打开搅拌器后，将烧瓶置于 60℃的水浴中，将 0.10mol 烯丙基缩水甘油醚缓慢注入烧瓶中。然后在该温度下继续反应 2~4h。所得黄色液体用无水乙醇萃取，滤液在烘箱中干燥，最后提纯得到白色固体产物 3-烯丙氧基-2-羟基-1-丙烷磺酸钠（AHPSE），如图 10.7（a）所示为过滤前的深黄色液体，经静置、过滤后成透明度相对较高的液体如图 10.7（b）所示。

(a) 过滤前   (b) 过滤后

图 10.7　AHPSE 产物

对所合成产物 AHPSE 进行红外光谱分析，如图 10.8 所示。

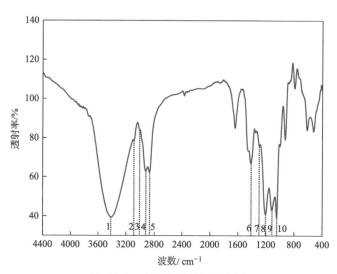

图 10.8　AHPSE 的红外光谱

由图 10.8 可知："1"峰和"10"峰依次在 3424cm^{-1} 和 1046cm^{-1} 处，为单峰，峰较强且宽，该处峰为醇羟基 O—H 伸缩振动；"2"峰、"3"峰和"7"峰的强度较弱，依次分别在 3093cm^{-1}、3015cm^{-1} 和 1303cm^{-1} 处，其中"2"峰和"3"峰为—CH$_2$ 对称伸缩振动，"7"峰为—CH 伸缩振动；"4"峰和"5"峰为对称伸缩，在 2925cm^{-1} 和 2873cm^{-1} 处为 CH$_2$ 和 CH$_3$ 长链烷基；"6"峰和"8"峰依次在 1413cm^{-1} 处和 1208cm^{-1} 处，峰较强，该处为磺酸盐 SO$_3$ 反对称伸缩峰；"9"峰在 1114cm^{-1} 处，为 C—O—C 反对称和对称振动。红外光谱分

析中所检测出的官能团与 AHPSE 分子式中的官能团一致，基本断定所得产物为目标产物。

③解堵剂的制备　将制备解堵剂所需药品（室内自制 ESA 及 AHPSE）与 AA（丙烯酸）依次分别放置在 100mL 的锥形瓶中，盖好瓶塞。然后将一定比例的 AMPS 单体溶于蒸馏水中，通过加量优选的方式，选取最优实验加量比例，确定反应时间，打开搅拌器并旋开恒压滴液漏斗阀门进行引发剂的滴入，体系内部开始聚合。最后通过溶解堵塞物样品验证解堵剂实验效果，确定性能优异的引发剂。将所研制的解堵剂命名为 D-XL。如图 10.9 所示为解堵剂（D-XL）聚合的过程。

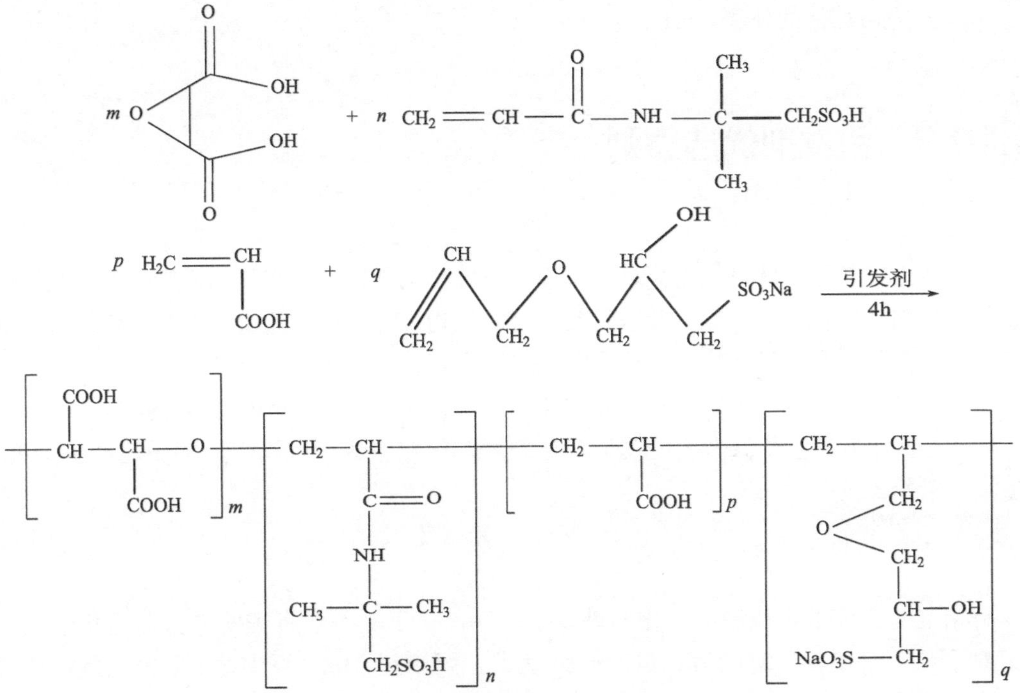

图 10.9　解堵剂（D-XL）生成过程

10.2　解堵效果分析方法

依据企业标准 Q/SY 148—2014《油田集输系统化学清垢剂技术规范》，对聚合而成的解堵剂和后述复合解堵剂的解堵性能评价。解堵性能评价基本思路为在配制好的解堵液中加入井筒堵塞物，在一定条件（时间、温度、pH 值）下进行堵塞物溶解，然后在常温条件下将烧杯中的反应物完全转移到滤纸上，用定量滤纸过滤烧杯中的残余物，将滤纸和烧杯置于80℃的烘箱中烘干，每间隔 30min 取出滤纸和烧杯进行称重，待两者质量保持恒重，记录其质量。

（1）溶解量 P 按式（10.1）所示计算：

$$P=\frac{W_0-W_1}{V_0}\qquad(10.1)$$

（2）溶解率 η 按式（10.2）所示计算：

$$\eta=\frac{W_0-W_1}{W_0}\times100\%\qquad(10.2)$$

式中　P——溶解量，g/mL；

　　　η——溶解率，%；

　　　W_0——实验前加入堵塞物的总质量，g；

　　　W_1——实验后残余堵塞物的总质量，g；

　　　V_0——解堵液的体积，mL。

10.3　引发剂优选原则

引发剂选取依据分解产生游离基，进而引发单体试剂聚合、交联的原则。引发剂分类有偶氮类、有机过氧化物类和热分解引发类（过氧化物）等。在优选引发剂时，依据解堵剂聚合方式、聚合温度和引发剂价格、环保性要求选择。

有机引发剂可使化学键发生对称裂解［如式（10.3）所示］或非对称裂解（如式 10.4 所示）。产生小型游离基表明化学键发生对称裂解，仅能生成带电离子，而不能产生游离基，称非对称裂解。

$$X-Y\longrightarrow X\cdot+Y\cdot\qquad(10.3)$$
$$X-Y\longrightarrow X^++Y^+\qquad(10.4)$$

解堵剂的合成主要通过单体化学键发生裂解，化学键裂解所需的能量即为化学键的键能，对于 $C=C$ 键，其键能为 620kJ/mol，因此，解堵剂合成过程中达到这样的高温相对较难，而选用溶液聚合方式的温度低于 100℃，因此选用中温有机引发剂，此温度范围内能产生对称裂解。化合物中化学键能如此低而又经济可行的化学试剂主要为过氧化苯甲酰、偶氮二异丁腈、过硫酸钾和过硫酸铵。

10.4　合成条件优化

10.4.1　正交实验

以正交实验设计方案为基础，分别从单体浓度、单体配比 $[W_{(ESA)}:W_{(AMPS)}:W_{(AA)}:W_{(AHPSE)}]$、pH 值、反应温度和引发剂加量五个因素对解堵剂合成进行展开研究，每个因素取 4 个不同水平，所设计的正交实验表，如表 10.3 所示，合成解堵剂溶解效果如表 10.4 所示。以合成解堵剂溶解率为实验指标，通过正交实验的实验数据计算各因素水平目标值的和，即 $K_1=\sum_{i=1}^{n}Y_1$、$K_2=\sum_{i=1}^{n}Y_2$、$K_3=\sum_{i=1}^{n}Y_3$ 和 $K_4=\sum_{i=1}^{n}Y_4$，其中 n 值为因素的个数，

Y_1、Y_2、Y_3 和 Y_4 依次为水平 1、水平 2、水平 3 和水平 4 的目标值；其次求解各水平下的各因素极差，即 $R=|K_{max}|-|K_{min}|$，K_{max} 为各因素水平目标值和的最大值，K_{min} 为各因素水平目标值和的最小值。R 值的大小表征各因素间的重要程度。

表10.3 合成解堵剂正交实验表

水平	单体比例（A）	pH 值（B）	反应时间（C）/h	反应温度（D）/℃	引发剂浓度（E）%
1	4 : 1 : 5 : 4	4	2	90	2.0
2	5 : 3 : 4 : 5	5	4	80	3.5
3	4 : 3 : 4 : 5	6	5	70	4.0
4	5 : 2 : 5 : 5	7	6	60	5.0

表10.4 合成解堵剂溶解效果表（$L_{16}(4^5)$）

实验编号及其他	A	B	C	D	E	溶解率 /%
1	1	1	1	1	1	25.6
2	1	2	2	2	2	28.8
3	1	3	3	3	3	32.7
4	1	4	4	4	4	33.5
5	2	1	2	3	4	30.7
6	2	2	1	4	3	36.6
7	2	3	4	1	2	38.6
8	2	4	3	2	1	38.3
9	3	1	3	4	2	37.9
10	3	2	4	3	1	36.2
11	3	3	1	2	4	33.5
12	3	4	2	1	3	30.4
13	4	1	4	2	3	29.7
14	4	2	3	1	4	37.5
15	4	3	2	4	1	33.1
16	4	4	1	3	2	34.5
K_1	120.6	123.9	130.2	132.1	133.2	—
K_2	144.2	139.1	123.0	130.3	139.8	—
K_3	138.0	137.9	146.4	134.1	129.4	—
K_4	134.8	136.7	138.0	141.1	135.2	—
R	23.6	15.2	23.4	10.8	10.4	—

由表10.4 合成解堵剂正交实验 $[L_{16}(4^5)]$ 可知，根据极差（R）分析，上述 5 种因素对解堵剂合成性能的影响大小依次为：单体配比＞反应时间＞pH 值＞反应温度＞引发剂加量（即 A＞C＞B＞D＞E）；选取各因素最大 K 值对应的水平为解堵剂合成正交实验最优方案，即 $A_2B_2C_3D_4E_2$。解堵剂合成条件为单体配比 $W_{(ESA)}$：$W_{(AMPS)}$：$W_{(AA)}$：$W_{(AHPSE)}$ =5 : 3 : 4 : 5，pH 值为 5，反应时间为 5h，反应温度为 60℃，引发剂加量为 3.5%。但是

每一因素对合成解堵剂产物性能的影响需进行单因素实验分析，以便与正交实验相结合，最终确定出最优的合成方案。

10.4.2 单因素实验

将过滤后的解堵剂用电子天平称重（记为 W_1），再将计算所得理论合成产物质量记为 W_2，即可得反应转化率，记为 K，如下式（10.5）所示：

$$K = \frac{W_1}{W_2} \times 100\% \qquad (10.5)$$

10.4.2.1 AMPS 单体浓度的影响

由上述正交实验合成基础可知，在一定情况下，解堵剂冷却后，呈"冻胶"状，解堵剂合成与 AMPS 单体浓度直接相关，有必要对 AMPS 单体含量进行研究。选取过硫酸铵为引发剂，且其加量设定为 3.5%，聚合反应温度为 60℃，反应时间为 5h，进行合成实验时，选取有机物 AMPS 单体浓度为 4%~30% 时，合成解堵剂的解堵效率和转化率之间的关系如图 10.10 所示。

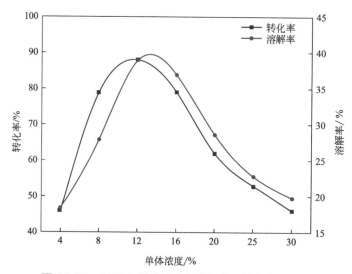

图 10.10 AMPS 单体浓度与溶解率、转化率关系图

由图 10.10 可知：D-XL 的合成随着 AMPS 单体浓度的增加，转化率和溶解率先增高后降低；当 AMPS 单体浓度在 8%~16% 时，D-XL 转化率达到 79%~88%，溶解率达到 36.9%~38.9%。由于 AMPS 单体浓度间接或直接影响其他合成单体官能团的协同作用，AMPS 单体浓度过高使得合成反应过快而产生爆聚，浓度过低反应速率过低，分子成型率较低，因此，D-XL 的转化率和溶解率都相对较低。综上分析，AMPS 单体浓度确定为 12%。

10.4.2.2 引发剂加量的影响

在反应过程中，引发剂加量对解堵剂的分子结构及分子成形均有不同程度的影响，本文以过硫酸铵作为引发剂，AMPS 单体浓度为 12%，聚合温度设定为 60℃，聚合时间为 5h，四种单体配比为 $W_{(ESA)} : W_{(AMPS)} : W_{(AA)} : W_{(AHPSE)} = 5 : 3 : 4 : 5$ 时，引发剂加量与转化率和溶解率间的关系如图 10.11 所示。

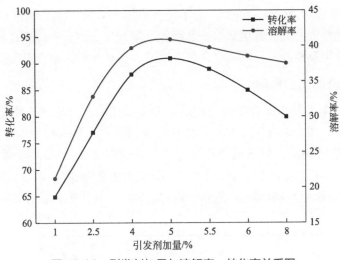

图 10.11　引发剂加量与溶解率、转化率关系图

由图 10.11 可知：D-XL 的合成随着引发剂加量增加，转化率先增高后降低，溶解率先增高后略微降低趋于平稳。当引发剂加量在 4.0%~6.0% 时，D-XL 转化率达到 85%~91%，溶解率达到 38.6%~40.9%，由于引发剂加量的增加促进了聚合反应的进行，此时 D-XL 的转化率逐渐升高，但是由于引发剂加量过高，生成透明纤维状棱形晶体（副反应产物），极大地降低了 D-XL 的转化率。综上分析，过硫酸铵的加量控制为 5%。

10.4.2.3　反应温度的影响

反应聚合时间设定为 5h，单体配比为 $W_{(ESA)}：W_{(AMPS)}：W_{(AA)}：W_{(AHPSE)}$ =5：3：4：5，聚合温度依次设定为 30℃、40℃、50℃、60℃、70℃、80℃ 和 90℃，合成解堵剂（D-XL）。反应温度与溶解率和转化率之间的关系如图 10.12 所示。

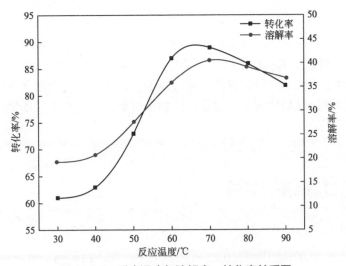

图 10.12　反应温度与溶解率、转化率关系图

由图 10.12 可知：随着聚合温度的增加，D-XL 的转化率和溶解率变化趋势基本一致，先增高后降低，但降低的趋势有所减缓；当聚合温度处于 60~80℃ 时，D-XL 转化率达到 86%~89%，溶解率达到 39.2%~40.6%，由于聚合温度的升高，聚合反应快速进行，目标合成产物的转化率也逐步升高，解堵效率随之增加。聚合反应过程中温度过高、过低都会影响目标产物的分子结构及性能，且降低聚合反应速率。综上分析，聚合温度设定为 70℃。

10.4.2.4　聚合时间的影响

在适宜的温度下，聚合反应在引发剂的引发下快速发生反应，产物的聚合度在较短时间内达到数以万计，聚合时间因素对单体的转化率同样产生较大的影响。若聚合时间较长、较短都对解堵剂的转化率、解堵效率产生影响。聚合温度为 70℃，单体配比为 $W_{(ESA)}$ ： $W_{(AMPS)}$ ： $W_{(AA)}$ ： $W_{(AHPSE)}$ =5：3：4：5，引发剂加量为 5%，聚合时间依次设定为 2h、4h、5h、6h、7h 和 8h，合成解堵剂，聚合时间与溶解率和转化率之间的关系如图 10.13 所示。

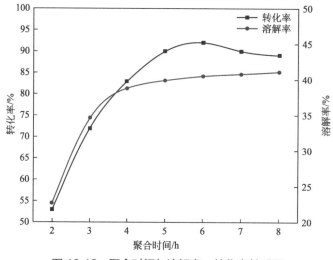

图 10.13　聚合时间与溶解率、转化率关系图

由图 10.13 可知：D-XL 的合成随着聚合时间的增加，转化率呈先增高后降低的趋势，但降低幅度变化不大；溶解率先增高后趋于平缓升高，但升高幅度不是太大，基本趋于平稳。当聚合时间处于 5~6h 时，D-XL 转化率达到 90%~92%，溶解率达到 40.8%~41.1%。由于聚合时间的增加促进了合成的进行，聚合时间过短的情况下，聚合反应不够充分，此时 D-XL 中所含的能有效溶解堵塞物的官能团较少，溶解率过低。综上分析，D-XL 合成的聚合时间为 6h。

10.5　合成解堵剂形貌

合成后的解堵剂外观形貌如图 10.14 所示。其中，图 10.14（a）所示为冷却处理前的解堵剂（D-XL），其外观为棕黄色液体。将聚合合成所得的产物进行冷却处理后如图 10.14（b）

所示，锥形瓶底部有白色不规则棱形晶体生成，此物质为合成 D-XL 所得副产物。图 10.15（a）所示为放大 1.5 倍后副产物形貌，将 D-XL 试剂进行过滤后再进行干燥处理，图 10.15(b)所示为干燥处理后的副产物。

(a) 冷却前   (b) 冷却后

图 10.14 合成解堵剂（D-XL）外观形貌图

(a) 放大1.5倍形貌   (b) 干燥处理后的副产物

图 10.15 副产物形貌图

量取 20mL 上述合成解堵剂（D-XL）置于烧杯中，如图 10.16（a）所示，称取 2.516g 井筒堵塞物置于解堵剂中，如图 10.16（b）所示，堵塞物逐渐开始溶解，待溶解 2h 后，如图 10.16（c）所示。

(a) 实验前   (b) 溶解前   (c) 溶解后

图 10.16 解堵剂溶解堵塞物外观形貌

由图 10.16（b）和图 10.16（c）所示，棕黄色解堵剂变黑，表明合成解堵剂在一定程度上对堵塞物所含有机组分具有溶解性，且解堵剂未出现分层。将溶解后的堵塞物残余物进行过滤，并烘干至恒重，得出堵塞物溶解率达到 40.6%。

10.6 解堵剂红外光谱表征

10.6.1 合成产物红外光谱分析

首先取少量烘干后的 KBr，将其研磨至粉末制备成压片，用滴管取适量解堵剂滴在制备的压片上烘干，进行红外光谱分析，验证共聚物分子是否为预期产物，将 D-XL 合成产物用红外光谱表征，如图 10.17 所示。

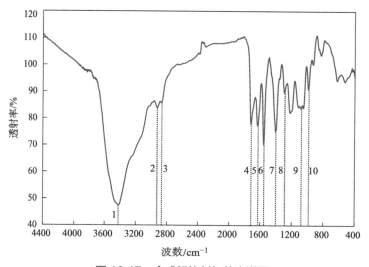

图 10.17 合成解堵剂红外光谱图

由图 10.17 可知，"1" 处 3414cm^{-1} 为较强吸收特征峰，此处峰形为 AMPS 单体中的—NH—（酰胺）伸缩振动和羧酸二聚体—OH 伸缩振动；"2" 和 "3" 处波数为 2926cm^{-1} 和 2876cm^{-1}，此处为饱和烃 CH$_2$ 对称和反对称伸缩振动，为 AHPSE 单体中的峰形特征；"4"、"5" 和 "6" 处波数为 1722cm^{-1}、1633cm^{-1} 和 1556cm^{-1}，为 AMPS 单体中的 C＝O 峰；"7" 处特征峰波数为 1403cm^{-1}，该处峰为 ESA 单体和 AA 单体中的—COOH 基团；"8" 处特征峰波数为 1295cm^{-1}，1225cm^{-1} 处峰为 AHPSE 单体中的环状酸酐基团；"9" 和 "10" 处特征峰波数为 1085cm^{-1} 和 989cm^{-1}，该处的峰为 AMPS 和 AHPSE 单体中的—SO$_3$ 基团。此外，—C＝C—伸缩振动峰应该出现在 1700~1610cm^{-1} 处，表明未检测到 4 种单体存在，均已参加反应。

10.6.2 副产物红外光谱分析

副产物红外光谱表征如图 10.18 所示。

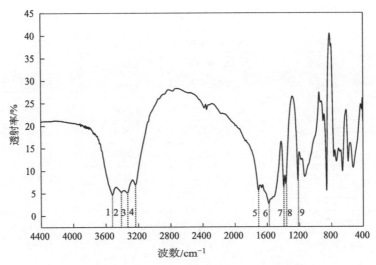

图 10.18　合成解堵剂副产物红外光谱图

由图 10.18 所示，对过滤后纤维状的白色副产物进行红外光谱分析，在 $3236\sim3521cm^{-1}$ 处的"1""2""3"和"4"特征峰为酰胺反对称伸缩峰，峰较强且宽，因此，可断定副产物中含有酰胺类物质；"5"处特征峰波数为 $1710cm^{-1}$，该峰为二聚羧酸类物质（$C=O$）；"6"处波数为 $1584cm^{-1}$，该峰为羧酸类物质（$-COOH$）；"7"峰波数为 $1395cm^{-1}$、"8"峰和"9"峰波数依次为 $1363cm^{-1}$ 和 $1216cm^{-1}$，该处三个特征峰显示该副产物中含有磺酸官能团（$-SO_3$），由此可知副产物中主要成分为酰胺类物质。

10.7　复合解堵剂的研制

首先井筒堵塞物的有机-无机成分的复杂性和不同地区井筒堵塞物的差异性，不同程度地制约着井筒的解堵效率；其次由于解堵剂自身的局限性，较难适应复杂的井筒堵塞状况和高效解堵作业的需求。从溶剂间的协同效应角度出发，以无机酸、螯合剂、溶硫剂、有机醇进行复配研究，研制出比单一解堵剂性能更为优异的复合解堵剂，并对其配伍性、静态腐蚀、抗温能力和解堵能力进行评价。

10.7.1　无机酸复配实验

据统计，元坝地区近 86% 气井采用裸眼完井及衬管完井，井壁支撑强度相对较弱，同时酸压作业降低了近井地带岩石强度，井筒内不乏存在脱落的岩屑。而岩屑中可能含有石英或硅铝酸盐，清除这类井筒堵塞物选用 HF 酸液。

对堵塞物无机成分的分析可知，无机成分主要为硫酸钡、硫化亚铁，因此选取 HCl 和 HF 作为无机成分的溶解剂，以堵塞物溶解量为评价指标，并考虑无机酸液低浓度溶解堵塞物，可以减轻无机酸液对井筒管柱的腐蚀，达到最优的解堵效果。开展不同浓度配比的堵塞物溶解实验，考察 HCl 和 HF 溶剂对堵塞物溶解性的影响，其结果见表 10.5。

表 10.5　解堵酸液复配实验

实验编号	酸液	实验前称重 /g	实验后称重 /g	失重量 /g	溶解率 /%
1	6%HCl	5.8087	3.2543	1.4244	24.5
2	8%HCl	5.8472	3.1596	1.5476	26.5
3	10%HCl	5.8897	3.4008	1.7742	30.1
4	6%HCl+2%HF	5.8982	3.7804	1.6534	28.0
5	8%HCl+2%HF	5.8043	4.0546	1.7975	31.0
6	10%HCl+2%HF	5.8022	3.9135	1.8677	32.3
7	6%HCl+4%HF	5.8165	3.7635	1.8342	31.5
8	8%HCl+4%HF	5.8176	2.9205	2.0175	34.7
9	10%HCl+4%HF	5.8476	4.0215	2.0160	34.5
10	6%HCl+6%HF	5.8704	3.7065	1.9775	33.7
11	8%HCl+6%HF	5.8672	3.1538	1.9968	34.0
12	10%HCl+6%HF	5.8907	3.6789	2.0105	34.1

　　表 10.5 中实验编号为 7、8 及 9 的实验中，HCl 和 HF 溶液配比为 6%HCl+4%HF、8%HCl+4%HF 和 10%HCl+4%HF，其体积比为 HCl∶HF=1∶2，反应过程中的实验现象如图 10.19 所示。

(a) 6%HCl+4%HF　　　　　　　(b) 8%HCl+4%HF　　　　　　　(c) 10%HCl+4%HF

图 10.19　无机酸溶解井筒堵塞物效果图（体积比为 HCl∶HF=1∶2）

　　如图 10.19 所示，堵塞物在酸液中溶解较快，且产生大量气泡。在相同的溶解时间内，随着 HCl 浓度依次增大，堵塞物溶解效率加快。实验过程中观察到：图 10.19（a）产生大量气泡，而图 10.19（b）有少许气泡，图 10.19（c）气泡最少。

　　综上分析：HCl 溶液与 HF 溶液复配起到了协同增效解堵的效果，且当浓度为 8%HCl+4%HF 时，堵塞物溶解效率达到 34.7%，当增加 HF 溶液浓度到 6% 时，溶解率基本不再发生较大变化。同时在相同体积的无机酸中，由于 HF 溶液的加入，在一定程度上减缓了无机酸液对井筒管柱的腐蚀。最终优选出实验编号为 8 的复配比例，即无机酸浓度配比为 8%HCl+4%HF。

10.7.2 螯合剂评价实验

元坝地区井筒堵塞物中较常见的无机物有 $BaSO_4$ 和 $CaCO_3$。堵塞物浸泡液中富含 Na^+、Ca^{2+}、Mg^{2+}、Fe^{2+} 和 Fe^{3+} 等金属离子。因此通过螯合剂与金属阳离子螯合形成易溶于水的螯合物，避免形成金属沉淀物。

从分子结构优异性选取螯合剂，即：① EDTA-2Na（乙二胺四乙酸二钠标准溶液，0.2mol/L）；② DTPA-5Na（二乙烯三胺五乙酸五钠，40% 的水溶液），其分子结构见表 10.6。

表 10.6 两种螯合剂结构特征对比

螯合剂	分子结构	结构特征
EDTA-2Na	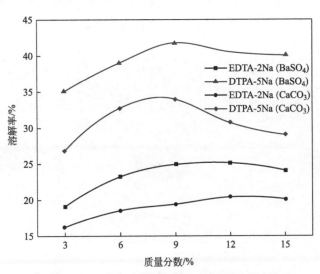	含有 4 个羧基和 2 个氨基，形成 6 个络合能力很强的络合原子。它既可以作四基络合体，也可以作六基络合体。EDTA-2Na 与金属离子形成络合物的螯合比一般为 1:1，与金属阳离子形成多个五元环的络合物，具有较高的稳定性
DTPA-5Na		每个分子有 8 个活化配位键（3N 和 5O），它可在一个自由金属离子周围提供 8 个配位键，是一种性能优良的金属离子螯合剂。DTPA-5Na 在高 pH 值溶液中逐渐变为带负电荷的离子团 $DTPA^{5-}$，可以与 Ba^{2+} 形成 Ba-DTPA 螯合物

配制浓度为 3%、6%、9%、12% 和 15% 的 EDTA-2Na 和 DTPA-5Na 溶液，进行 $BaSO_4$ 和 $CaCO_3$ 的溶解实验，实验结果如图 10.20 所示。

图 10.20 螯合剂不同质量分数与溶解率关系

由图 10.20 可知，整体上螯合剂溶解 $BaSO_4$ 和 $CaCO_3$ 的能力呈先升高后降低趋势，且 DTPA-5Na 溶解能力远远高于 EDTA-2Na 溶剂；螯合剂溶解 $BaSO_4$ 能力远优于 $CaCO_3$，当 DTPA-5Na 的质量分数将近 9% 时，$BaSO_4$ 的溶解率达到 41.85%，$CaCO_3$ 的溶解率为 34.01%，综上可知，复合解堵剂的螯合剂选定为 DTPA-5Na。

10.7.3 溶硫剂复配评价实验

井筒堵塞物中一般都含有单质硫或硫化物，因此，复合解堵剂组成中须有溶硫剂。选取 3 种溶硫剂分别为二甲基二硫醚（DMDS）、CS_2 和 CS_2+ 柴油，对这三种溶硫剂进行溶解实验，优选出溶解堵塞物的最佳试剂。

在温度为 30℃ 和 50℃ 条件下进行堵塞物溶解实验，待溶解至 60min 后，DMDS 溶解堵塞物实验现象如图 10.21 所示。

(a) DMDS(30℃)

(b) DMDS(50℃)

图 10.21　不同温度 DMDS 溶解堵塞物实验

如图 10.21 所示，DMDS 溶剂由无色变成红褐色，随着温度的升高，DMDS 颜色变深，表明随着温度的升高，堵塞物溶解率逐渐升高。

CS_2 与 CS_2+ 柴油（比例为 7：3）在温度为 30℃ 和 50℃ 条件下溶解堵塞物，溶解 60min 后，CS_2 与 CS_2+ 柴油（比例为 7：3）溶解堵塞物如图 10.22 所示。

(a) CS_2(50℃)

(b) CS_2+柴油(30℃)

(c) CS_2+柴油(50℃)

图 10.22　CS_2 和 CS_2+ 柴油溶解堵塞物实验

由图 10.22 可知，CS_2 和 CS_2+ 柴油两种溶硫剂由无色变成深褐色。在温度为 50℃ 条件下，由图 10.22（a）和图 10.22（c）对比发现，CS_2 比 CS_2+ 柴油（比例为 7 ∶ 3）溶解后颜色更深，表明 CS_2 的溶解率高于 CS_2+ 柴油（比例为 7 ∶ 3）。

上述溶硫剂具体溶解率如表 10.7 所示。

表 10.7 溶硫剂溶解堵塞物结果

项目	DMDS		CS_2		CS_2+ 柴油	
温度 /℃	30	50	30	50	30	50
溶解率 /%	55.48	60.44	63.89	65.52	26.63	25.25

由表 10.7 可知，对堵塞物溶解效果最好的是 CS_2，但 CS_2 具有一定的毒性，在反应温度为 50℃，溶解时间为 60min 的条件下，其溶解率达到 65.52%。DMDS 的室内溶解效果也相对较好，最佳溶解效果可达到 60.44%。CS_2+ 柴油复配的溶剂出现明显的晶体析出现象。烘干至恒重，析出的晶体依然与样品混合在一起且较难分离，其溶解率较低，且有可能影响解堵作业，不符合解堵体系的配方研究目的。从堵塞物溶解效果和储层保护角度考虑，选用低毒性 DMDS 作为溶硫剂。

10.7.4 有机醇复配评选实验

井筒堵塞物中含有不同类型的复杂有机物，推断可能含有有机烃类物质、有机添加剂和降解后的缓蚀剂等，鉴于考虑解堵液的普遍使用性，以前述研制的解堵剂（D-XL）为有机主剂，以有机醇溶剂为辅剂，优选出溶解效果较好的有机溶剂，应用于井筒解堵作业。

通过查阅国内外相关文献，甲醇和无水乙醇能有效溶解、抑制水合物堵塞，且甲醇和无水乙醇易溶于水，水溶性相对较好。因此，有机醇溶剂选取甲醇和无水乙醇进行解堵体系配方研究，分别在两个烧杯中加入 25mL 甲醇 +3.1135g 堵塞物和 25mL 无水乙醇 +3.1826g 堵塞物，如图 10.23 所示。

(a) 甲醇溶解　　(b) 乙醇溶解　　(c) 甲醇溶解(5h)　　(d) 乙醇溶解(5h)

图 10.23 有机醇溶解堵塞物实验

图 10.23（a）和图 10.23（b）为堵塞物加入有机醇溶剂中，可以看出无水乙醇中溶液较甲醇溶液颜色略微深些，表明无水乙醇溶剂溶解堵塞物效果较好。用磁力搅拌器溶解 5h 后，如图 10.23（c）和图 10.23（d）所示，甲醇溶剂和无水乙醇溶剂都变成黑色，测得甲醇溶剂溶解率为 12.5%，无水乙醇溶剂的溶解率为 18.6%。因此，复合解堵剂研制选用无水乙醇。

10.7.5 复合解堵剂研制

复合解堵剂有助于高效溶解、乳化分解井筒堵塞物，润湿井筒通道降低气体流阻。因此，以解堵剂（D-XL）、无机酸复配试剂、螯合剂、溶硫剂和有机醇（无水乙醇）5个因素，4个水平设计实验，所设计正交实验表如表10.8所示。将每一组实验配制成25mL进行堵塞物溶解实验。

表10.8 复合解堵剂正交实验表 L_{16}（4^5）

实验编号及其他	各组分相对量					实验前称重/g	实验后称重/g	失重量/g	溶解率/%
	D-XL（A）	无机酸（B）	螯合剂（C）	溶硫剂（D）	无水乙醇（E）				
1	30	15	8	24	10	2.0587	1.3876	0.6711	32.6
2	30	18	6	20	12	2.1274	1.3850	0.7424	34.9
3	30	22	4	18	14	2.0428	1.3156	0.7272	35.6
4	30	25	2	15	15	2.0435	1.2629	0.7806	38.2
5	25	15	6	18	15	2.0782	1.4381	0.6401	30.8
6	25	18	8	15	14	2.0179	1.3480	0.6699	33.2
7	25	22	2	24	12	2.0792	1.2932	0.7860	37.8
8	25	25	4	20	10	2.0575	1.2057	0.8518	41.4
9	20	15	4	15	12	2.0825	1.4000	0.6825	32.8
10	20	18	2	18	10	2.0759	1.3161	0.7598	36.6
11	20	22	8	20	15	2.1247	1.2132	0.9115	42.9
12	20	25	6	24	14	2.0247	1.1683	0.8564	42.3
13	15	15	2	20	14	2.0144	1.4342	0.5802	28.8
14	15	18	4	24	15	2.2147	1.4528	0.7619	34.4
15	15	22	6	15	10	2.0147	1.3378	0.6769	33.6
16	15	25	8	18	12	2.0734	1.3041	0.7693	37.1
K_1	141.3	125.0	145.8	147.1	144.2	—	—	—	—
K_2	143.2	139.1	141.6	148.0	142.6	—	—	—	—
K_3	154.6	149.9	144.2	140.1	139.9	—	—	—	—
K_4	133.9	159.0	141.4	137.8	146.3	—	—	—	—
R	20.7	34.0	4.4	10.2	7.1	—	—	—	—

分析表10.8可知，根据极差（R）分析，上述5种因素对解堵剂性能的影响大小依次为：无机酸＞D-XL＞溶硫剂＞无水乙醇＞螯合剂，即（B＞A＞D＞E＞C）；选取各因素最大K值为复合解堵剂最优方案，即$A_3B_4C_1D_2E_4$。综上分析，最佳复合解堵剂配方为：20%D-XL+25%无机酸+8%螯合剂+20%溶硫剂+15%乙醇。

10.8 复合解堵剂室内评价

10.8.1 地层水配伍性研究

复合解堵剂成分可能与地层流体间产生化学反应，多相流体体系间不配伍性导致产生沉淀造成井筒二次堵塞，严重影响井筒解堵作业。有必要研究复合解堵剂与地层水的配伍性，防止解堵剂破坏井筒及地层的固有离子平衡。对元坝地区 13 口井不同层位（长兴组、自流井组、雷口坡组、吴家坪组等）水样进行现场调研，绘制成如图 10.24 所示的水样离子分布含量三线图。

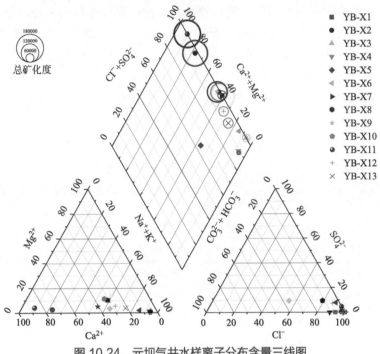

图 10.24　元坝气井水样离子分布含量三线图

依据上述 YB-X2、YB-X3、YB-X4 井地层水离子含量配制模拟地层水，将其与研制的复合解堵剂进行配伍性研究，在常温、常压下，将复合解堵剂与地层水按 2 ∶ 1 的配比，分别加入解堵液中，其实验现象如图 10.25 所示。

如图 10.25（b）～图 10.25（d）所示，将该溶液静置一段时间，YB-X3 和 YB-X4 井模拟地层水无任何变化且无沉淀生成，当按比例加入 YB-X2 井模拟地层水解堵液略微变白，YB-X2 井总矿化度为 170000mg/L，高于该地区平均矿化度。因此，整体表明该体系与地层水之间配伍性良好（YB-X2 井除外）。

10.8.2 静态腐蚀速率测试

元坝气田长兴组气藏 H_2S 含量高（2.7%~8.44%），平均含量 5.53%，有机硫含量 582mg/

| (a) 解堵体系原液 | (b) YB-X2地层水 | (c) YB-X3地层水 | (d) YB-X4地层水 |

图 10.25　复合解堵剂与地层水配伍性（复合解堵剂与地层水配比为 2∶1）

cm^3，CO_2 含量为 3.12%~15.5%，平均含量为 9.31%，上述气井自身因素对杆管腐蚀影响较大。因此，复合解堵剂对气井采气、集输管线的腐蚀性研究也较为关键，按 YB-X3 井现场实测地层水成分（Cl^- 浓度为 24.26g/L）配制好地层水做一组腐蚀实验；再将复合解堵剂与 YB-X3 井地层水（比例为 1∶1）置于高温高压反应釜做一组实验，将两组实验进行对比分析。在温度为 80℃、CO_2 分压为 0.4MPa、流速为 3m/s、腐蚀时间为 120h 的条件下，测试 P110 材质的腐蚀速率，结果如表 10.9 所示。待反应结束，取出腐蚀挂片，研究该解堵体系的腐蚀速率。

表 10.9　解堵剂腐蚀性能测试实验

腐蚀介质	挂片尺寸 /mm			挂片失重 /g	腐蚀速率 /（mm/a）	平均腐蚀速率 /（mm/a）
	长度	宽度	厚度			
地层水	39.92	9.74	2.64	0.0146	0.1405	0.1466
	39.88	9.68	2.66	0.0148	0.1432	
	39.75	9.76	5.59	0.0195	0.1561	
解堵剂∶地层水（1∶1）	39.69	9.64	2.71	0.0397	0.3578	0.3517
	39.78	9.83	2.65	0.0397	0.3532	
	39.74	9.85	2.74	0.0390	0.3442	

由表 10.9 静态腐蚀测试可知，P110 材质在 YB-X3 井地层水中的平均腐蚀速率为 0.1466mm/a，在解堵剂与地层水混合液中的平均腐蚀速率为 0.3517mm/a。因为复合解堵剂中含有无机酸成分，所以解堵剂在一定程度上具有腐蚀性。但解堵剂达到解堵目的后，从井筒返排出地面，对井筒管柱造成的腐蚀会相对较弱。因此，此复合解堵剂对井筒管柱的腐蚀在正常范围内。

10.8.3　抗温性测试

配制好 40mL 复合解堵剂，加入一定量的井筒堵塞物，在不同的温度（50℃、60℃、70℃、80℃、90℃和100℃）下加热 5h，观察其外观形貌（如图 10.26 所示），测定其溶解率（如图 10.27 所示），并验证其抗温性能。

| (a) 20℃ | (b) 60℃ | (c) 100℃ | (d) 120℃ |

图 10.26　不同温度下解堵液的耐温性

　　由图 10.26 所示，解堵液在不同温度下由淡黄色逐渐变黑，说明随着温度的升高，堵塞物溶解率在同一时间内逐渐上升，可能源于解堵剂（D-XL）中的高分子磺酸基团极强的负电性和水化性，可以增大水溶液中的负电荷密度，致使溶液电位增高，离子间的静电斥力增大，从空间上增加了稳定作用，即提升了解堵液的高温稳定性，有助于在高温条件下高效解堵。

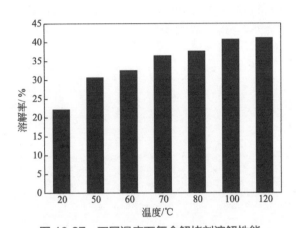

图 10.27　不同温度下复合解堵剂溶解性能

　　由图 10.27 可知，随着温度依次升高，复合解堵剂堵塞物溶解率依次逐渐升高，从室温状态（20℃）到 120℃时，堵塞物溶解率在 120℃达到最大，基本能达到 41.2%，由此说明，解堵液在 120℃左右，溶解堵塞物性能依然良好，随着温度的升高，解堵液中的各成分活性依然较高，能更好地完成解堵作业。

10.8.4　堵塞物溶解性测试

　　由于元坝地区不同粒径堵塞物差异性较大，不同粒径下的堵塞物在解堵液下的溶解性差异较大，将堵塞物用 4 目、5 目、6 目、8 目、10 目和 20 目筛子选出大致相同粒径的堵塞物进行溶解实验，配制成溶解元坝地区气井堵塞物的解堵剂，每个烧杯中取 20mL 解堵剂溶解不同粒径堵塞物，在不同的时间段内测定其溶解量，其实验结果见图 10.28。

　　如图 10.28 所示，在堵塞物粒径不同条件下，用复合解堵剂进行堵塞物溶解性能实验，随着堵塞物目数逐渐增高，堵塞物溶解率逐步升高；在相同粒径堵塞物溶解条件下，随着解

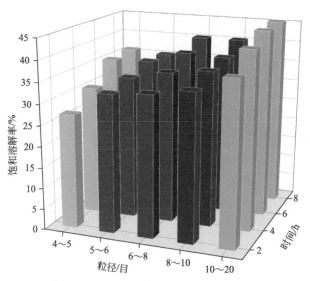

图 10.28　不同温度下解堵液的解堵性能

堵液解堵时间的延长，堵塞物溶解率也相应增高。由于堵塞物目数越大，颗粒越细小，其比表面积越大，从而解堵液能较好地与堵塞物接触。

第11章

油气井腐蚀结垢与防护措施

随着油气田开采时间的延长，油气井的腐蚀结垢问题日趋严重，不仅增加石油生产成本，而且影响油气井生产的安全运行。通过对各油田现场腐蚀结垢调查和室内腐蚀实验，分析引起油气井腐蚀结垢的主要原因，并介绍辽河油田、四川油田、长庆油田、大港油田等各油田采取的相应防护措施。

11.1 辽河油田热采井腐蚀

世界上稠油资源极其丰富，主要分布在加拿大、美国、苏联、委内瑞拉、中国和印度尼西亚。稠油资源约为 8×10^{11}t，约占总石油资源的 70%。国内稠油资源主要分布在辽河油田、胜利油田、河南油田和新疆油田等油田，累计探明稠油储量约 3.5×10^9t。稠油通常采用热采的方法（包括蒸汽吞吐、蒸汽驱和火烧油层）进行开采，应用热采开发的油井就叫热采井。热采井的腐蚀结垢主要影响因素有 H_2S 含量、高温蒸汽（或高温空气）等。

热力采油过程中，由于原油中的硫醇、硫醚以及二硫化物在厌氧条件下分解生成 H_2S，不仅危及现场人员的生命安全，而且 H_2S 溶于水后生成的氢硫酸会对采油设备造成损坏。

11.1.1 热力采油 H_2S 生成机理

井底 H_2S 可能来源于以下三个方面：一是无机成因，主要是地层矿物中含有 FeS_2、Cu_2S、PbS、ZnS 等含硫矿物，在受热或酸性物质侵入后有可能生成 H_2S；二是有机成因，主要是原油中的硫醇、硫醚、二硫化物等有机硫化合物在高温作用下分解生成 H_2S；三是生物化学成因，主要是硫酸盐还原菌分解地层水中的硫酸根生成 H_2S。蒸汽热力采油温度远远达不到含硫矿物的分解温度，却高于硫酸盐还原菌的耐受能力，H_2S 的无机成因和生物化学成因均不可能。因此，有必要在室内对 H_2S 的有机成因进行研究，将原油、水、岩心粉末、土酸、磺酸盐助排剂按不同的组合方式加入高温高压反应釜中，模拟井下温度条件，研究原油热降解生成 H_2S 的规律，掌握硫化物在不同地层中的生成机理，形成一套预防控制、降低 H_2S 危害的措施方法。

实验采用小洼油田 38-k302 井原油，有机硫含量为 0.42%，该井所处区块油藏矿物中黄铁矿为 0.31%。该油井在生产过程中，伴生气 H_2S 最高浓度高达 10000mg/m³。采用仪器分析法测定原油中总有机硫含量和原油在高温高压釜中受热分解生成 H_2S 的浓度。

11.1.2 温度对生成 H_2S 的影响

11.1.2.1 温度对原油生成 H_2S 的影响

称取 10g 原油置入高温高压反应釜，实验压力 3MPa，测试温度从 100℃升至 220℃时，原油中 H_2S 含量变化，结果如表 11.1 所示。

表 11.1 温度对原油生成 H_2S 的影响

温度 /℃	H_2S 浓度 / (mg/m^3)	生成 H_2S 量 /mg	占总硫量的比例 /%
100	1224	0.5723	1.28
120	1617	0.7561	1.71
140	1967	0.9198	2.06
160	2381	1.1133	2.49
180	2846	1.3308	2.98
200	2916	1.3635	3.06
220	2956	1.3737	3.08

从表 11.1 可知，随温度升高，原油中有更多的有机硫分解生成 H_2S 并从原油中逸出，温度达到 180℃后，原油中 H_2S 含量变化不大。温度从 100℃升至 220℃，原油中 H_2S 含量从 1224mg/m^3 升至 2956mg/m^3。

11.1.2.2 温度对含水原油生成 H_2S 的影响

称取 10g 原油、10g 蒸馏水置入高温高压反应釜，实验压力 3MPa，测试温度从 100℃升至 200℃时，原油中 H_2S 含量变化，结果如表 11.2 所示。

表 11.2 温度对含水原油生成 H_2S 的影响

温度 /℃	H_2S 浓度 / (mg/m^3)	生成 H_2S 量 /mg	占总硫量的比例 /%
100	1315	0.6149	1.46
120	1775	0.8300	1.86
140	2149	1.0049	2.25
160	2582	1.2073	2.71
180	2949	1.3790	3.09
200	3015	1.4098	3.16

从表 11.2 可知，随温度升高，原油中有更多的有机硫分解生成 H_2S 并从原油中逸出，温度从 100℃升至 200℃，原油中 H_2S 含量从 1315mg/m^3 升至 3015mg/m^3。原油在有水参与反应的情况下，产生了高温水裂解反应，因此，在油、水混合体系中，H_2S 要比纯油体系中

释放得彻底，生成的量更多。

11.1.2.3　温度对含水原油 + 岩心环境生成 H_2S 的影响

称取 10g 原油、10g 蒸馏水、10g 地层岩心粉末置入高温高压反应釜，实验压力 3MPa，测试温度从 100℃升至 200℃时，原油中 H_2S 含量变化，结果见表 11.3 所示。

表 11.3　温度对含水原油 + 岩心环境中生成 H_2S 的影响

温度 /℃	H_2S 浓度 / (mg/m^3)	生成 H_2S 量 /mg	占总硫量的比例 /%
100	1450	0.6780	1.52
120	1897	0.8870	1.99
140	2287	1.0694	2.40
160	2751	1.2864	2.88
180	3112	1.4552	3.26
200	3214	1.5029	3.37

从表 11.3 可知，随温度升高，原油中有更多的有机硫分解生成 H_2S 并从原油中逸出，温度从 100℃升至 200℃，原油中 H_2S 含量从 $1450mg/m^3$ 升至 $3214mg/m^3$。由于地层岩心中的矿物质对高温水裂解反应起到了催化作用，因此，在油、水、地层岩心混合体系中，H_2S 要比纯油体系、含水原油体系释放得更彻底。

11.1.2.4　温度对含水原油 + 岩心 + 助排剂环境生成 H_2S 的影响

称取 10g 原油、10g 蒸馏水、10g 地层岩心粉末、0.05g 石油磺酸盐助排剂置入高温高压反应釜，实验压力 3MPa，测试温度从 100℃升至 200℃时，原油中 H_2S 含量变化，结果见表 11.4 所示。

表 11.4　温度对含水原油 + 岩心 + 助排剂环境中生成 H_2S 的影响

温度 /℃	H_2S 浓度 / (mg/m^3)	生成 H_2S 量 /mg	占总硫量的比例 /%
100	115	0.0538	0.12
120	141	0.0659	0.15
140	174	0.0814	0.18
160	203	0.0949	0.21
180	228	0.1066	0.24
200	246	0.1150	0.26

从表 11.4 可知，随温度升高，原油中有更多的有机硫分解生成 H_2S 并从原油中逸出，温度从 100℃升至 200℃，原油中 H_2S 含量从 $115mg/m^3$ 升至 $246mg/m^3$。在油、水、地层岩心、石油磺酸盐助排剂混合体系中，H_2S 要比其他混合体系中释放的 H_2S 低很多，其原因是磺酸盐磺酸基中的硫是正六价，H_2S 中的硫是负二价，1 个磺酸基与 3 个 H_2S 分子反应生成 4 个单质硫分子。实验表明，石油磺酸盐助排剂有抑制 H_2S 产生的作用。

11.1.2.5 温度对原油+岩心+土酸环境生成 H_2S 的影响

称取 10g 原油、10g 地层岩心粉末、1.0g 土酸置入高温高压反应釜，实验压力 3MPa，测试温度从 100℃升至 200℃时，原油中 H_2S 含量变化，结果见表 11.5 所示。

表 11.5 温度对原油+岩心+土酸环境中生成 H_2S 的影响

温度 /℃	H_2S 浓度 /（mg/m³）	生成 H_2S 量 /mg	占总硫量的比例 /%
100	2100	0.9820	2.20
120	2241	1.0479	2.35
140	2514	1.1887	2.66
160	2704	1.2644	2.83
180	3148	1.4720	3.30
200	3453	1.6146	3.62

从表 11.5 可知，随温度升高，原油中有更多的有机硫分解生成 H_2S 并从原油中逸出，温度从 100℃升至 200℃，原油中 H_2S 含量从 2100mg/m³ 升至 3453mg/m³。在这一混合体系中，H_2S 要比其他混合体系中释放的 H_2S 高得多，一方面是土酸与岩心粉末中的含硫矿物反应生成 H_2S，另一方面原油在岩心粉末的催化下生成 H_2S，双重作用使这一混合体系产生的 H_2S 量最多。

11.1.3 结果比较

将上述 5 组不同混合体系在 200℃条件下生成 H_2S 的量进行对比，结果见表 11.6 所示。纯净的原油在高温条件下裂解生成 H_2S 的量较低，随着各种物质的逐步加入，原油中有机硫在高温条件下裂解生成 H_2S 的量逐步升高。在原油中加入石油磺酸盐助排剂，原油中有机硫裂解生成的 H_2S 量最低。

表 11.6 不同原油混合体系中 H_2S 生成量

混合体系	生成 H_2S 量 /mg
10g 原油	1.3635
10g 原油 +10g 蒸馏水	1.4098
10g 原油 +10g 蒸馏水 +10g 岩心粉末	1.5029
10g 原油 +10g 岩心粉末 +1.0g 土酸	1.6146
10g 原油 +10g 蒸馏水 +0.05g 磺酸盐助排剂	0.1150

实验表明：①稠油区块高温蒸汽驱是导致 H_2S 产生的主要原因，原油在加热至 100℃时，其中的部分有机硫就开始裂解生成 H_2S，当温度达到 180℃以上时，原油中的有机硫裂解趋于完成；②水、岩心矿物对原油热裂解起到一定的催化作用，促使高温条件下原油中有机硫裂解生成 H_2S；③石油磺酸盐助排剂对抑制伴生气中 H_2S 的浓度有非常好的作用，建议在蒸汽驱、蒸汽辅助重力泄油（简称 SAGD）等蒸汽开采区块广泛应用。

11.2 四川中坝气田综合防腐

川西北矿区中坝气田现有工业开发气井 10 口，建有低温集气站 1 座，每天向脱硫厂输送天然气 $1.2 \times 10^6 m^3$。该气藏所产含硫天然气中 H_2S 为 6.8%（体积分数）、CO_2 为 4.6%（体积分数），气田凝析水中 Cl^- 含量为 5130~58376mg/L。由于腐蚀条件恶劣，开采过程中，井下管材、地面工艺设备与管线腐蚀非常严重，通过应用耐腐蚀材质、添加缓蚀剂、开展腐蚀监测、内涂层与内衬等综合防腐技术，中坝气田井下和地面生产工艺装置的防腐方面收效显著。

11.2.1 工艺流程

在采气井井口注乙二醇（甘醇）节流降压，以 10MPa 压力进入站内高压集气装置。含硫天然气经高压分离器分离出油醇混合液及机械杂质后，分别进行气、液计量。油醇混合液经高压集液器液体出口的自动放液阀自动计量后进入闪蒸分离装置，经闪蒸分离器分出的闪蒸气再进入低温分离器进行二次分离回收轻烃，油醇混合液送至凝析油稳定装置原料液缓冲罐。气田生产产出的气田水则经计量，由排污管线送至工业污水罐区。高压分离器分离出的气体经汇管进入低温分离装置，低温分离后的冷天然气经换热、计量后，送至中坝脱硫厂净化处理。低温分离出的液体，则被输送到凝析油稳定装置原料液缓冲罐，进行凝析油稳定、油醇分离及乙二醇富液再生。分离出来的凝析油经计量后，送至凝析油储罐。中坝低温站工艺流程示意图见图 11.1 所示。

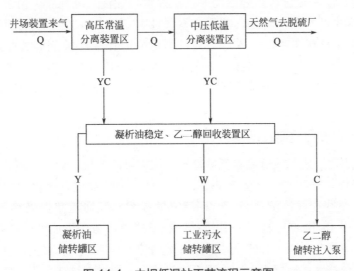

图 11.1 中坝低温站工艺流程示意图

Q—含硫天然气；YC—油醇混合液；Y—凝析油；W—工业污水；C—醇液

中坝气田腐蚀环境主要来自三个方面：①高含硫的酸性气体。中坝气田雷三段气藏天然

气中 H_2S 体积分数为 6.8%，CO_2 体积分数为 4.6%。②酸性凝析水。雷三段气藏为一个边水不活跃的气藏，川 19 井生产仅 1 年多，Cl^- 含量就达 60000~70000mg/L。目前 8 口井生产，日产气田凝析水 9~15m³，Cl^- 含量为 5130~58367mg/L。③生产工艺装置压力、温度变化幅度大。如凝析油稳定和乙二醇回收装置区 H_2S 体积分数为 28%、CO_2 体积分数为 4.6%~10%，压力容器环境介质的工作温度为 5~140℃、工作压力为 0.03~1.25MPa，处于气、液界面状态。

11.2.2　采取的防腐技术工程

11.2.2.1　试油与完井方面的防腐

井下油管全部采用抗硫耐腐蚀材质，如 C75-2、SM-90S、经调质处理的 35CrMo 以及 VAM 油管等。对含硫气井，试油期间就开始向井内加注缓蚀剂（CT2-1）。对一些含硫而油层套管又不抗硫的生产井采用封隔器完井，以保护油层套管。由于在完井、试油时，采取了防腐技术，所以，至今含硫气藏的气井都没有进行过修井。此外，对不含硫的气、水同产井，则选择应用玻璃钢油管。

11.2.2.2　添加缓蚀剂

缓蚀剂防腐应用的关键在于缓蚀剂品种、缓蚀剂加注方式、缓蚀剂加注量和加注周期的选择。为此，雷三段气藏气井从 1982 年正式开采至今，坚持定期在含硫井口加注缓蚀剂。1990 年以前，每月一次，每井次 20kg（缓蚀剂 CT2-1 与煤油以 1∶9 的比例配制）。1991 年 1 月至 1994 年 4 月期间，加注缓蚀剂 CT2-1，每月一次，按与煤油 2∶8 的比例每次合计注入量 20kg。1994 年 5 月至今，因 Cl- 含量增加，增大了缓蚀剂 CT2-1 的注入量，按与煤油 1∶1 的比例，每月每井次加入缓蚀剂 CT2-1 不少于 45kg。对未下封隔器的井，从套管内加注，对已下封隔器的井，从油管内加注。近几年，由于气藏开发到中后期，中 21 井见水生产，也使用过气液复合型缓蚀剂 CZ3-1、CZ3-3 或液相型缓蚀剂 CT2-4，其通过高压柱塞计量泵从井口注入。另外，为消除因加注缓蚀剂而关井影响气井生产的问题，应用了棒状缓蚀剂 CT2-14 及其高压油气井井口棒状药剂加注装置，每隔 15d 投入 15kg 棒状缓蚀剂 CT2-14。现场监测数据表明：腐蚀速率均远小于 0.076mm/a，缓蚀率超过 90%。

11.2.2.3　采取腐蚀监测技术

利用中坝气田雷三段气藏低温集气站每年一次大修的时机，定期开展在用压力容器、集输管线的检验工作。每次对工艺流程的高、中、低压力容器进行壁厚检测，在该低温站建立了 CMA-1000 腐蚀在线监测系统。一期建立的 5 个单独通道数据采集系统，分别位于：①井站高压区，中 18 井、中 21 井单井进站一级节流阀后与高压汇管进口前的集输管线上；②中压区，中压闪蒸分离罐上和低温站分离收集油醇混合液输送管线上；③低压区，乙二醇提浓回收装置区凝结水（地层水）回收罐出口管线上。通过对这 3 个区域的 5 个单独通道的腐蚀监测数据进行采集，弄清了低温站的腐蚀状况，为下一步采取相应的防腐措施提供了依据。

11.2.2.4　非标压力容器、管道材质的选择

中坝气田低温集气站工艺装置区有压力容器 136 台，各种规格配管近 9km，其材质均是 20 号碳钢。在已发生的 352 次腐蚀穿孔事件里，材质都是 20 号碳钢。其中，2/3 发生在稳定回收装置区，其凝析油稳定塔生产运行不到 2 年，塔本体中上部因腐蚀破裂而被更换。8 年里，因腐蚀穿孔而更换凝析油稳定塔 2 台；10 年里，在这一装置区因腐蚀穿孔而更换的其他非标压力容器 12 台；更换腐蚀穿孔管线 200 余次。因此，自 1986 年开始，对井站高压管线改用 1Cr18Ni9Ti 材质的不锈钢管线。1990 年利用大修项目，对高温区温差变化大、操作压力低、腐蚀严重的凝析油稳定塔改用 1Cr18Ni9Ti 材质。以后逐步将蒸馏釜壳体、乙二醇提浓塔、油醇混合液缓冲罐、蒸汽冷凝水回收罐等 7 台非标压力容器改用 1Cr18Ni9Ti 材质，后续运行中，在这一腐蚀高发区内未发现腐蚀问题，大大延长了这类非标压力容器的生产使用时间，延长生产更换周期 6~8 倍。另外，选用金属骨架的复合塑料管（6km 的 DN125）代替一直使用的碳钢管线来输送地层水，避免了管线的腐蚀穿孔。总之，通过选用耐腐蚀的压力容器和管线材质，增强了气田开发的防腐能力。

11.2.2.5　涂层防腐

针对高压安全阀弹簧腐蚀严重的问题，在站内高压安全阀装置上使用了涂镀镍磷合金层的弹簧。然后在腐蚀高发区，对 20 号碳钢制造的非标低压放空分离罐和压力密闭排污罐施行 AC-1 材料的内涂层防腐工艺。生产运行 3 年后，检查这 2 台设备，涂层完好。另外，在站内油醇混合液工业管线进行 RC-1 熔结型粉末材料的内涂层防腐工艺技术的应用。生产运行 4 年多，未出现腐蚀穿孔。

11.2.2.6　内衬防腐技术

在低压常温的凝析油罐区和工业污水储转罐区的容器、管线过去已有 50 次的腐蚀穿孔记录，对 8 个 20 号碳钢制造的 $50m^3$ 凝析油储罐实行内衬玻璃钢防腐工艺后使用 8 年未发生容器本体穿孔。对已使用 10 年的工业污水输送管线实施了内衬复合塑料管的防腐工艺技术，4 年来生产正常。另外，对 2 个用 20 号碳钢制造的旧的 $50m^3$ 工业污水储罐也采取了内衬玻璃钢防腐技术，拓宽了内衬防腐的领域。

对于高含硫酸性介质的气田开采，建议在制定开发方案和工艺设计时，就考虑增加防腐措施，制定工程设计中的防腐标准。如设计非标准压力容器时，当存在腐蚀因素，除选材措施外，还应考虑是否增加内涂层防腐工艺措施，或考虑是否增加腐蚀监测点，或考虑是否避免结构不合理可能造成的应力集中。

11.3　长庆马岭油田井筒腐蚀机理与预防措施

据油田统计，长庆油田洛河层部位生产井套管腐蚀损坏率达 17.9%，油井和注水井的平均寿命仅为 10.1 年。导致生产套管外壁被严重腐蚀破坏的直接原因主要有两方面，一是地层漏失压力低，限制了固井水泥浆的密度或常规水泥浆的返高，套管直接裸露于富含腐

蚀性组分的地层水中；二是所用固井水泥组分不耐地层水中 Cl^-、SO_4^{2-}、HCO_3^- 和 Mg^{2+} 等离子的腐蚀以及水泥石致密性差、低温早期强度低，地层水腐蚀水泥环后与套管外壁直接接触。

地层水对水泥石的腐蚀主要有三种类型：①水的溶蚀。它是基本的腐蚀形式。表现为水溶解水泥石中的 $Ca(OH)_2$ 晶体，且溶解的速度受扩散控制和溶液中腐蚀性离子浓度的影响，水泥石孔隙度越大、孔隙连通性越好、溶液中腐蚀离子浓度越高，溶蚀越快。因常规水泥石中有大量的 $Ca(OH)_2$ 晶体，它的溶解度很高，可被与其接触的水溶解，$Ca(OH)_2$ 晶体的溶解使水泥石孔隙溶液的 $Ca(OH)_2$ 浓度逐渐降低，当低于某一值时，在较高 $Ca(OH)_2$ 浓度下才能稳定的某些水化产物（如高碱性水化硅酸钙和水化铝酸钙）将分解，这种作用持续进行，水泥石的结构便逐渐遭到破坏，结果导致水泥石的强度不断降低，渗透率不断增大。当水中存在 Cl^-、SO_4^{2-}、HCO_3^- 和 Mg^{2+} 等离子时，$Ca(OH)_2$ 晶体的溶解度将增大，水泥石的溶蚀将加快。而且水泥石渗透率越高，水的流动速度越大，$Ca(OH)_2$ 晶体溶解越快。②化学腐蚀。除酸性条件外，这类腐蚀是由溶解于水中的氯盐、碳酸氢盐及镁盐等与水泥石中的 $Ca(OH)_2$ 发生置换反应，生成易被水溶解或无胶结性能的产物如 $Ca(HCO_3)_2$、$CaCO_3$、$Mg(OH)_2$ 等，这种作用消耗了 $Ca(OH)_2$，破坏水泥石结构。③膨胀型腐蚀。最典型的是硫酸盐腐蚀，膨胀型腐蚀是 SO_4^{2-} 与水化铝酸钙反应，生成具有多个结晶水的水化硫铝酸钙（俗称钙矾石 $3CaO \cdot Al_2O_3 \cdot 3CaSO_4 \cdot 32H_2O$），其体积将增大数倍，当体积膨胀产生的内应力超过水泥石的结构强度时，水泥石将产生裂纹而破坏。

分析认为套管在地层水中的腐蚀主要是电化学形成的微电池效应造成的。一般而言，水泥石孔隙中含有丰富的 $Ca(OH)_2$（pH > 10），能在套管表面形成防止套管腐蚀的钝化膜，使被水泥封固的套管具有良好的耐久性。但在有大量 Cl^-、SO_4^{2-}、HCO_3^- 等介质的环境中，结垢（$CaCO_3$）降低了孔隙溶液的碱性，从而直接破坏了钝化膜，使套管暴露在含 Cl^-、SO_4^{2-}、HCO_3^- 等离子的水中。在水垢的下面还原占优势而形成阳极，套管表面存在阴极，即形成原电池腐蚀。腐蚀点内的溶液在周围电解质的影响下，性能发生了变化，腐蚀点要继续扩大，必须增加局部 Cl^- 的浓度和降低局部 OH^- 的浓度，否则套管可能重新钝化，阻止腐蚀的进一步扩大。因此，套管发生 Cl^- 诱导腐蚀的可能及强弱，主要取决于与套管接触的溶液中 Cl^- 和 OH^- 的相对浓度，以及 Cl^- 穿透水泥石基体迁移的难易。

11.3.1 马岭油田井筒腐蚀机理

11.3.1.1 岭九井区腐蚀情况

马岭油田岭九井区块井深为 1500~1600m，油井产液量低，含水率较高，泵深接近动液面，属于低产能油井，且油井管腐蚀穿孔严重，井口有少量结蜡存在。从生产情况来看，腐蚀结垢严重的油井存在以下特点：

① 油层水 pH 值较高，矿化度较低。该区块油层水 pH 值最高可达 7.78，呈碱性，油层水中 Cl^-、SO_4^{2-} 等离子含量较低。

② 低产能，高含水。马岭油田部分腐蚀结垢油井的生产情况见表 11.7 所示，岭九井区 2 口井现有油井产液量 < 5t/d，含水率在 80% 以上。

③ 细菌含量高。通过对新岭 42 和岭 266-2 两口井油层水细菌含量进行分析，发现水体中都含较高的 SRB 细菌，新岭 42 井中 SRB 含量为 150 个 /mL，岭 266-2 井中 SRB 含量为 200 个 /mL。

④ 含有一定浓度的溶解氧。岭九井区油层水溶解氧平均含量为 1.4mg/L，高于其它两个区块。

⑤ 腐蚀垢物中主要成分为 FeS、Fe_3O_4、Fe_2O_3 和 $CaCO_3$。表明其腐蚀产物是含硫化合物和含氧化合物。

⑥ 井筒结蜡不是很严重，仅井口结蜡较多。

表 11.7　部分腐蚀结垢油井的生产情况

序号	井号	井深 /m	固井情况	产液量 /（t/d）	产油量 /（t/d）	含水率 /%	井筒腐蚀描述
1	新岭 42	1532	油层段良好	1.82	0.04	97.2	结蜡轻微
2	岭 266-2	1600	油层段良好	2.2	0.44	80	井口结蜡 3~4mm
3	中 208-1	1653	油层段合格	11.61	0.33	96.6	结蜡轻微，结垢严重
4	中 78-4	1437	—	15.71	1.25	90.5	结蜡轻微，尾管腐蚀严重
5	中 78-6	1439	—	16.26	2.46	82.0	井口结蜡 1mm，油管磨损
6	里 14-1	1488	油层段不合格	7.14	0.71	88.2	结垢严重
7	里 5-91	1565	良好	21.57	1.78	90.1	上部结蜡，下部结垢
8	新里 3-12	1610	合格	17.78	0.46	97.1	轻微结蜡
9	里 3-11	1480	合格	10.54	2.81	68.2	上部结蜡严重，下部轻微
10	里 5-11	1543	合格	21.13	0.52	97.1	无结蜡

11.3.1.2　岭九区块井筒腐蚀主要原因

根据岭九区块腐蚀结垢油井存在的以上特点，认为影响该区块井筒腐蚀的主要原因如下。

①岭九区块油井产出液中一般存在着硫化物、硫酸盐及 SRB 等含硫物质成分。硫酸盐中的硫酸根离子常存在于地层水中，通常情况下，地层水中的 SRB 含量较低，这主要是因为地层中高温、高压和高矿化度等因素限制了它们的生长，同时在地层中因缺少有机营养，SRB 菌很难大量繁殖。随着产出液被提升，由于温度、压力、流速的变化，SRB 生长环境发生了变化，使得 SRB 迅速繁殖，含量急剧升高。在 SRB 作用下，井筒产生严重腐蚀，其腐蚀产物主要为硫化物垢类物质（FeS）。

此外油层水中常溶有少量的 H_2S，H_2S 在水溶液中会电离出 H^+、HS^- 和 S^{2-}，也能够与 Fe^{2+} 作用生成 FeS，电离出的 H^+ 则在钢铁表面使铁发生氢去极化腐蚀。同时，H^+ 也是参与硫酸盐还原菌作用的物质，大大促进了 SRB 的作用，细菌作用、化学腐蚀互相促进，使钢铁腐蚀进一步加剧。

黑色的硫化亚铁（FeS）稳定性较好，与其它垢物结合常附着于泵筒和管壁上，使其与管壁之间形成更适合于 SRB 生长的封闭区，进一步加剧井筒管壁的腐蚀，在管壁形成严重的坑蚀或局部腐蚀。

②油层水中少量的溶解氧引起的腐蚀。主要产物为 Fe_2O_3 以及部分脱水产物针铁矿（羟基氧化铁，FeOOH），此外，在腐蚀产物内部，针铁矿还可以与 Fe^{2+} 结合，发生反应，生成 Fe_3O_4。

③油层水中溶解的少量 CO_2 和 HCO_3^- 与 Ca^{2+}、Fe^{2+} 等离子，在一定条件可生成 $CaCO_3$ 和 $FeCO_3$，形成腐蚀垢物，导致垢下腐蚀。由于 $FeCO_3$ 的致密性一般较差，易被 Cl^- 等腐蚀介质离子穿透。

④油管轻微结蜡。由于岭九区块油井含水率较高，井筒结蜡厚度轻微。水的比热大于油，含水油井相同产油量下的总产液量增大，减少了井筒中流体温度降低的幅度，且单位体积流体中蜡含量亦少，同时，水在管壁易形成连续水膜，不利于蜡沉积于管壁。在岭九井区的两口井中，由于岭 266-2 井含水率低、投产时间长，因而油井结蜡程度比新岭 42 井严重。

综上所述，在岭九井区油层水中，油套管可能同时遭受 H_2S、CO_2、溶解氧、细菌及垢下腐蚀，而且由于油井投产时间长，管壁蚀坑和垢物导致井壁粗糙，油井井口部分有结蜡出现。从腐蚀产物和腐蚀形态看，细菌腐蚀和溶解氧、CO_2 及垢下腐蚀引起的点蚀占主导地位。

11.3.2　中 78 井区腐蚀情况

11.3.2.1　中 78 井区腐蚀情况

中 78 井区 3 口井平均井深为 1500m，1998 年投产，与岭九井区相比，油井产液量大，含水率较高，也属于低产油井，从前面的室内实验中可知该区块腐蚀最为严重，结蜡较为轻微。从生产情况来看，腐蚀结垢严重的油井存在以下特点。

① 油层水 pH 值较低，矿化度较高。该区块油层水 pH 值最低可达 6.02，呈酸性，油层水中 HCO_3^-、SO_4^{2-}、Cl^-、Mg^{2+}、Ca^{2+} 含量较高。

② 产液量相对而言较高，含水率也较高。从表 11.7 可知，产液量为 10t/d 以上，含水率基本在 80% 以上。

③ 细菌含量较低。通过对中 78-6 井、中 78-4 井和中 208-1 井油层水细菌含量分析，发现水体中 SRB 含量为 10 个 /mL 左右。

④ 腐蚀垢物中主要成分为 $FeCO_3$、FeS、$CaCO_3$，夹杂有 $FeCl_2$ 和 $FeSO_4$ 等铁盐。腐蚀产物主要成分是碳酸盐，显示井筒腐蚀与 CO_2 腐蚀有关。

⑤ 井筒结蜡轻微，动液面附近腐蚀结垢严重。

11.3.2.2　中 78 井区井筒腐蚀主要原因

根据中 78 井区块腐蚀结垢油井存在的以上特点，认为影响该区块井筒腐蚀的主要原因如下。

① CO_2 的影响　在中 78 井区油层水中，含有一定浓度的 CO_2，CO_2 溶于水生成碳酸。在酸性介质中，井下油套管极易形成腐蚀电池而产生腐蚀，其反应可表述为：

$$Fe + 2CO_2 + 2H_2O \longrightarrow Fe^{2+} + H_2 \uparrow + 2HCO_3^-$$ (11.1)

在高温条件下，当介质中含有大量 HCO_3^- 时，腐蚀产物应含有大量的 $FeCO_3$，室内模拟实验中仅在液相检测到 $FeCO_3$，在气相中并未发现 $FeCO_3$。设地表温度为 30℃，温度梯度以 3℃/100m 计算，该区块井底温度为 75℃左右，此时液相生成的 $FeCO_3$ 来源有两种途径，一方面是 CO_2 的腐蚀产物，另一方面是 $Ca(HCO_3)_2$ 在 65℃ 条件下不稳定分解的产物。而气相中的钢材因溶入的 CO_2 很少，因而腐蚀产物中检测不到 $FeCO_3$。从前面的实验中可知，虽然 CO_2 气相腐蚀速率极低，但其点蚀现象却明显。

图 11.2 和图 11.3 为 N80 钢在中 78-6 井和中 208-1 井的液相 / 气相腐蚀产物 SEM 形貌。从图中可以看出无论是在中 78-6 井还是中 208-1 井，N80 钢气相腐蚀产物表面凹坑较大，中间填充有许多晶粒，能谱分析结果显示这些晶粒为 $FeCO_3$ 以及夹杂在其中的盐类物质；而液相腐蚀产物较为均匀。不同之处在于中 78-6 井腐蚀较中 208-1 井严重，是前者所处的油层水 pH 值低、矿化度高，油层水中 Cl^-、Ca^{2+} 离子含量高的缘故。

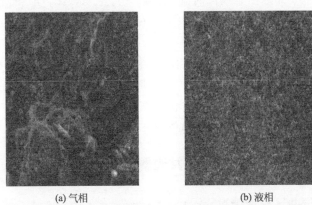

(a) 气相　　　　　　　　　　　(b) 液相

图 11.2　N80 钢在中 78-6 井液相 / 气相腐蚀产物 SEM 形貌对比（80℃）

(a) 气相　　　　　　　　　　　(b) 液相

图 11.3　N80 钢在中 208-1 井液相 / 气相腐蚀产物 SEM 形貌对比（80℃）

②H_2S 的影响　中 78 井区油层水中含有 H_2S，H_2S 和 Fe 反应生成的 FeS 晶格缺陷很小，可阻止铁阳离子的扩散，因而当 FeS 与金属表面之间致密且良好结合时，FeS 对腐蚀应具有一定的防护作用。如果生成的 FeS 不致密，沉积在试样表面的 FeS 可与未沉积 FeS 的试样表面构成电位差达 0.2~0.4V 的强电偶，反而促进井下油套管金属材料的腐蚀。同时还应注

意，CO_2 和 H_2S 对金属的腐蚀是相互促进的，当 CO_2 和 H_2S 腐蚀共存时，井下金属材料所面临的腐蚀将更加恶劣。

除了油层水中本身含有的 H_2S 和 Fe 反应生成 FeS 外，硫酸盐还原菌腐蚀也能产生 FeS。

③ Cl^- 浓度的影响 Cl^- 的穿透能力极强，很容易进入腐蚀产物形成的表面膜而吸附在金属表面，一方面对金属表面的氧化膜产生破坏作用，另一方面构成一个已破坏表面为阳极而未破坏部分为阴极的大阴极小阳极的电偶电池，电偶电池的作用使金属表面形成点蚀核。点蚀一旦形成，它便具有自催化效应，构成孔内活化 - 孔外钝化的腐蚀体系，小孔不断腐蚀直至穿孔。Cl^- 含量较高，Cl^- 的穿透可破坏 $CaCO_3$ 和 FeS 等腐蚀产物的完整性，从而加速腐蚀。从现场油套管的腐蚀情况来看，油套管在较短时间内就腐蚀穿孔，这可能和 Cl^- 的破坏作用有关。同时由于 $CaCO_3$、FeS 的电位均比 Fe 高，但金属表面垢不很致密时，附着在金属表面的 $CaCO_3$ 和 FeS 便和新鲜的金属构成电偶电池，电偶电池的长期作用必然引起垢下腐蚀而导致钢材穿孔。

④油管结蜡 中 78 井区由于投产时间短、油井产液量较大，且部分油井添加有清蜡剂（中 208-1 井添加清蜡剂周期为 30L/10d，中 78-6 井添加清蜡剂周期为 20L/5d），因而结蜡轻微。

从以上分析可知，中 78 井区井筒在油层水中可能同时遭受酸性环境中 CO_2 腐蚀、H_2S 腐蚀、细菌腐蚀、垢下腐蚀以及高浓度 Cl^- 的破坏作用，但从现场腐蚀形貌来看，CO_2 引起的动液面交界处腐蚀（动液面以上为坑点状局部腐蚀，动液面以下为严重的均匀腐蚀）和 H_2S 腐蚀以及 Cl^- 的穿透破坏作用占主导地位。

11.3.3 上里塬井区腐蚀情况及井筒腐蚀主要原因

11.3.3.1 上里塬井区腐蚀情况

上里塬井区井深范围为 1400m~1600m，投产时间差别较大，与岭九井区相比，油井产液量大，含水率高，也属于低产油井，从室内实验可知该区块腐蚀较为严重，井口结蜡，井底结垢。从生产情况来看，腐蚀结垢严重的油井存在以下特点。

① 油层水 pH 值低，矿化度较高。油层水中 Cl^- 和 Fe^{3+} 含量较高。

② 产液量相对而言较高，含水率较高。从表 11.7 可知，有的油井产液量为 20t/d 左右，含水率在 90% 以上。

③ 细菌含量较低。对该区块提供的 5 口井水样进行细菌含量分析，发现水体中 SRB 含量为 20 个 /mL 左右。

④ 腐蚀垢物中主要成分为 FeS、$FeCO_3$、$CaCO_3$，夹杂有 $FeSO_4$ 等铁盐。腐蚀产物主要成分是含铁硫化物和碳酸盐，显示井筒腐蚀与 H_2S 和 CO_2 共同腐蚀有关。

⑤ 结垢结蜡井底腐蚀，动液面附近腐蚀结垢严重。

⑥ 部分油管内壁有冲刷腐蚀痕迹存在。

11.3.3.2 上里塬井区井筒腐蚀主要原因

根据上里塬井区腐蚀结垢油井存在的以上特点，认为影响该区块井筒腐蚀的主要原因如下。

①H_2S 的影响。该区块油层水中含有 H_2S，H_2S 和 Fe 反应生成较为致密的 FeS，FeS 对腐蚀具有一定的防护作用。

②油层水中溶解的 CO_2 以及 HCO_3^- 的影响。油层水中溶解的少量 CO_2 和 HCO_3^- 与 Ca^{2+}、Fe^{2+} 等离子，在一定条件可生成 $CaCO_3$ 和 $FeCO_3$，形成腐蚀垢物，导致垢下腐蚀。

③冲刷腐蚀的影响。相对于静止的环空而言，油管内壁往往要受到严重的冲刷腐蚀，尤其是在油管结构突变部位更为突出。图 11.4 为不同流速下 N80 钢表面被冲刷腐蚀 SEM 形貌。资料表明，随流速提高油管 CO_2 腐蚀加剧。当流速从 0.1m/s 提高到 1.0m/s 时，腐蚀速率增加约 68%。在管径及其它条件相同的情况下，产液量越高的井其冲刷腐蚀越严重。

(a) 流速0.1m/s   (b) 流速为2.0m/s

图 11.4　不同流速作用下 N80 钢表面被冲刷腐蚀 SEM 形貌

从以上讨论可知，上里塬井区井筒在油层水中可能同时遭受酸性环境中 H_2S 腐蚀、冲刷腐蚀以及 CO_2 引起的动液面水线以下腐蚀，但从现场腐蚀形貌来看以 CO_2 腐蚀和冲刷腐蚀为主。

11.3.4　马岭油田井筒腐蚀机理及预防措施

11.3.4.1　腐蚀机理

根据马岭油田三个区块产出液水质分析以及现场调研和室内机理分析，认为硫酸盐还原菌及其硫化物的存在是引起马岭油田井筒腐蚀结垢的根本原因，油井采出液高含水且溶有 O_2、CO_2、H_2S 等腐蚀性气体，以及井底温度、压力、流量的变化是油井腐蚀结垢和结蜡的客观原因。

11.3.4.2　井筒腐蚀预防措施

①井筒腐蚀预防措施　通过对油套环空、油管内壁和套管外壁腐蚀机理的探讨，提出如下综合防腐措施建议，以供参考。

a. 选用耐蚀材料。选用添加了 Cr、Mo 等耐腐蚀合金的油套管，可提高井下管柱的抗蚀能力。表 11.8 为重庆气矿部分油管化学成分与腐蚀速率的关系。

表 11.8 重庆气矿部分油管化学成分与腐蚀速率的关系

序号	井号	取样部位	油管管材	抗拉强度/MPa	屈服强度/MPa	主要化学成分含量/%					腐蚀描述
						C	Si	Mn	Cr	Mo	
1	铁山12	862.1m	NT-80SS	726	644	0.26	0.23	1.18	0.16	0.02	油管腐蚀断裂
2	天东67	4130m	BGC-90	710	631	0.22	0.24	0.66	1.02	0.23	腐蚀轻微
3	卧93	1670m	KO-80S	721	625	0.25	0.26	1.01	0.46	0.10	—
4	龙会2	4310m	NT-80S	723	657	0.31	0.12	1.28	0.06	0.13	
5	罐3	583.99m	NT-80S	682	623	0.30	0.10	1.29	0.05	0.13	油管腐蚀断裂
6	成32	3990m	SM-95S	773	720	0.34	0.28	0.47	0.94	0.47	腐蚀轻微
7	成18	2369m	C-75	642	593	0.23	0.25	1.37	0.02	0.03	—
8	池28	335.4m	SM-80S	798	747	0.22	0.25	0.52	0.97	0.29	

从表 11.8 可知，每口井的油管管材均符合 API 标准。天东 67、成 32 井的油管材质中增加了 Cr、Mo 含量，使油管耐点蚀能力增强，因而天东 67、成 32 井的油管上部腐蚀轻微，铁山 12、罐 3 井油管材质中 Cr、Mo 含量低，因而油管腐蚀断裂，这是因为 Cr 含量增加，可增加钝化膜的稳定性，Mo 含量增加，减少 Cl⁻ 的破坏作用。

对长庆油田的初步调查发现，该油田井下管材普遍采用价格便宜的 J55 和 N80 管材，而 J55 和 N80 管材腐蚀穿孔严重，从长远角度出发，可考虑选用耐蚀性好的合金材料。但长庆油田每口产油井的年平均产量较低，若采用耐蚀合金钢，势必提高其采油成本，因此在实际措施中不可行。

b. 添加化学药剂。用化学方法除掉腐蚀介质或者改变环境性质可以达到防腐目的，应根据油气井腐蚀环境和生产情况，有针对性地选用缓蚀剂种类、用量及加注制度。这类化学药剂包括缓蚀剂、杀菌剂、除硫剂、除氧剂、pH 值调节剂等。

c. 下井下封隔器。对腐蚀恶劣的油气井下永久性封隔器，并在油套环空充满含缓蚀剂的液体，采用这种方法既可避免套管承受高压，又可避免和防止酸性气体对油管外壁和套管内壁的腐蚀。

d. 优化生产制度。油气井在进行酸化等增产作业时，应尽量缩短酸液和油、套管的接触时间，酸化后井内残酸应尽量排尽，防止残酸对油套管的腐蚀；在气井生产中尽量防止井下积液，避免产生井下腐蚀条件。

e. 建立完善的腐蚀监测系统，加强防腐管理。建立完善的腐蚀监测系统，便于及时发现生产中出现的腐蚀问题，及时采取科学的防腐措施。从完井开始就建立一整套防腐管理措施。

② 缓蚀剂加注工艺 从现场井筒腐蚀状况描述发现，缓蚀剂加注及时和加注制度合理的井，油套管腐蚀轻微，而未及时和未定量加注缓蚀剂的井，腐蚀严重。

a. 缓蚀剂的选择 在选择缓蚀剂时，应根据影响腐蚀的主要因素，通过必要的室内和现场评价试验，最终确定缓蚀剂的类型和品种。腐蚀产物和腐蚀机理分析表明：岭九井区井筒细菌腐蚀和溶解氧、CO_2 及垢下腐蚀引起的点蚀占主导地位，可采取杀菌剂加除氧剂为主的综合防治方法。中 78 井区井筒 CO_2 引起的动液面交界处腐蚀（动液面以上为坑点状局部腐蚀，动液面以下为严重的均匀腐蚀）和 H_2S 腐蚀以及 Cl^- 的穿透破坏作用占主导地位，可采取添加抗 CO_2 和 H_2S 缓蚀剂，并辅以其它药剂措施。上里塬井区井筒腐蚀以 CO_2 腐蚀和油管冲刷腐蚀为主，可添加抗 CO_2 缓蚀剂。

b. 加注量及加注周期　确定缓蚀剂加注量及周期应根据缓蚀剂现场评价试验，并考虑井的深度、产油气量、含水率以及缓蚀剂流动性能等因素。缓蚀剂加注量及加注周期参见表11.9 所示。

表 11.9　缓蚀剂加注量及加注周期一般规定

井型	井深 /m	产量	加注量及加注周期
未安封隔器	< 2000	气量：< $5×10^4\,m^3/d$ 液量：< 10t/d	60kg/ 月，加注周期 5d
	2000~5000	气量：$5×10^4 \sim 20×10^4 m^3/d$ 液量：< 10~50t/d	90kg/ 月，加注周期 5d
	> 5000	气量：> $20×10^4\,m^3/d$ 液量：> 50t/d	120kg/ 月，加注周期 5d
安封隔器	—		比正常加注量减少 20%，从油管加注；油套管环空加注 50kg/ 年
未投产井	—		100kg/ 次（油管加 40kg，环空加 60kg），加注周期一年
分层合采井	—		比正常加注量减少 20%，从油管加注；油套管环空加注 100kg/ 年
分层分采井			按正常加注量，油管与环空加注比例为 4：6

c. 缓蚀剂预膜　在初次或较长时间（半年以上）未加注缓蚀剂时，应进行缓蚀剂预膜。预膜采用泵注或平衡罐滴加的方式进行，预膜的缓蚀剂应一次性注入井内，加注时间小于 24h。缓蚀剂预膜 5d 后需补加缓蚀剂进行修复，同时转入缓蚀剂正常投加。缓蚀剂预膜处理时，预膜量参照以下公式计算：

$$V=KDL \qquad\qquad (11.2)$$

式中　V——预膜量，L；

K——预膜系数，无因次，取值范围为2.0~2.5；

D——管壁直径，cm；

L——管长，km。

d. 加注工艺　在现有工艺条件下，针对不同类型的井，通过罐（管）式加注装置、流体计量泵和车载泵，可采用间歇或连续方式加注。

间歇加注方式：如长庆油田现有的间歇缓蚀剂加注工艺可分为液体加注工艺和固体加注工艺。液体缓蚀剂主要采用两种加加工艺，一种是利用高压泵从油管（或套管环空）加入，由套管环空（或油管）返出，使其均匀分布在油套管的管壁上；另一种利用自流式缓蚀剂加药装置，由套管环空加入，经油管返出，装置见图 11.5。固体缓蚀剂以做成棒状为主，以有机季铵盐为主剂，添加固化剂固化成形，其有效成分一般高于液体缓蚀剂。固体缓蚀剂投加简单，直接由测试管内投加到井底，在井底缓蚀剂不断地分散在水中，经气流带出均匀地分布在管壁上。

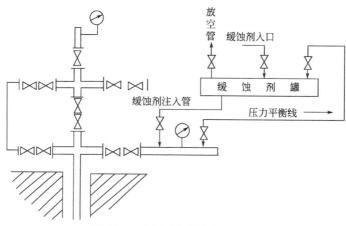

图 11.5　自流式缓蚀剂加药装置

连续加注方式：如中原油田开发了系列油井连续加药装置，逐渐由周期加药改进为连续加药，避免了产出液中缓蚀剂的浓度在加药后减少较快的弊端，可有效保护油井的井下腐蚀，降低油井产出液的腐蚀性，为从根源上控制介质的腐蚀性创造了条件。现有的连续加药装置可分为三类：①连杆式连续加药装置。这是一种针对抽油机井开发的连续加药装置，它以抽油杆的运动为动力，通过连杆带动加药泵，将药剂连续加入油套管环空，从而实现油井的连续加药。②自滴式连续加药装置。这种装置适用于抽油机井和电泵井，它是通过平衡装置使设在地面的储药罐与油套管环空达到压力平衡，使药罐靠自重不断滴入油井来实现连续加药，它以调节加药嘴来控制药剂的加入速度。③井下连续加药装置。这种装置的基本原理与自滴式连续加药装置基本相同，只是储药罐设在油井井筒内，它同样适用于抽油机井和电泵井。

11.4　千米桥油田管线除垢方法

一般来说油管结垢机理和除垢效率是人们十分关注的问题，油管一旦结垢必须采取除垢措施。目前常用的除垢方法有以下三种，分别为化学除垢、机械除垢和高压水射流除垢。何种方法的成本更低、效果最佳必须针对具体的结垢类型、程度来确定。

11.4.1　目前常用的除垢方法简介

生产设施中的结垢及其沉积物，是石油工业所面临的一个挑战性问题。沉积物给生产作业带来一系列问题，有时还导致事故的发生，并从整体上降低了生产效益。而井下防垢剂（或称阻垢剂）的挤注处理为防止油田结垢物的形成提供了一种最普通、最有效的手段。

11.4.1.1　化学除垢

化学除垢技术是目前较为普遍的一种除垢方法，可分为许多类型，一般来说针对不同的结垢类型选择相应的除垢剂。清除碳酸钙垢可选择盐酸、螯合剂 EDTA 等；清除硫酸钙垢可选择螯合剂 DTPA、NaCl、垢转化剂（如碳酸铵、氢氧化钠）；清除硫酸钡、硫酸锶可选择螯合剂（如 TTHA、NTA、DTPA）、冠醚类化学剂等；清除硅酸钙垢可先后选用垢转化剂和螯合剂；铁锈可用盐酸除去。

化学除垢的效率由许多因素决定，包括所选择的除垢剂类型、用量设计、现场施工工艺、垢的组成成分、各类垢在总组成中的分布等。

各类化学除垢技术分别在现场得到了一定程度的应用。如：①用酸洗方法修井；②用一氯乙酸、二氯乙酸的混合物，与环氧氯丙烷和氨水在一定条件下反应生成溶垢剂，在中低温条件下可除去大部分的无机盐沉积物；③用二甲苯类垢转化乳状液处理井，然后用浓度为 28% 的 HCl 处理可有效地清除硫酸钙垢；④首先将互溶剂泵入井中并挤入地层，浸泡垢 6h，除去表面油和蜡，然后使用除垢剂清除垢等。

11.4.1.2　机械除垢

同样，机械除垢的方法也较多。如某专利介绍清除油管内盐垢的方法是将刮刀下入井下，并在刮刀与油管之间泵入湍流剂。最快而又比较有效的除垢方法是预先将球装于油管中，依靠刮刀的作用将球带至井下。依靠地层流体或由地面泵入的流体使球能周期性活动。除垢装置包括球和刮刀。这种方法用于油气井，可提高井的产能。球能增强冲洗剂的冲洗和清除效应以及刮刀的运动，因而缩短除垢时间。

11.4.1.3　高压水射流除垢

这是近几年来发展的除垢方法。高压水射流清除油管结垢技术具有广泛的应用前景，经济效益也比较显著。

11.4.1.4　复合除垢

靠某单一除垢方法往往难以达到理想的除垢效果，因此，有时必须综合利用各类除垢方法的优点，采取复合除垢的方法清除管道中的垢。如某专利介绍清除油管中盐堵的方法是向井中注入化学剂和通过井口防喷器向盐堵塞段下入一个冲击工具。化学剂应当是工具下入之前注入，以便在盐上形成一个环状槽，应用这种方法清除一部分盐一直到盐的堵塞完全可以为冲击工具所破除为止。盐的一部分上浮而且完全溶解于化学剂中。首先泵入化学剂，随后下入破除盐堵工具，为化学剂和工具所清除部分上升并溶于化学剂中，工具两侧也保持有化学剂，并随工具上、下动作而对盐进行浸泡。通过压力冲击使整个盐堵更多地溶解。通过化学和冲击工具的溶解和破坏和以后的逐步溶解可逐步地将盐堵除去。

此外，某专利也介绍用于高压井的盐垢清除器是在空心壳体中装有伸缩式刮刀，依靠刮刀的自身重量可从壳体中依次伸出。当开始遇到盐垢时，最小的刮刀伸到盐垢凹槽中，然后地面泵供给药剂，它们在壳体中产生湍流去溶解盐垢，使凹槽逐步扩大，使稍大些的刮刀伸到盐垢凹槽中。刮刀为反应剂形成一个通道，在刮刀和盐垢之间形成一个较小的喷射余隙，而有利于盐的溶解。应用这种方法清除时间快而且节省药剂的用量。

11.4.2　千米桥油田油管除垢方法的筛选

根据前面的介绍可知，各类除垢方法有各自的优缺点，其中化学除垢方法虽然在不同的地区得到了一定程度的应用，但仍然存在着溶垢速率较慢、成本较高、抗温性较差的缺点，据初步筛选，目前尚未发现化学除垢剂抗温性大于 150℃ 的溶垢剂。而机械除垢法虽能有效地清除井底的硫酸钙垢，但有时现场操作不方便等。将化学除垢法与机械除垢法结合起来的复合除垢法其效果会更好。

同时，通过大量的文献调研发现，防垢剂与除垢剂联合使用，可使防垢剂增产作用与除垢剂稳产作用有机结合起来，效果更佳，是目前防垢除垢的发展方向。下面拟采取该措施解决千米桥油田油管结垢的防除垢问题。

11.4.2.1 实验与评价步骤

① 用天平称取适量垢样。垢样分别为 $CaSO_4 \cdot 2H_2O$ 和油田现场垢样。

② 将垢样放入小烧杯中，加入不同浓度的常用除垢剂和水，盖上表面皿恒温一定时间。

③ 用已恒重的慢速定量滤纸过滤含有垢样的液体，并再用蒸馏水清洗烧杯和滤纸。

④ 将残余垢样与滤纸一起干燥至恒重，计算溶垢率。

⑤ 对滤纸上的残余垢样用 12% 或 15% 的盐酸进行酸洗，再用水清洗，计算垢转化率，并进行分析。

11.4.2.2 除垢剂的筛选与千米桥油田油管除垢方法的优选

根据结垢类型分析可知，千米桥油田油管结垢的主要类型是碳酸钙、硫酸钙和磁铁矿（Fe_3O_4），而碳酸钙和磁铁矿皆可与酸反应，因此该垢用盐酸可除去大部分。下面仅对化学除垢剂对硫酸钙的溶垢能力进行评价。

① 常用除垢剂对硫酸钙垢的溶垢能力评价 常用的除垢剂多为有机膦酸及其衍生物，它们能与 Ca^{2+}、Mg^{2+} 等形成螯合物而使垢样溶解。为了解常用除垢剂对硫酸钙垢的溶垢能力，在本研究中选用 TTHA、EDTA、HEQP、HP、NTA、HEQP+ZH 等 6 种除垢剂进行了溶垢试验。硫酸钙与除垢剂的质量比均为 1 : 3，反应温度为 70℃和 150℃，时间为 6h。试验结果如图 11.6、图 11.7 所示。

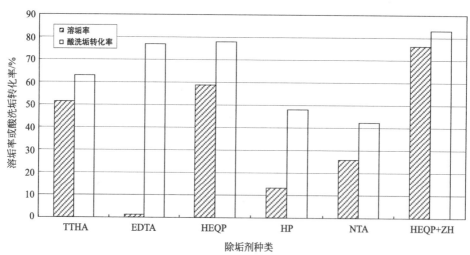

图 11.6 各样品的溶垢率及酸洗垢转化率柱状图（70℃）

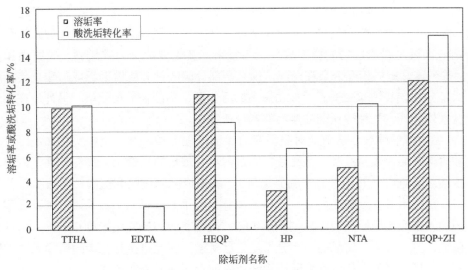

图 11.7　各样品的溶垢率及酸洗垢转化率柱状图（150℃）

由图 11.7 可知，TTHA、HEQP 和 HEQP+ZH 的溶垢率较高，其中 HEQP+ZH 的溶垢率最高，表明增效剂有利于螯合物的形成与稳定。一般而论，碳酸盐垢可用酸洗除去，但 $CaSO_4$ 垢在酸洗的情况下基本不溶，只有先使用除垢剂后再酸洗，其酸洗垢转化率才显著增加。这一点在图 11.6 中已反映出来，特别是 HEQP+ZH 的酸洗转化率也最高。该项实验表明，常用除垢剂对 $CaSO_4$ 垢的溶垢能力各不相同。另外，从图 11.7 可知，在高温条件下，各常用除垢剂对 $CaSO_4$ 垢的溶垢能力都很低。

② 千米桥油田油管垢样的清除方法优选

a. 常用除垢剂对千米桥油田油管现场垢样的溶垢能力　按照前面介绍的步骤，评价了几种除垢剂在 150℃、6h 条件下，对千米桥油田油管现场垢样的溶垢能力。其结果如图 11.8 所示。

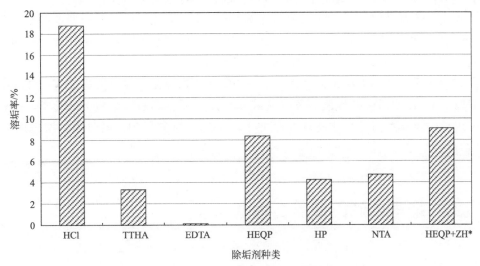

图 11.8　各除垢剂样品的溶垢率柱状图（150℃）

从图 11.8 可知，包括盐酸在内，在 150℃、6h 条件下几种常用除垢剂对现场垢样的溶垢率都很低，即使对碳酸钙垢也不能完全清除，不能满足现场的除垢要求。导致该现象的主要原因之一大概是组成现场垢样的成分较为复杂，其主要成分为碳酸钙、硫酸钙和磁铁矿（Fe_3O_4）等，这几种垢相互混杂在一起，仅有一部分碳酸钙和磁铁矿垢能与酸直接接触而被溶解，大部分的碳酸钙和磁铁矿垢被硫酸钙垢所包裹，不能被酸所溶解；另外，在高温条件下，除盐酸外，其它几种除垢剂的溶垢率本身就很低。

b．除垢技术的筛选　从前面对阻垢率的评价过程可知，对于空白实验来说，所形成的碳酸钙和硫酸钙垢都较为结实，且比较牢固地附着在玻璃瓶内壁上；高温条件下，当体系中加入少量的阻垢剂时（其加量低于临界加量），所形成的碳酸钙和硫酸钙垢很少，并且呈松散状态，一部分附着在玻璃瓶内壁上，另一部分存在于溶液体系中。因此，可以推测当在千米桥油田加入本实验所研制的阻垢剂 PPS-1 时，根据前面的研究结果可知，一方面可使结垢率大大降低；另一方面，结成的小部分垢呈分散状态，因此很少存在碳酸钙和磁铁矿垢被硫酸钙垢紧紧包裹的现象，从而可用酸清除结垢中的碳酸钙和磁铁矿垢。

根据前面对除垢的溶垢能力评价可知，在高温条件下除垢剂的溶垢能力都很低，因此除去硫酸钙垢的有效方法可考虑物理除垢法，包括用刮管器和水喷射空化法等。如：清除油管内盐垢最快而又比较有效的除垢方法是预先将球装于油管中，接着将刮刀下入井下，依靠刮刀的作用将球带至井下，依靠地层流体或由地面泵入的流体使球能周期性活动；清除油管中盐堵的方法是向井中注入化学剂（如在千米桥油田可采用的化学剂为盐酸），然后下入一个冲击工具，应用这种方法先清除一部分垢，直到全部垢完全被冲击工具破除为止。被化学剂和工具所清除的部分垢上升并溶于化学剂中，工具两侧也存在化学剂，并随工具上、下动作而对垢进行浸泡。通过压力冲击使整个垢更多地溶解。通过化学和冲击工具的溶解和破坏，以及随后的逐步溶解可逐步地将垢除去。

11.4.3　千米桥油田油管防垢除垢现场应用

综上所述，对千米桥油田油管结垢问题可采取的解决方法如下。

① 首先向千米桥油井中加入防腐阻垢剂 PPS-1，然后在一定时间周期内向油井中加入 12%~15%HCl，以便清除掉碳酸钙和磁铁矿（Fe_3O_4）垢，然后下入一个如前所述的冲击工具，即通过化学反应和冲击工具的冲击作用将垢全部除去。

② 首先向千米桥油井中加入防腐阻垢剂 PPS-1，然后在一定时间周期内向油井中加入 12%~15%HCl，以便清除掉碳酸钙和磁铁矿（Fe_3O_4）垢，然后将球装于油管中，接着将刮刀下入井下，依靠刮刀的作用将球带至井下，达到除垢的目的。同时还可考虑用 25% 的 NaOH 溶液浸泡 $CaSO_4$ 垢的方法清除 $CaSO_4$ 垢。

11.5　塔里木油田重晶石堵塞

塔里木盆地库车山前克深气田储层裂缝发育，地层压力超过 110MPa，地层温度大于 150℃，平均孔隙度 4.7%，平均渗透率 0.055mD，属于典型的高温高压裂缝性致密砂岩储层。

由于地层压力系数高，钻井过程中采用大量重晶石（BaSO₄）加重，因储层裂缝发育，目的层钻完井液漏失严重，钻完井液侵入天然裂缝，液相部分渗入地层孔隙基质中，重晶石等加重材料残留在裂缝中，经过长时间老化，造成重晶石等固相堵塞，结果导致气井产量偏低或没有产出。重晶石是一种化学性质非常稳定的矿物质，极难溶于强酸、强碱，酸压作业也难以有效清除重晶石固相堵塞。针对重晶石堵塞，运用螯合理论，结合储层特征，通过室内实验和现场返排液性能指标分析，证明重晶石解堵剂能够溶解裂缝内的重晶石固相。首先在 X 井开展先导性试验，作业后气井产量由 $0.9 \times 10^4 m^3/d$，增加到 $5.2 \times 10^4 m^3/d$，解除储层损害，恢复气井产能，为高温高压裂缝型低渗气藏的增产提供了新思路。

11.5.1　裂缝型低渗气藏损害机理

　　由于储层裂缝的宽度往往大于钻完井液和修井液中的固相颗粒尺寸，作业过程中，工作液的固相颗粒就会在正压差作用下进入裂缝，在缝内形成堆积，堵塞渗流通道从而降低裂缝导流能力。根据固相颗粒尺寸大小及其与储层裂缝宽度的匹配关系，固相颗粒侵入裂缝的方式有三种，见图 11.9 所示。

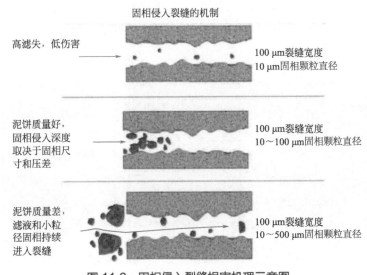

图 11.9　固相侵入裂缝损害机理示意图

　　库车山前克深气田地层压力系数高，目的层钻进时以水基钻进液体系为主，采用重晶石加重，重晶石用量 671~2534t，平均用量 1345.6t，且目的层漏失严重，漏失最高达 1361.2m³，平均漏失量 904.9m³（表 11.10）。储层裂缝发育，平均裂缝密度 0.4 条/m，裂缝宽度在 220~290μm 之间，平均为 260μm，而重晶石的直径为 10~75μm。因此，钻完井过程中，就会有大量的重晶石固相颗粒侵入天然裂缝系统。

表 11.10　克深气田部分钻井液重晶石用量和目的层漏失情况统计表

井号	井段 /m	裂缝密度 /（条 /m）	钻井液体系	钻井液密度 /（g/cm³）	重晶石用量 /t	钻井液漏失量 /m³
X 井	6573~6697	0.35	水基	2.15	671	641.0

井号	井段 /m	裂缝密度 /(条 /m)	钻井液体系	钻井液密度 / (g/cm^3)	重晶石用量 /t	钻井液漏失量 /m^3
A 井	6818~6975	0.21	油基	1.86	1037	1019.7
B 井	6725~6985	0.16	水基	1.90	1016	1361.2
C 井	6953~7062	1.15	水基	1.83	1470	853.7
D 井	7096~7194	0.15	水基	1.80	2534	648.8

11.5.2　重晶石解堵剂室内评价

11.5.2.1　解堵机理

重晶石解堵剂是一种无色 - 淡黄色液体，密度为 1.03g/cm^3，pH 值介于 12~14 之间。其主要成分为螯合剂，能够与多价金属离子发生螯合，溶解堵塞固相，尤其能够螯合 Ba^{2+}，与重晶石形成真溶液。其解堵作用过程是先将裂缝中的固相软化、溶解，然后通过螯合将重晶石颗粒分散、悬浮，最后随返排液排出井筒（图 11.10）。其反应方程式为：

$$BaSO_4 + 2YNa \Longrightarrow \{Y^- Ba^{2+} Y^-\} + SO_4^{2-} + 2Na^+ \tag{11.3}$$

式中　YNa——螯合剂的钠盐。

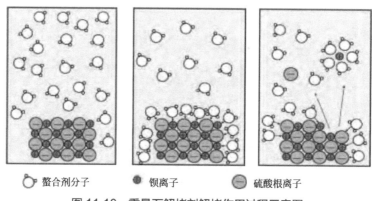

○ 螯合剂分子　　● 钡离子　　⊖ 硫酸根离子

图 11.10　重晶石解堵剂解堵作用过程示意图

11.5.2.2　溶解力评价

将滤纸在 110℃下烘 30min（恒重）称量，称取 5g 重晶石粉加入到 50mL 重晶石解堵剂中，在 170℃烘箱中密闭反应 3h，然后在常温下反应 1h，过滤，烘至恒重，称量；同时用自来水和 15% 的盐酸做对比实验。实验数据和结果见表 11.11。

表 11.11　重晶石解堵剂溶解力实验结果

溶剂名称	溶剂数量 /mL	重晶石质量 /g	样品溶蚀量 /g	溶蚀率 /%	溶蚀量 / (g/L)	平均溶蚀量 / (g/L)
样品 1	50.0	5.0000	0.6283	12.57	12.57	12.49
	50.0	5.0000	0.6210	12.42	12.42	

溶剂名称	溶剂数量 /mL	重晶石质量 /g	样品溶蚀量 /g	溶蚀率 /%	溶蚀量 /（g/L）	平均溶蚀量 /（g/L）
样品 2	50.0	5.0045	0.6379	12.74	12.74	12.82
	50.0	5.0081	0.6464	12.91	12.91	
自来水	50.0	5.0000	0.0322	0.64	0.64	0.94
	50.0	5.0000	0.0613	1.23	1.23	
15%HCl	50.0	5.0158	0.1234	2.46	2.46	2.42
	50.0	5.0807	0.1214	2.39	2.39	

重晶石解堵剂的平均溶蚀量为 12.49~12.82g/L，自来水和盐酸的平均溶蚀量分别为 0.94g/L 和 2.42g/L，说明重晶石解堵剂对重晶石粉较 15% 的盐酸溶解力强。

11.5.2.3 界面张力评价

用旋滴界面张力仪分别测定水、20% 解堵剂、20% 解堵剂 +1% 助排剂与原油的界面张力，实验结果见表 11.12，结果表明解堵剂与油的界面张力低，易于返排。

表 11.12 解堵剂与原油界面张力测试结果

序号	样品	油	界面张力 /（mN·m）
1	水	原油	6.7450
2	20% 解堵剂	原油	0.3000
3	20% 解堵剂 +1% 助排剂	原油	0.0252

11.5.3 现场试验

2013 年，重晶石解堵工艺技术首次在 X 井试验。X 井位于库车坳陷克拉苏构造带克深区带克深 2 号构造高点上，目的层为白垩系巴什基奇克组 6573.00~6631.00m。钻井过程中目的层漏失密度 2.15g/cm³ 的钻井液 641m³，采用 671t 重晶石加重剂。本井自 2008 年完钻后，先后经历三次修井作业，修井液密度 1.98g/cm³。钻、修井液均用重晶石加重、密度高，导致钻、修井液侵入天然裂缝，造成重晶石等固相堵塞伤害。为解除钻、修井过程中的重晶石堵塞，首次进行了解除重晶石堵塞技术尝试。

11.5.3.1 解堵剂用量设计

采用容积法计算解堵剂的用量，用量由基质孔隙用量和裂缝用量两部分组成。

储层基质孔隙解堵剂用量计算公式：

$$V_1=\pi R^2 h\phi \tag{11.4}$$

裂缝解堵剂用量计算公式：

$$V_2=（NLHr\alpha）\rho\beta\times83 \tag{11.5}$$

解堵剂用量：

$$V=V_1+V_2 \tag{11.6}$$

式中　V_1——基质孔隙解堵剂用量，m^3；

　　　　V_2——裂缝解堵剂用量，m^3；

　　　　R——储层基质污染半径，m；

　　　　h——射孔段长，m；

　　　　ϕ——目的层平均孔隙度，%；

　　　　N——改造段天然裂缝条数，条；

　　　　L——天然裂缝平均长度，m；

　　　　H——天然裂缝高度，m；

　　　　r——天然裂缝宽度，m；

　　　　α——重晶石堵塞体积修正系数，取0.4；

　　　　ρ——重晶石密度，g/cm^3；

　　　　β——安全系数，取1.6；

　　　　83——单位质量重晶石消耗解堵剂量，m^3/t。

通过计算确定解堵剂用量为180m^3。

11.5.3.2　施工参数及效果

2013 年 10 月进行解堵施工，挤入地层总液量 262.9m^3，其中隔离液 80m^3，重晶石解堵剂185m^3。泵压 3.6~112MPa，排量 0.6~3.65m^3/min，停泵后泵压由 79.9 MPa 下降到 76.2MPa。解堵前油压 4.87MPa，日产气 0.9×10^4m^3，解堵后油压 18MPa，日产气 5.2×10^4m^3。通过以上分析认为，解堵剂对井周重晶石堵塞有一定的溶解能力。

11.5.3.3　返排液离子分析

为进一步验证重晶石解堵剂的作用效果，对返排液密度和 pH 值进行了取样分析，结果见图 11.11。返排液密度由开始返排的 1.00 上升至 1.09，说明解堵液溶解了裂缝内的重晶石堵塞物而使返排液密度增加，返排到 15h 返排液密度最高，随后密度逐渐降低，说明随着反应的进行，裂缝内可供溶解的重晶石固相越来越少，到返排结束时，返排液密度与解堵剂的密度相同。此外，返排液的 pH 值由 13 下降到 7，说明返排开始时返排液的 pH 值与解堵剂的 pH 值一致，随着重晶石固相的溶解，返排液的 pH 值逐渐降低。返排液密度和 pH 值的变化说明储层裂缝中的重晶石堵塞物被溶解而随返排液带出。此外，据返排液的钙、镁、钡、铁离子浓度分析，返排液所携带的阳离子浓度在返排 3h 时达到最高，此后逐渐降低，说明钙、镁、钡、铁阳离子随返排液带出井筒，这也表明裂缝内的固相堵塞物得到溶解。

综合现场施工效果和返排液密度、pH 值和离子浓度分析，重晶石解堵剂对天然裂缝内重晶石固相的溶解具有积极的作用。

11.5.3.4　推广应用

克深 X 井成功实施解堵后，该技术推广应用到库车山前 Y 区块。解堵剂用量最高440m^3，平均 373.75m^3，排量最高 4.9m^3/min，施工泵压最高 108.7MPa，采取措施后最高日产气 96.0×10^4m^3，平均日产气由 26.25×10^4m^3 提高到 75.2×10^4m^3，增产效果显著，见表 11.13。

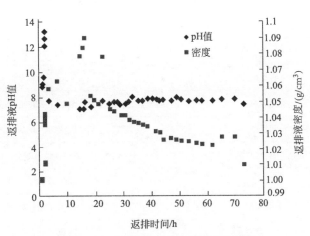

图 11.11 返排液 pH 值及密度变化图

表 11.13 克深某气田解堵剂应用效果

序号	井段 /m	入井总液量 /m³	解堵剂用量 /m³	排量 /（m³·/min）	泵压 /MPa	采取措施前气量 /（10⁴m³/d）	采取措施后气量 /（10⁴m³/d）	累产气量 /10⁸m³
A 井	6818~6975	377.5	375	0.4~3.1	73.3~108.7	23.2	73.8	3.66
B 井	6725~6985	403.6	400	0.3~4.4	48.4~104.7	34.4	96.0	3.73
C 井	6953~7062	443.3	440	0.6~4.9	65.6~107.5	19.9	57.4	1.04
D 井	7096~7194	280.1	280	0.6~4.2	58.4~107.2	27.5	73.5	0.41

目前，施工的 4 口井均正常生产，其中 A 井和 B 井已生产 500 余天，B 井累产气 $3.73 \times 10^8 m^3$。重晶石解堵工艺技术对解除高温高压致密砂岩气藏的重晶石堵塞效果显著，有效性持续时间较长。

11.6 H 区块煤层气井防腐措施

常见的防腐措施包括添加缓蚀剂、电化学保护法（一般为阴极保护法）、涂层防腐水油管内衬技术。缓蚀剂是一种可以按一定浓度对腐蚀环境中的腐蚀因子进行抑制的一种或若干种成分组成的混合物。缓蚀剂能够以一定浓度与腐蚀介质发生物理化学作用来抑制或阻止腐蚀因子对金属的腐蚀。电化学保护是通过改变金属的电位来抑制或减缓金属腐蚀的方法。电化学保护方法有两种：阴极保护法和阳极保护法。在油管腐蚀防护措施中，主要是采用阴极保护技术。涂层防腐技术是利用耐蚀性较强的金属或耐腐蚀涂料来保护比较容易发生腐蚀的钢材，把腐蚀介质和材料隔离开，防止材料被腐蚀。油管内衬技术是将有机材料以衬套的形式对油管内壁进行保护的技术。

11.6.1 加注缓蚀剂技术

缓蚀剂的种类众多、机理复杂，分类方法多种多样，表 11.14 所示为常用的缓蚀剂类型。

表 11.14　缓蚀剂类型

分类方法	缓蚀剂类型	主含元素（化合物）
化学组成	有机型	N、S、P 等元素
	无机型	硝酸盐、铬酸盐、钨酸盐、钼酸盐、磷酸盐、重铬酸盐等
电化学机理	阴极型	聚磷酸盐、酸式碳酸钙、砷离子类、硫酸锌类等
	阳极型	硝酸盐、磷酸盐、铬酸盐、硅酸盐等
	复合型	咪唑、吡啶、硫脲及其衍生物等
物理化学机理	吸附膜型	N、S 等极性元素
	氧化膜型	铵盐、硝酸盐等
	沉淀膜型	硫酸锌、碳酸氢钙、聚磷酸钠等

近年来使用缓蚀剂最为广泛的为咪唑啉类缓蚀剂、季铵盐类缓蚀剂和胺类缓蚀剂。咪唑啉也被称作二氢咪唑，包括 2,3-、2,5- 与 4,5- 三种异构体，常以白色乳状液体和针状固体的形式存在，在水溶液和 25℃时容易转化成酰胺。咪唑啉类缓蚀剂含有疏水链和亲水链，疏水链决定它的溶解性大小，它的作用是在金属表面形成疏水层屏蔽外来物质的接触，从而抑制腐蚀介质的迁移。环上所带的亲水支链可以增强缓蚀剂的溶解性，核外层所带有的孤对电子会与金属表面通过配位化合而产生吸附，从而抑制腐蚀。季铵盐类缓蚀剂主要是氮原子吸附成膜来抑制腐蚀。其中由中国科学院金属研究所带头研制的炔氧甲基季铵盐是一种性能很好的新型缓蚀剂。它将有较好性能缓蚀剂的典型官能团互相嫁接，最后嫁接在一个化合物中，使其性能上有了质的提升，此化合物在金属表面吸附时能形成多个基团并且能同时吸附于金属表面的多中心，这能大幅提高在材料表面上的吸附活性。胺类缓蚀剂也是较为常用的一类缓蚀剂，按烃基长短，胺类缓蚀剂可分为水溶性缓蚀剂和油溶性缓蚀剂。水溶性缓蚀剂分子量较小而油溶性缓蚀剂分子量较大。胺类缓蚀剂具有良好的酸中和性能和置换性。胺类缓蚀剂的典型代表是乌洛托品，乌洛托品和苯并三氮唑的混合体系在 6% 的 HCl 溶液中能很好地抑制钢铁的腐蚀。

陈松鹤等研制了成套的煤层气井 MCZ 缓蚀剂体系。包含三种在酸性环境下的缓蚀剂，分别是抑制 CO_2 腐蚀的 MC-1 缓蚀剂、抑制 H_2S 腐蚀的 DP-2 缓蚀剂和抑制 CO_2/H_2S 协同腐蚀的 HCM-1 缓蚀剂。还包含了三种在碱性环境下的缓蚀剂，分别是抑制 CO_2/O_2 腐蚀的 CT-CQ 缓蚀剂、抑制 H_2S/O_2 腐蚀的 CT-HQ 缓蚀剂和抑制 $CO_2/H_2S/O_2$ 腐蚀的 HCM-2 缓蚀剂。图 11.12 为三种缓蚀剂在酸性环境下对 N80 和 J55 钢的缓蚀结果。图 11.13 为三种缓蚀剂在碱性环境下对 N80 和 J55 钢的缓蚀实验结果。

图 11.12 表明，在酸性环境中，MC-1 对于 N80 和 J55 钢材的缓蚀率分别达到 91% 和 96%；DP-2 对于 N80 和 J55 钢材的缓蚀率分别达到 94% 和 93%；HCM-1 对于 N80 和 J55 钢材的缓蚀率分别达到 95% 和 96%。图 11.13 表明，在碱性环境中，CT-CQ 对于 N80 和 J55 钢材的缓蚀率分别达到 91% 和 90%；CT-HQ 对于 N80 和 J55 钢材的缓蚀率分别达到 96% 和 90%；HCM-2 对于 N80 和 J55 钢材的缓蚀率分别达到 91% 和 92%。

但是在 H 区块煤层气井中，不提倡使用缓蚀剂。主要原因如下：①由 H 区块煤层气产

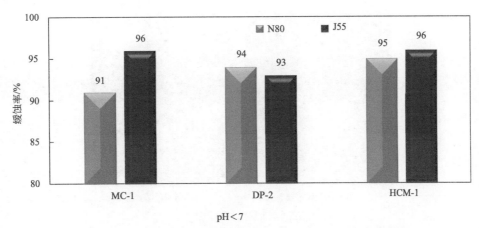

图 11.12　三种缓蚀剂在酸性环境下对 N80 和 J55 钢的缓蚀率

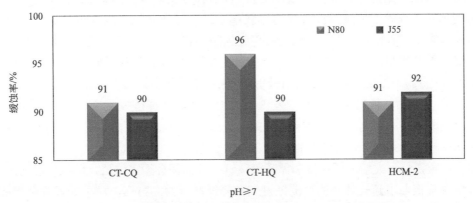

图 11.13　三种缓蚀剂在碱性环境下对 N80 和 J55 钢的缓蚀率

量和低经济效益决定，例如该区块 L 井产气量为 500m³/d，产水 4.2m³/d，按照产水量其缓蚀剂每天需要 260 元的投入，由此可知这样会大幅增加成本的投入。②加注缓蚀剂的复杂程度决定，在煤层气井加注缓蚀剂就必须从油套环空内加注，需要增加缓蚀剂设备车或者是利用地面泵的抽吸作用进行加注，它的前期工序烦琐，而且耗时和耗力。③目前还没有研制出针对 H 区块煤层气井防腐的复合缓蚀剂。

11.6.2　阴极保护技术

阴极保护技术是一种阳极端金属先被腐蚀，而阴极端金属被保护的技术。本质上，整个阴极保护系统构成一个腐蚀原电池，阳极发生氧化反应，阴极端金属得到保护，不发生腐蚀或者腐蚀减轻。

H 区块在煤层气井中已经开始使用阴极保护技术。图 11.14 分别为在 H 区块使用前和使用后的阴极保护器。

阴极保护器已在煤层井中被应用，并取得了一定的防腐效果。据统计，在同一口腐蚀井中用了阴极保护器的修井周期比未使用阴极保护器修井周期提高了 20%~35%。但在现场的使用中也发现一些问题，由于煤层气井的特殊性，在降压采气的过程中，煤粉绝大多数会随着地层水排出井筒至地面，但是也有一部分悬浮在井筒中，经过一段时间后一部分煤粉粘贴

(a) 新阴极保护器   (b) 旧阴极保护器

图 11.14　阴极保护器

在井壁上，形成井筒煤垢，垢的厚度随时间、煤粉浓度和煤粉颗粒的不同而变化。一般认为，时间越长、煤粉浓度越高以及煤粉颗粒越小越容易在井筒形成煤垢且煤垢厚而硬；相反，时间越短、煤粉浓度越小以及煤粉粒度越大越不容易形成井筒煤垢且煤垢薄而脆。正是这些井筒煤垢的影响，导致阴极保护器容易卡在井筒中（阴极保护器的外径一般为 110mm，属于大直径工具）。据统计，在使用阴极保护器的 36 口井中，其中有 16 口井发生过卡堵现象，占比高达 44%，且在作业过程中发现都是由于煤垢的原因发生卡堵事故，卡堵后对于生产井会造成不良的影响。主要影响有：第一，由于处理复杂事故，每口井的施工周期会较长，它将影响生产井的产量和连续性。第二，由于在施工过程中会进行压井、洗井和循环等施工工序，需要使用大量的压井液和循环液，这些液体都会损害储层，降低储层的产能，并在后续的排采作业中延长该井的产能恢复期和降低产气量。第三，对于处理复杂事故来讲，作业费用比较高，一般为普通作业费用的 10 倍左右。所以在煤层气井中应谨慎选择使用阴极保护器，特别要注意以下三点：

① 改进阴极保护器外径，使阴极保护器外径小于套管直径 30mm 左右。

② 选择未形成井筒煤垢或者煤垢薄的生产井。

③ 阴极保护器连接位置应该在产层之上。

11.6.3　涂层防腐技术

涂层防腐技术是一种工艺简单且应用范围较广的防腐技术。涂层按材料类型分为金属涂层和非金属涂层，其中非金属涂层分为化学镀层和有机材料涂层两种。在金属内壁涂层中，可以采用有机材料涂层，将有机涂料喷涂在金属表面上形成一层很薄的保护层，将金属和腐蚀介质有效隔离，起到先腐蚀涂层，后腐蚀被保护层的效果。在煤层气井中腐蚀介质主要为地层水和湿的腐蚀性气体。腐蚀介质主要在杆管环形空间内，此时由于煤层气排水降压的特点，液面持续下降，液面以上的生产管柱基本不受腐蚀性气体的影响。由于防腐抽油杆比防腐油管和玻璃钢管成本低，所以煤层气井要优先考虑使用防腐抽油杆。防腐抽油杆主要是靠抽油杆表面的防腐涂层隔绝腐蚀因子的腐蚀，具有工艺简单和成本低的优点。在煤层气中使用防腐抽油杆过程中发现，在同一口腐蚀井中使用防腐抽油杆的井较未使用防腐抽油杆的井修井周期提高了 46% 左右，大幅提高了因腐蚀而导致抽油杆断脱井的检修周期，保障了生产的连续性。表 11.15 为选取的 5 口井使用防腐抽油杆后的情况，从表内可知修井周期平均延长率接近 50%。

表 11.15　使用防腐杆检修时间

井号	检修周期 /d		延长时间 /d	延长率 /%
	未用防腐杆	使用防腐杆		
H-1	428	607	179	41.8
H-2	387	576	189	48.8
H-3	302	367	65	21.5
H-4	337	622	285	84.6
H-5	281	421	140	49.8

　　图 11.15 为新防腐抽油杆及防腐抽油杆和普通抽油杆使用前后的形貌对比。防腐抽油杆相比普通抽油杆有明显的不同，防腐抽油杆在使用后表面光滑，腐蚀率和结垢率明显降低。

(a) 新防腐抽油杆　　　　　　(b) 普通抽油杆使用342d　　　　　(c) 防腐抽油杆使用350d

图 11.15　新防腐抽油杆及防腐抽油杆和普通抽油杆使用前后的形貌对比

　　由图 11.15 可知：防腐抽油杆使用效果较好，在相同腐蚀条件下，使用 342d 后的普通抽油杆腐蚀较为严重，使用 350d 后的防腐抽油杆表面基本无腐蚀。

11.6.4　油管内衬技术

　　油管内衬技术是一种通过一定工艺将聚乙烯等有机材料以衬套的形式对油管内壁进行保护的技术，不仅有防偏磨效果而且有防腐的效果。内衬油管是将耐磨材料衬在油管内壁上而制成的复合型油管。内衬材料由碳纳米管和超高分子聚乙烯复合而成，其抗滑动摩擦磨损性是油管本体材料的 6 倍左右，是尼龙材料的 5.5 倍以上，摩擦系数只是普通钢的 1/3，并且耐多种化学介质（包括强碱和强酸）的腐蚀。

　　H 区块在井下维护过程中会更换许多被腐蚀、偏磨以及偏磨腐蚀的管材，结垢后的抽油杆经除垢处理后再经防腐工艺会变为成本较低的防腐抽油杆。同样，对于内壁结垢严重油管或者腐蚀偏磨轻微的油管，也可经除垢和防腐等措施处理后进行二次利用，处理后在油管内壁衬上衬管。内衬管直径略大于油管内径，用专用设备对内衬材料进行缩径，缩径后在一定的力和速度下将内衬管拉入油管内，当拉力消失，内衬管恢复到原来的直径，保证内衬管与油管管体紧密结合，这样不仅可以利用废旧油管，还可降低油管和抽油杆之间的腐蚀和偏磨作用。

表 11.16　使用内衬油管的生产井的检修周期

井号	油管使用时间 /d		增加时间 /d	延长率 /%
	未用内衬管	使用内衬管		
H-6	426	707	281	66.0
H-7	475	812	337	70.9
H-8	388	687	299	77.1
H-9	545	921	376	69.0
H-10	567	895	328	57.8

表 11.16 统计了现场 5 口使用内衬油管的生产井的检修周期。由表可知：使用内衬油管的井更换新油管的时间要大幅度长于未使用内衬油管的生产井，5 口井增长率达到 68% 左右。这说明内衬油管可以很好地防护杆管的腐蚀和偏磨，不仅节省了材料费用，而且保证了生产的连续性。

图 11.16 为使用的内衬油管，由图可知，使用一定时间后的内衬油管防腐和防偏磨效果良好。

图 11.16　内衬油管形貌

在加注缓蚀剂、阴极保护技术、涂层防腐技术和油管内衬四种防腐技术中，其中加注缓蚀剂成本高，阴极保护技术易造成井下事故，建议在 H 区块对于加注缓蚀剂和阴极保护技术要有条件地使用。抽油杆涂层防腐技术和油管内衬技术在 H 区块试验效果良好，建议在 H 区块推广使用抽油杆防腐技术和油管内衬技术。

11.7　阿姆河油田环空带压综合防治

环空带压简称为 SCP（sustained casing pressure），有时也简称为 SAP（sustained annular pressure），是指井口处的环空压力放喷泄压后再次恢复的现象。环空带压影响油田的安全生产，是石油与天然气开发的世界共性难题。存在环空带压问题的井必须对其进行严格管控检测，避免出现事故，定期进行泄压只能暂时降低井口压力表读数，而且会增大环空裂隙，也不符合油田生产的安全环保要求，影响油田的可持续开发。随着环空中的油气压力不断增大，该压力会直接作用于井下各层管串，造成套管的损毁失效，一旦地层中含有的 H_2S 气体溢出，将造成惨重的人员伤亡，严重时将引起井喷事故。

随着我国能源结构不断优化，国内市场对天然气的需求量明显增加，土库曼斯坦阿姆河油田作为中石油海外油气生产的重点区块，是实现国家能源安全的重要保障。由于阿姆河区块存在近千米厚的盐膏层等复杂地质条件，油气井逐渐出现环空带压现象，严重制约油气井的安全生产。

11.7.1 环空带压产生的原因

环空带压产生的根本原因是储层或油管中的流体因为各种原因通过水泥环进入环空，在管柱间的环空中聚集，导致井口压力表的读数不断增大。引起环空带压的主要原因有以下四个。

11.7.1.1 腐蚀或现场作业导致的油套管泄漏

井下地质条件复杂，管柱长期工作在恶劣环境会加速管柱本体的破损、腐蚀，阿姆河油田地下存在大量 CO_2、H_2S 等酸性气体，启莫里-齐顿统巨厚盐膏层段的地层强蠕变性等复杂因素，都可能导致油套管穿孔泄漏。此外，钻井作业中，钻具与管壁摩擦可导致管柱本体出现变形、缺陷，将直接降低管柱的工作性能，局部出现应力集中导致管柱的断裂、密封失效。根据 API 统计，因为螺纹扣密封失效原因造成的管柱失效占比高达 80%，因此在钻井设计和作业过程中，应重视管柱的扣型选择、预先探伤，下套管时严格按照钻井操作规范作业。

11.7.1.2 不合理的固井水泥浆体系

由于阿姆河油田存在近千米的巨厚盐膏层，层间可能夹存高压盐水层，所以极易出现井径改变。因此在该层位钻井时一般采用强抑制性钻井液，其物理、化学性质与固井水泥浆存在明显差异。已钻井报告表明部分地层层位存在 CO_2、H_2S 等腐蚀性气体，上述原因均会使环空水泥石在常规固井后强度降低，容易出现地层压力突破环空密封，形成环空带压现象，因此需要设计合理的水泥浆体系，如对水泥浆的流动性、凝固时间、失水量、体积收缩率、添加剂性能等进行合理设计，或研发新型固井水泥体系，以提高水泥石胶结质量。

11.7.1.3 固井时环空中的钻井液没有完全驱替

固井的主要目的是通过下套管和注水泥的技术手段稳定井壁，通过水泥和地层之间以及水泥和套管之间的胶结，保证生产层中的油气沿着设计的井眼轨迹运移至地面井口。但是在实际钻井过程中，由于钻井液的失水造壁性能，固井水泥浆在顶替出钻井液固井的过程中，可能由于井壁上的滤饼没有完全去除或钻井液与水泥浆形成混合物，导致实际环空中出现钻井液残留，影响水泥浆在第一、第二胶结面的胶结质量，导致水泥在凝固后出现缺陷，产生环空带压。此外套管的居中程度、井壁的平整程度也会对水泥浆的流动性产生影响，降低固井质量。

11.7.1.4 其它原因导致的水泥环密封失效

固井水泥浆凝结后，在开钻下级井眼或对老井进行加深作业过程中，钻具会与套管产生不断的摩擦、撞击，特别在井径不规则的井段，容易出现应力集中造成胶结面的弱化效应。即使水泥环已经具备理想设计强度，但是随着油田开发的技术手段不断进步，在老井增产改造的过程中如水力压裂、酸化改造等均会造成水泥环的预留强度不足，导致本体破损。而且随着生产层的流体被采出至地面会改变原有的地应力分布，加上地层中的腐蚀性流体的化学作用，导致水泥环本体出现物理化学破坏，形成微裂隙。

11.7.2 环空带压预防措施

11.7.2.1 提高顶替效率

提高顶替效率是保证固井环空中各胶结面质量，预防气窜的有效方法，包括固井前对钻井液性能的及时调整；使用套管扶正器等技术设备保证套管居中；井眼通井；固井过程中旋转套管；控制泥浆泵排量等手段。

钻井液的强失水造壁性不利于固井，其化学组分性能与固井水泥存在明显不同，两者的直接接触将严重影响水泥浆的工程性能和固井质量。因此在注入水泥浆固井前需要及时将井筒中钻井液的密度、静切力、黏度等参数降低到不影响安全施工的合理范围，采用合理的前置液进行清洗驱替。

前置液是使用的各种前置液体的总称，可分为冲洗液和隔离液，起到隔离钻井液、缓冲、清洗井眼的作用。冲洗液的常用配方有 CMC 水溶液、表面活性剂水溶液等，能稀释、分散钻井液，清洗井壁和套管壁上残存的钻井液和泥饼。隔离液的常见配方有瓜尔胶或羟乙基纤维素等黏性处理剂的水溶液。在冲洗液之后注入隔离液，要求隔离液不仅要具备良好的封隔能力，防止钻井液和水泥浆混层，而且要有很好的拖拽力传递效率，实现各个液面的平面稳定推进，提高顶替效率。

固井注入水泥浆的过程中活动套管，或在钻井平台安装专用设备不断旋转套管柱，以此减少环空中死区钻井液的残留量，也是提高顶替效率的常用手段，见图 11.17。活动套管产生的摩擦阻力会产生牵引力，拖拽死区钻井液随套管一起运动，获得一定流动速度的钻井液有助于水泥浆的驱替。

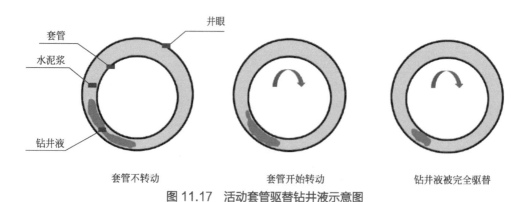

套管不转动　　　　　　套管开始转动　　　　　钻井液被完全驱替

图 11.17　活动套管驱替钻井液示意图

除此之外，由于阿姆河油田存在易导致井眼缩径的盐膏层，在下套管前应进行电测确定盐膏层井段蠕变率并通井，特别是钻井阻卡井段应反复划眼，下入的套管应设计安装适量的套管扶正器，选择合适的泵排量，提高顶替效率。

11.7.2.2 设计合理的水泥浆体系及配方

盐膏岩层的钻井难点为岩层蠕动形成的井径改变，盐膏岩根据时间和蠕变应变关系，可分为瞬态、稳态和加速三个阶段。地下盐膏岩蠕变速度受温度、围压、差应力的影响，为三维函数关系。经验表明当埋藏深度超过1500m后，其岩性强度随着井深增加不断降低，因此为达到保护套管、预防环空带压，应在盐膏层适当加大水泥环厚度，提高水泥石的整体强度，尽可能采用高密度钻井液和固井水泥，保证井壁稳定。此外高压盐水层的漏失压力较低，高密度的钻井液与水泥浆可能会造成地层漏失，水泥环厚度达不到设计标准。因此采用可抑制盐层溶解的盐水水泥浆体系。目前阿姆河油田主要采用的基础水泥配方如下：G级水泥＋淡水＋消泡剂PC-X60L＋KCl/NaCl＋降失水剂PC-G80L＋分散剂PC-F46L＋防窜增强剂PC-GS12L＋缓凝PC-H21L＋防漏增韧剂PC-B60＋膨胀剂PC-B20＋铁矿粉PC-D20＋铁矿粉PC-D30。此欠饱和盐水水泥浆体系在测试条件下流变性、抗压强度好，失水少，封堵能力较强，能满足阿姆河油田的作业要求，有效地预防环空带压现象的发生。

11.7.2.3 选择合适的固井工具

在外层套管安装承压膜，当环空中的压力过高时，承压膜破裂，减小内层套管的外挤力，在保证井眼完整性的条件下，将环空中的压力泄出。

直接提高套管钢级性能，此种方法最为直接保险，但是会大幅度增加钻完井成本，现场采用较少。

采用带有泡沫微珠的固井水泥，当环空中压力过高时，泡沫微珠破裂，为环空释放空间，降低环空压力，此方法广泛应用于石油深井和超深井，并且能有效控制成本。

固井后在环空注入一定体积的黏弹性流体，当出现较高的环空压力时，流体的体积被压缩，井口压力表读数降低，此方法适用于预防由于热膨胀造成的环空带压问题。

根据井身设计和不同的地质条件，可在套管入井前，安装一个或多个遇油气膨胀封隔器，不需打压座封，在固井质量较差的井段处加装1~5个，封隔器接触油气后会自行膨胀至初始体积的2~3倍，阻止油气在环空的继续上窜。此种封隔器在水泥环密封良好时，处于不工作状态，当环空封隔失效时会自动建立良好密封，承受压差，封闭窜流通道，如阿姆河B区块B-P-103D井在技术套管与尾管重叠段下入遇油封隔器，裸眼密封压差可达21MPa。

11.7.2.4 采用非API套管

常规API标准套管，其表面光滑，实现环空胶结能力有限。适当地对套管表面进行处理，可达到更好的环空封隔能力。在保证套管的抗拉、抗内压、抗外挤等基本性能参数不变的情况下，对API标准套管进行科学的处理，可使环空封隔达到理想的效果。该型套管通过在内外壁上开槽，可以减小胶结面的渗透率，并对环空气体上窜的能力具有一定的降低作用。

参考文献

［1］刘振东.元坝地区气井堵塞物分析及解堵研究［D］.成都：西南石油大学，2020.

［2］刘晶.普光高含硫气井井筒解堵技术研究与应用［J］.内蒙古石油化工，2016，34（2）：117-119.

［3］刘东明，王瑞莲.川东含硫气田气井井下管柱腐蚀特征分析［J］.天然气勘探与开发，2014，37（3）：61-65.

［4］何连，刘贤玉，宋洵成.温度对三种Cr钢腐蚀行为的影响［J］.腐蚀与防护，2017，38（5）：391-394.

［5］万里平，孟英峰，汪蓬勃.气体钻井腐蚀冲蚀机理与失效案例分析［M］.北京：石油工业出版社，2014.

［6］Brown B, Parakala S R, Nesic S. CO_2 corrosion in the presence of trace amounts of H_2S［C］. Houston: NACE, 2004.

［7］Ueda M. Effect of alloying elements and microstructure on stability of corrosion product in CO_2 and/ or H_2S environments［J］. Chemical Engineering of Oil and Gas, 2005, 34（1）：43-45.

［8］Fierro G, Ingo G M, Mancia F. XPS investigation on the corrosion behavior of 13Cr-martensitic stainless steel in CO_2-H_2S-Cl^-environments［J］. Corrosion, 1989, 45（10）：814-823.

［9］Kvarekval J, Nyborg R, Choi H. Formation of multilayer iron sulfide films during high temperature CO_2/ H_2S corrosion of carbon steel［C］. Houston:NACE, 2003.

［10］樊朋飞.油井堵塞机理分析及解堵技术研究［J］.中国化工贸易，2017，37（9）：105-106.

［11］闫伟，邓金根，董星亮，等.油管钢在CO_2/H_2S环境中的腐蚀产物及腐蚀行为［J］.腐蚀与防护，2011，32（3）：193-196.

［12］张清，李全安，文九巴，等.温度和压力对N80钢CO_2/H_2S腐蚀速率的影响［J］.石油矿场机械，2004，33（3）：42-44.

［13］钱进森，燕铸，刘建彬，等.微量H_2S对油管钢CO_2腐蚀行为的影响［J］.焊管，2014，27（12）：39-45.

［14］王丹，袁世娇，吴小卫，等.油气管道CO_2/H_2S腐蚀及防护技术研究进展［J］.表面技术，2016，45（3）：31-37.

［15］Zafar M N, Rihan R, Al-hadhrami L. Evaluation of the corrosion resistance of SA-543 and X65 steels in emulsions containing H_2S and CO_2 using a novel emulsion flow loop［J］. Corrosion Science, 2015, 57（3）：275-287.

［16］Zhao J, Duan H, Jiang R. Synergistic corrosion inhibition effect of quinoline quaternary ammonium salt and gemini surfactant in H_2S and CO_2 saturated brine solution［J］Corrosion Science, 2015,57（2）:108-119.

［17］Poormohammadian S J, Lashanizadegan A, Salooki M K. Modelling VLE data of CO_2 and H_2S in aqueous solutions of *N*-methyldiethanolamine based on non-random mixing rules［J］. International Journal of Greenhouse Gas Control, 2015, 42（1）：87-97.

［18］Wang P, Wang J, Zheng S, et al. Effect of H_2S/CO_2 partial pressure ratio on the tensile properties of X80 pipeline steel［J］. International Journal of Hydrogen Energy, 2015, 40（35）：11925-11930.

［19］孙爱平，方明新，李强，等.X65管线钢材在H_2S/CO_2共存环境中的腐蚀研究［J］.全面腐蚀控制，2016，30（9）：68-72.

［20］刘丽，李佳蒙，王书亮，等.H_2S/CO_2分压比和浸泡时间对P110SS钢腐蚀产物膜结构和性能的影响［J］.材料保护，2020，53（7）：30-40.

［21］葛鹏莉，曾文广，肖雯雯，等.H_2S/CO_2共存环境中施加应力与介质流动对碳钢腐蚀行为的影响［J］.中国腐蚀与防护学报，2021，41（2）：271-276.

［22］张晓诚，林海，谢涛，等.含铬油套管钢材在CO_2和微量H_2S共存环境中腐蚀规律研究［J］.表面技术，2022，51（6）：7-14.

［23］He W, Knudsen Oϕ, Diplas S. Corrosion of stainless steel 316L in simulated formation water environment with CO₂, H₂S, Cl⁻ [J]. Corrosion Science, 2009, 51（12）: 2811-2819.

［24］刘建峰 . 大港南部油田区块腐蚀结垢影响因素及治理技术 [D]. 成都：西南石油大学，2016.

［25］Collins I R.Predicting the location of barium sulfate scale formation in production systems [C].
Aberdeen: SPE, 2005.

［26］Lakatos I J, Lakatos-Szabo J. Potential of different polyamino carboxylic acids as barium and strontium
sulfate dissolvers [C]. Sheveningen: SPE, 2005.

［27］Jordan M M, Ajayi E O, Archibald M. New insights on the impact of surface area to fluid volume as it
relates to sulphate dissolver performance [C]. Aberdeen: SPE, 2012.

［28］Abdelgawad K, Mahmoud M, Elkatatny S, et al. Effect of calcium carbonate on barite solubility using a
chelating agent and converter [C]. Galveston: SPE, 2019.

［29］Li Y M, Pang Z H, Galeczka I M. Quantitative assessment of calcite scaling of a high temperature
geothermal well in the Kangding geothermal field of Eastern Himalayan syntax [J]. Geothermics, 2020,
49（2）: 1-11.

［30］Fernando M C, Coelho, Kamy Sepehrnoori, et al. Coupled geochemical and compositional wellbore
simulators:a case study on scaling tendencies under water evaporation and CO₂ dissolution [J]. Journal
of Petroleum Science and Engineering, 2021, 27（2）: 23-31.

［31］张剑波，张伟国，王志远，等 . 深水气井测试水合物沉积堵塞预测与防治技术 [C]. 合肥：第三十届全国水动力学
研讨会暨第十五届全国水动力学学术会议，2019.

［32］李文庆，王君傲，段旭，等 . 基于 CFD-DEM 耦合方法的水合物堵塞模拟 [J]. 油气储运，2020，39（12）:1379-
1385.

［33］邓皓，王蓉沙，戴敏 . 油田注水管用新的复合型溶垢剂的研究 [J]. 江汉石油学院学报，1998，20（3）: 71-74.

［34］石步乾，黄青松，冯兴武 . 清除硫酸盐垢的有机溶垢剂研究 [J]. 精细石油化工进展，2004，31（10）: 27-31.

［35］石东坡，尹先清，范风英 . 盐锶垢除垢影响因素研究 [J]. 油田化学，2013，36（3）: 61-64.

［36］尚玉振，杨旭，徐波 . 硫酸锶钡垢除垢剂研究与性能评价 [J]. 应用化工，2015，44（4）: 692-694.

［37］秦康 . 适用于涠洲油田阻垢溶垢剂的筛选与研制 [J]. 石化技术，2015，22（12）: 222-235.

［38］杨建华，宋红峰 . 濮城油田化学法防垢、除垢技术 [J]. 清洗世界，2017，33（1）: 13-18.

［39］李明星，刘伟，周明明 . 气井井筒溶垢剂的制备与应用 [J]. 油田化学，2018，41（1）: 150-155.

［40］陈鹏，陈世军，王波 . 硫酸钡溶垢剂体系研究及性能评价 [J]. 化工技术与开发，2020，49（9）: 28-32.

［41］程耀丽 . 海上油田注水系统防垢剂效果评价及应用 [J]. 天津化工，2020，34（6）: 35-37.

［42］邹伟，吴鹏，张涛，等 . 地面集输系统结垢机理及清防垢技术研究 [J]. 石油化工应用，2021，40（2）: 72-75.

［43］梁凤鸣，宋泽鹏，罗腾文，等 . 油田回注水腐蚀结垢机理研究 [J]. 清洗世界，2022，38（2）:187-189.

［44］高建崇，庞铭，陈华兴，等 . 稠油反洗防井筒有机垢堵塞方法研究及应用 [J]. 海洋石油，2019，36（2）:
39-41.

［45］张丽萍，李剑峰，张月华，等 . 临盘油田盘二断块有机垢对地层堵塞实验研究 [J]. 内蒙古石油化工，2006，32
（1）: 78-79.

［46］杨建华，王耀东 . 化学生热解堵油层技术的研究及应用 [J]. 试采技术，2010.16（4）: 63-65.

［47］徐海霞，任利华，卢培华，等 . 哈得碳酸盐岩油藏井筒异物堵塞原因分析及对策 [J]. 化学工程师，2017,31（1）:
71-74.

［48］Amar M N. Modeling solubility of sulfur in pure hydrogen sulfide and sour gas mixtures using rigorous
machine learning methods [J]. International Journal of Hydrogen Energy, 2020,46（9）:145-151.

［49］Chen H S, Liu C, Xu XX. A new model for predicting sulfur solubility in sour gases based on hybrid
intelligent algorithm [J]. Fuel, 2021, 74（2）: 157-162.

［50］Ghadimi M, GhaedilM, Amani M J, et al. Impact of production operating conditions on asphaltene
induced reservoir damage: a simulation study [J].Journal of Petroleum Science and Engineering,2019,
25（6）:1061-1070.

［51］Ghosh B, Sulemana N, Banat F, et al. Ionic liquid in stabilizing asphaltenes during miscible CO₂ injection
in high pressure oil reservoir [J].Journal of Petroleum Science and Engineering, 2019, 25（6）: 1047-
1051.

[52] Pan Y Y, Liu C L, Zhao L Q, et al. Study and application of a new blockage remover in polymer injection wells [J]. Journal of Pipeline Science and Engineering, 2018, 35 (3): 329-336.

[53] 陈长风. 油套管钢 CO_2 腐蚀电化学行为与腐蚀产物膜特性研究 [D]. 西安: 西北工业大学, 2002.

[54] Davies D H, Burstein G T. The effects of bicarbonate on the corrosion and passivation of iron [J]. Corrosion, 1980, 36 (8): 416-422.

[55] Linter B R, Burstein G T. Reactions of pipeline steels in carbon dioxide solutions [J]. Corrosion Science, 1999, 41 (1): 117-139.

[56] Waard C de, Lotz U. Prediction of CO_2 corrosion of carbon steel [C]. London: European Federation of Corrosion, 1994.

[57] Ikeda A, Ueda M, Mukai S. CO_2 Behavior Carbon and Cr Steels [C]. Houston: NACE, 1985.

[58] 赵国仙, 严密林, 路民旭. 油田 CO_2 腐蚀环境中的选材评价 [J]. 腐蚀科学与防护技术, 2000, 12 (4): 240-242.

[59] 张洪君. 热力采油 H_2S 生成机理研究 [J]. 特种油气藏, 2012, 19 (6): 98-100.

[60] 刘虹瑜, 袁学芳, 冯觉勇. 解除重晶石深度污染技术 [J]. 天然气勘探与开发, 2016, 39 (3): 66-69.

[61] 万里平, 姚金星, 高攀明, 等. 一种含硫气井高效解堵剂: ZL201810661991.6 [P]. 2020-11-03.

[62] 潘家豪. 硫酸钡溶垢剂的研制及性能评价 [D]. 成都: 西南石油大学, 2020.

[63] 晋国栋. Y 区块气井腐蚀机理研究及缓蚀剂应用评价 [D]. 成都: 西南石油大学, 2019.

[64] 姚金星. 元坝地区气井井筒堵塞机理及解堵措施研究 [D]. 成都: 西南石油大学, 2019.

[65] Wang Z Y, Zhang J B, et al. Improved thermal model considering hydrate formation and deposition in gas-dominated systems with free water [J]. Fuel, 2019, 72 (6): 870-879.

[66] Zhu H X, Xu T F, Yuan Y L, et al. Numerical analysis of sand production during natural gas extraction from unconsolidated hydrate-bearing sediments [J]. Journal of Natural Gas Science and Engineering, 2020, 54 (1): 76-83.

[67] 刘成川, 王本成. 元坝气田超深层高含硫气井硫沉积预测 [J]. 科学技术与工程, 2020, 20 (6): 2223-2230.

[68] 高子丘, 顾少华, 曾佳, 等. 高含硫气井井筒硫沉积模型 [J]. 断块油气田, 2022, 29 (1): 139-144.

[69] 赵琳, 秦冰, 江建林, 等. 原油沥青质沉积影响因素 [J]. 科学技术与工程, 2021, 21 (15): 6278-6284.

[70] 高晓东, 董平川, 张友恒, 等. 井筒沥青质沉积位置预测方法 [J]. 大庆石油地质与开发, 2022, 41 (3): 1-8.

[71] 杨健, 冯莹莹, 张本健, 等. 超高压含硫气井井筒内天然气水合物解堵技术 [J]. 天然气工业, 2020, 40 (9): 64-69.

[72] 王团. 低渗透油田堵塞机理分析及解堵剂研究 [J]. 清洗世界, 2021, 37 (8): 125-126.

[73] 高攀明. H 区块煤层气排采过程中杆管腐蚀机理及预测研究 [D]. 成都: 西南石油大学, 2018.

[74] 冯兆阳. 套管钢在 CO_2/H_2S 环境中的腐蚀速率预测研究 [D]. 成都: 西南石油大学, 2015.

[75] 钱进森, 燕铸, 刘建彬, 等. 微量 H_2S 对油管钢 CO_2 腐蚀行为的影响 [J]. 焊管, 2014, 37 (12): 39-45.

[76] Ridae, Adarsh N, Ramadan A, et al. Modeling and experimental study of CO_2 corrosion on carbon steel at elevated pressure and temperature [J]. Journal of Natural Gas Science and Engineering, 2015, 49 (8): 1620-1629.

[77] 曾德智, 邓文良, 田刚, 等. 温度对 T95 钢在 H_2S/CO_2 环境中腐蚀行为的影响 [J]. 机械工程材料, 2016, 40 (6): 28-32.

[78] Kahyarian A, Singer M, Nesic S. Modeling of uniform CO_2 corrosion of mild steel in gas transportation systems: a review [J]. Journal of Natural Gas Science and Engineering, 2016, 50 (4): 530-549.

[79] 陈昊, 杨二龙, 纪大伟, 等. 基于多元回归的套管钢含 CO_2/H_2S 腐蚀速率预测 [J]. 石油化工高等学校学报, 2021, 34 (1): 58-62.

[80] 刘奇林, 杜浪, 罗召钱, 等. 超深高压含硫气井油管 H_2S/CO_2 腐蚀规律研究 [J]. 当代化工研究, 2022, 35 (8): 6-8.

[81] 万里平. 酸性环境中油井腐蚀机理与防护措施研究 [D]. 成都: 西南石油大学, 2006.

[82] 万里平, 刘振东, 高攀明, 等. 一种井筒堵塞物系统检测分析方法: ZL201910366358.9 [P]. 2019-05-05.

[83] 万里平, 潘家豪. 一种测量不同硫酸盐浓度对油管结垢影响的试验装置: ZL201921074166.2 [P]. 2019-12-27.

[84] 万里平, 唐酞峰, 孟英峰. 长庆油田油井井筒腐蚀机理与防护措施 [J] 石油与天然气化工, 2006, 35 (4): 311-313.

[85] 万里平,孟英峰,杨龙.高含硫气田钻具腐蚀研究进展[J].石油天然气学报,2006,28(4):154-158.

[86] 万里平,孟英峰,梁发书.油气田开发中的二氧化碳腐蚀及影响因素[J].全面腐蚀控制,2003,17(2):14-17.

[87] 万里平,孟英峰,王存新.西部油田油管腐蚀结垢机理研究[J].中国腐蚀与防护学报,2007,27(4):247-249.

[88] 万里平,孟英峰,杨龙.S135钢在含CO_2聚合物钻井液中腐蚀研究[J].西南石油大学学报,2007,29(2):71-73.

[89] 冯兆阳,万里平,李皋,等.注空气驱管材的腐蚀与防护研究现状[J].全面腐蚀控制,2015,29(2):62-66.

[90] 万里平,孟英峰,李皋.H_2S/CO_2共存聚合物钻井液中腐蚀产物膜分析[J].应用基础与工程科学学报,2012,20(5):863-873.

[91] 四川石油管理局天然气研究所二室202组.油田注水新型杀菌剂CT10-3(CS10-3)的研究[J].石油与天然气化工,1994,23(3):135-143.

[92] 刘振东,孙天礼,朱国,等.元坝高含硫气田井筒堵塞物分析[J].新疆石油天然气,2021,17(3):1-6.

[93] 文云飞,李自远,万里平,等.盐穴储气库氮气阻溶造腔过程中的管材腐蚀[J].石油钻采工艺,2020,42(4):486-489.

[94] 万里平,姚金星,李皋.元坝气田X1井井筒堵塞原因分析[J].长江大学学报,2021,18(2):62-68.

[95] 杜志广.千米桥地区井筒除垢防腐技术的研究与应用[D].成都:西南石油大学,2003.

[96] 万里平,晋国栋,肖东.韩城区块煤层气井井下管杆缓蚀剂研制[J].科学技术与工程,2018,18(33):41-45.

[97] 万里平,王柏辉,谢萌,等.盐穴地下储气库氮气阻溶管柱腐蚀寿命预测[J].石油机械,2022,50(2):137-144.

[98] 万里平,徐友红,冯兆阳.基于遗传算法优化BP神经网络预测CO_2/H_2S环境中套管钢的腐蚀速率[J].腐蚀与防护技术,2017,38(9):727-730.